固体废物处理与处置概论

白 圆 编著

科 学 出 版 社

北 京

内 容 简 介

随着城镇化进程的加快，人口的增加，污染问题日益尖锐，环境保护已经成为全民参与的系统工程，固体废物处理与处置是环境保护的重要组成部分。本书介绍了固体废物处理与处置的相关法律、法规、方针和政策，强调法治在固体废物处理处置中的重要地位。对固体废物的收集、运输、破碎、分选、压实、固化、焚烧、热解和生物化处理，以及最终处置等各个环节可能对环境产生污染的机理进行综合分析，对污染防治需要的工艺流程、设施设备以及施工方式方法进行了详细地说明，突出了防治环节的可操作性。本书的最后对固体废物处理处置的前景进行了展望，对应该注意的问题提出了改进的建议，并对治理环境污染取得突出成效的城市的经验作了介绍。

本书汇集了国内外固体废物处理处置的信息，全面、系统，具有一定专业水平，又具有科学普及性质、通俗易懂，可供环境工程及其相近专业的科技工作者、高等院校相关专业的师生，以及从事环境保护工作的有关管理人员参考。

图书在版编目(CIP)数据

固体废物处理与处置概论/白圆编著 . —北京：科学出版社，2016.6
ISBN 978-7-03-049149-7

Ⅰ.①固…　Ⅱ.①白…　Ⅲ.①固体废物处理—概论　Ⅳ.①X705

中国版本图书馆 CIP 数据核字(2016)第 143563 号

责任编辑：祝　洁/责任校对：张凤琴
责任印制：徐晓晨/封面设计：红叶图文

科 学 出 版 社 出版

北京东黄城根北街 16 号
邮政编码：100717
http://www.sciencep.com

北京教图印刷有限公司印刷
科学出版社发行　各地新华书店经销

*

2016 年 6 月第　一　版　　开本：720×1000　B5
2016 年 6 月第一次印刷　　印张：20
字数：400 000

定价：100.00 元
(如有印装质量问题，我社负责调换)

前　言

  随着人口的增长，生产力的迅速发展和人民生活水平的不断提高，城市规模不断扩大，城市垃圾的产生量逐年递增，性质更加复杂，由此引发垃圾污染问题日益尖锐，固体废物处理处置任务更为繁重。随着我国对固体废物管理工作的日益重视，处理处置固体废物的政策、法规和制度日趋完善，处理处置固体废物的观念正在发生变化。固体废物处理与处置工程是环境工程科学的重要分支学科之一，它涉及物理、化学和生物技术等多个学科的研究领域，是多个学科的交叉。近些年来，科学技术水平的提高，研究方法的不断改进，固体废物处理处置技术方法发展迅速，处理处置固体废物的设备不断更新与完善，在创新、协调、绿色、开放和共享的发展理念指导下，我国正在用优化处理城市垃圾的全新观念来解决城市现代化进程中的垃圾污染问题。

  环境保护不再是环境保护部门独家的工作，已经成为全民参与的事业。面对这种新的形势，迫切需要有一部既全面、系统，具有一定专业水平，又具有科学普及性质、通俗易懂的图书，本书就是为了适应这种新形势的需要而编写的。

  本书包括了对固体废物管理、污染控制的处理处置技术和资源化利用技术，充分体现理论基础与工程实际相结合的特点，融入了先进的管理模式和前瞻性的技术内容。

  本书全面、系统并且通俗易懂，可供环境工程及其相近专业的科技工作者、高等院校相关专业的师生和从事环境保护工作的有关管理人员参考，也可以作为各级管理人员的培训资料。

  在编写本书的过程中，得到了我的父母、兰州交通大学环境与市政工程学院同行的鼓励和支持，权婧婧、马昱祺、马明义、李敬青、焦相伟、宋忠忠和汪洋等负责整理了部分图表，在此一并表示感谢！本书出版得到科学出版社的大力支持，对他们认真细致的工作和提出的宝贵意见表示感谢！

  由于作者水平有限，书中定有不妥和疏漏之处，敬请读者和业内专家不吝赐教。

白　圆

2016 年 3 月于兰州交通大学

目　　录

第1章 固体废物处理与处置的发展历史及法规管理

固体废物处理的问题从人类社会形成之初就已存在，随着经济的高度发展、人口的逐渐增长及城市化进程的加快，固体废物产生量逐日递增，并且性质日益复杂。固体废物处理处置已经成为制约人类社会可持续发展的重要因素。因此，作为环境工程的专业人员和环境保护工作者，了解固体废物处理处置发展的历史，以及固体废物管理的相关法律、法规和政策，对固体废物的处理处置从法律、法规、政策和技术等方面实施全过程和全方位的管理是十分必要的，只有这样才能达到固体废物处理处置的减量化、资源化和无害化目标。

1.1 固体废物处理与处置的发展历史和现状

1.1.1 固体废物处理与处置的发展历史

古往今来，伴随着人类社会的发展，固体废物产生状况不断变化，几乎每个社会都要面对固体废物处理及处置这个问题。在种类繁多的废物当中，固体废物可能一直都是数量最多而又最难处理及处置的一种。在追逐成群猎物的游牧部落时代，只需将废弃物抛弃在身后即可。大约从公元前1万年开始，人类逐渐放弃了游牧生活，建立起了更多的定居地。在古代的特洛伊城，废弃物的处理及处置方法非常简单，有时将废弃物丢弃在室内地面上，或者倾倒在街道上。当废弃物在家中挥发出来的臭气变得令人忍无可忍时，人们会再弄来一些新的泥土盖在这些垃圾上，或者任由家中的牲畜以及啮齿类动物分吃垃圾中残余的有机物。据资料记载，特洛伊城的垃圾堆积高度达到了每百年1.5米。在某些地区，垃圾堆积更是高达平均每百年4米，给人类生活带来了极大的危害。

随着人口的逐渐增长，人类由分散居住区发展到聚集居住区，人口较多的城市会产生大量的固体废物，固体废物产生的有害物质对人类的威胁越来越大，人类开始考虑对固体废物如何处理和有效利用的问题。早在公元前3000～公元前1000年，古希腊米诺斯文明时期，克里特岛的首府诺萨斯即有垃圾覆土埋入大坑的处理方法。但是大部分古代城市的固体废物还是任意丢弃，年复一年，日积月累，固体废弃物甚至使城市埋没，致使有的城市不得不在废墟上重建。例如，英国巴斯城的现址，比它在古罗马时期的原址就高出了4～7米。

大约公元前2500年，在印度河流域的摩亨约·达罗城内，根据当时的中央规划，房屋内部开始建有垃圾斜槽和垃圾箱。大约公元前2100年，在埃及的赫拉克利奥波利斯城内，贵族区的废物开始得到收集，但处理的方式是将其中大部分倾倒入尼罗河。在同一时期，希腊克里特岛一些房屋的浴室便已和主要污水管道连接起来了。到了公元前 1500 年，该岛拨出土地专门用于有机物的处理。

在推行卫生措施的过程中，宗教往往发挥了一定的作用。自公元前 1600 年起，犹太人规定必须将废物掩埋在远离住宅区的地方。那时的耶路撒冷可以利用的水源非常有限，但《塔木德》（仅次于《圣经》的典籍）规定，耶路撒冷的街道必须每天冲洗。

为了保护环境，古代有些城市颁布过管理垃圾的法令。约在公元前 500 年，希腊雅典颁布了禁止将垃圾扔到街上的法律，垃圾由清洁工运到离城市 1 英里外的露天垃圾场。古罗马的一个标志台上写着"垃圾必须倒往远处，违者罚款"。在 1000 年前的巴勒斯坦首次有记录采用燃烧将垃圾处理的办法。1384 年英国颁布的法令禁止把垃圾倒入河流。苏格兰的城市爱丁堡在 18 世纪设有大废料场，将废料分类出售。1875 年英国颁布公共卫生法，规定由地方政府负责集中处置垃圾。1874 年英国建成世界第一座焚化炉，垃圾焚化后，将余烬填埋。到 1912 年，超过 300 座废物焚烧炉在英国建成，其中 76 座用于动力再生利用。在 1885 年，美国 Allegheny, Pennsylvania 建成了本国第一座城市垃圾焚烧炉，到 1914 年在美国大约有 300 座焚烧炉被建成，但是很多焚烧炉规模小，人工送料，并且控制和设计相对较差，利用率低。从资料上看最早的固体废物处置方法主要是填埋或焚烧。

中国、印度等亚洲国家，自古以来就有利用粪便和利用垃圾堆肥的处理方法。

进入 20 世纪后，随着生产力的发展，人口进一步向城市集中（如美国100 年前80％人口在农村，现在 80％人口在城市），消费水平迅速提高，固体废物排出量急剧增加，成为严重的环境问题。60 年代中期以后，环境保护受到重视，污染治理技术迅速发展。大体上形成了一系列处置方法。70 年代以来，美国、英国、德国、法国和日本等国由于废物放置场地紧张，处理费用巨大，也由于资源缺乏，提出了"资源循环"的概念。为了加强固体废物的管理，许多国家设立了专门的管理机关和科学研究机构，研究固体废物的来源、性质、特征和对环境的危害，同时研究固体废物的处置、回收、利用的技术和管理措施，以及制定各种规章和环境标准，出版有关书刊。固体废物的处理和利用，逐步成为环境工程学的重要组成部分。

1.1.2 我国一般工业固体废物处理与处置发展现状

在我国，随着改革开放的不断深入，工农业迅速发展，工业固体废物呈增长趋势。2012 年，全国一般工业固体废物产生量 32.9 亿吨，比 2011 年增加

1.96亿吨。其中，尾矿产生量为11.0亿吨，占全国固体废物总产量的33.4%；粉煤灰①的产生量为4.6亿吨，占14.0%；煤矸石②产生量为3.7亿吨，占11.2%；冶炼废渣3.5亿吨，占10.7%；其他废物产生量为10.1亿吨，占30.7%(中华人民共和国环境保护部2012环境统计年报，2013)。2012年一般工业固体废物构成情况如图1-1所示。

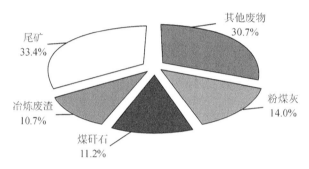

图1-1　2012年一般工业固体废物构成情况
(中华人民共和国环境保护部2012环境统计年报，2013)

随着新技术的不断采用，我国固体废物的综合利用正在向好的方向发展。2012年，一般工业固体废物综合利用量为20.2亿吨，比2011年增加3.71%，综合利用率达到61.0%。其中，尾矿综合利用量为3.1亿吨，综合利用率为28.0%；粉煤灰综合利用量为3.8亿吨，综合利用率为82.1%；煤矸石综合利用量为2.9亿吨，综合利用率为77.8%；冶炼废渣综合利用量为3.3亿吨，综合利用率为92.2%；炉渣综合利用量为2.4亿吨，综合利用率为87.9%。2012年，全国未经处理的一般工业固体废物贮存量为6.0亿吨，比2011减少1.1%；处置量为7.1亿吨，比上年增加了0.4%；倾倒丢弃量为144.2万吨。

2012年，一般工业固体废物产生量较大的行业按占比依次为黑色金属矿采选业(7.1亿吨)，固体废物产生量占重点调查工业企业的22.5%；电力、热力生产和供应业(6.1亿吨)，占19.6%；黑色金属冶炼和压延加工业(4.2亿吨)，占13.4%；有色金属矿采选业(4.0亿吨)，占12.8%；煤炭开采和洗选业(3.9亿吨)，占

①粉煤灰是指现代火力发电厂燃煤锅炉中作为燃料的磨细煤粉。当煤粉喷入炉内，就以细颗粒或团的形式进行燃烧，由于炉内温度高达1200～1600℃，煤灰受高温作用呈熔融状态。煤中大部分可燃物在炉内燃尽，而未燃碳及无机矿物组分多数则随高温气流上升，在引风机抽气作用下，沿烟道经过热器、省煤器流至空气预热器时温度骤降，熔融灰因凝缩而使其内部气体受到压缩，成为中空球状灰；且在表面张力的作用下，使大部分灰粒表面呈光滑球状，也有一部分灰粒在熔融状态下相互碰撞，产生表面粗糙、棱角较多的蜂窝状颗粒。在引风机将烟气排入大气之前，上述颗粒经除尘器被分离、收集，即为粉煤灰或飞灰。

②煤矸石是采煤过程和洗煤过程中排放的固体废物，是一种在成煤过程中与煤层伴生的一种含碳量较低、比煤坚硬的黑灰色岩石。包括巷道掘进过程中的掘进矸石、采掘过程中从顶板、底板及夹层里采出的矸石以及洗煤过程中挑出的洗矸石。其主要成分是Al_2O_3、SiO_2。

12.3%；化学原料和化学制品制造业（2.7 亿吨），占 8.5%；其他行业占重点调查工业企业的 10.9%。

2012 年一般工业固体废物产生量行业构成情况如图 1-2 所示。

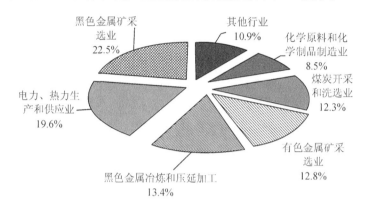

图 1-2　2012 年一般工业固体废物产生量行业构成
（中华人民共和国环境保护部 2012 环境统计年报，2013）

2013 年全国一般工业固体废物产生量 32.8 亿吨，比 2012 年减少 0.1 亿吨；综合利用量 20.6 亿吨，比 2012 年增加 0.4 亿吨；综合利用率为 62.8%，比 2012 年增加 1.8 个百分点；贮存量 4.3 亿吨，比 2012 年减少 1.7 亿吨；处置量 8.3 亿吨，比 2012 年增加 1.2 亿吨；倾倒丢弃量 129.3 万吨，比 2012 年减少 14.9 万吨（中华人民共和国环境保护部 2013 环境统计年报，2014）。2014 年全国一般工业固体废物产生量 32.6 亿吨，综合利用量 20.4 亿吨，贮存量 4.5 亿吨，处置量 8.0 亿吨，倾倒丢弃量 59.4 万吨，全国一般工业固体废物综合利用率为 62.1%（中华人民共和国环境保护部 2014 环境统计年报，2015）。

由此可知，我国一般工业固体废物处理及处置的技术水平在不断改进，处理及处置能力在不断增强。

1.1.3　工业危险废物产生及处理发展现状

工业危险废物的构成主要是废碱、石棉废物、废酸、有色金属冶炼废物、无机氰化物废物、废矿物油等。以 2012 年为例，废碱产生量 752.5 万吨，占重点调查工业企业工业危险废物产生量的 21.7%；石棉废物 709.0 万吨，占 20.4%；废酸 392.4 万吨，占 11.3%；有色金属冶炼废物 275.5 万吨，占 8.0%；无机氰化物废物 111.5 万吨，占 3.2%；废矿物油 102.4 万吨，占 3.0%，其他危险废物约占 32.4%。工业危险废物产生量构成情况如图 1-3 所示。

2012 年，全国工业危险废物产生量为 3465.2 万吨，比 2011 增加 0.99%；综合利用量为 2004.6 万吨，比 2011 增加 13.06%；处置量为 698.2 万吨，比

2011 年减少 23.82%；贮存量为 846.9 万吨，比 2011 年增加 2.82%；倾倒丢弃量为0.0016 万吨。全国工业危险废物产生及处理情况如表 1-1 所示。

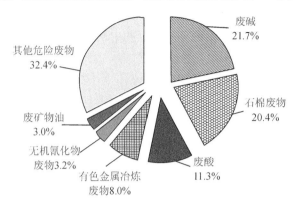

图 1-3　工业危险废物产生量构成情况

（中华人民共和国环境保护部 2012 环境统计年报，2013）

表 1-1　全国工业危险废物产生及处理情况

年份	产生量/万吨	综合利用量/万吨	处理量/万吨	贮存量/万吨	倾倒丢弃量/万吨
2011	3431.2	1773.1	916.5	823.7	0.0096
2012	3465.2	2004.6	698.2	846.9	0.0016
变化率/%	0.99	13.06	−23.82	2.82	—

从以上数据可以看出，全国工业危险废物产生量和综合利用量都呈增加趋势。

2013 年全国工业危险废物产生量 3156.9 万吨，比 2012 年减少 308.3 万吨；综合利用量 1700.1 万吨，比 2012 年减少 304.3 万吨；贮存量 810.8 万吨，比 2012 年减少 36.1 万吨；处置量 701.2 万吨，比 2012 年增加 3 万吨；全国工业危险废物综合利用处置率为 74.8%。

2014 年全国工业危险废物产生量 3633.5 万吨，综合利用量 2061.8 万吨，贮存量 690.6 万吨，处置量 929.0 万吨，全国工业危险废物综合利用处置率为 81.2%。

由此可以看出，全国工业危险废物的处理及处置技术水平和能力也在不断改进，并取得了一定的成效。

1.1.4　垃圾处理厂(场)发展情况

据资料显示，2012 年我国共有生活垃圾处理厂(场)2125 座，比 2011 年增加 86

座；填埋设计容量达 325 399 万立方米；堆肥设计处理能力达到 26 984 吨/日，比 2011 年增加 6292 吨/日；焚烧设计处理能力达到 66 416 吨/日，比 2011 年增加 44 791 吨/日；运行费用为 98.5 亿元，比 2011 年增加 39.4 亿元。全年共处理生活垃圾 1.97 亿吨，其中采用填埋方式处置的生活垃圾共 1.75 亿吨，采用堆肥方式处置的共 0.03 亿吨，采用焚烧方式处置的共 0.18 亿吨。

2012 年，全国共有危险废物集中处理(置)厂(场)722 座，比 2011 年增加 78 座；医疗废物集中处理(置)厂(场)236 座，比 2011 年减少 24 座；危险废物设计处置能力达到 59 805 吨/日；运行费用为 53.9 亿元，比上年增加 5.8 亿元。全年共综合利用危险废物 375.2 万吨。全年共处置危险废物 340.7 万吨，其中工业危险废物 223.2 万吨，医疗废物 50.3 万吨。采用填埋方式处置的危险废物共 110.5 万吨，采用焚烧方式处置的 129.1 万吨。

2013 年，生活垃圾处理厂(场)2135 座，全年共处理生活垃圾 2.06 亿吨，其中采用填埋方式处置的共 1.79 亿吨，采用堆肥方式处置的共 0.04 亿吨，采用焚烧方式处置的共 0.23 亿吨；危险废物集中处理(置)厂(场)767 座，医疗废物集中处理(置)厂(场)243 座，全年共综合利用危险废物 457.8 万吨，处置危险废物 282.3 万吨。

2014 年生活垃圾处理厂(场)2277 座，全年共处理生活垃圾 2.42 亿吨，其中采用填埋方式处置的共 1.82 亿吨，采用堆肥方式处置的共 0.03 亿吨，采用焚烧方式处置的共 0.56 亿吨；危险废物集中处理(置)厂(场)859 座，医疗废物集中处理(置)厂(场)240 座，全年共综合利用危险废物 482.1 万吨，处置危险废物 470.0 万吨(中华人民共和国环境保护部 2014 环境统计年报，2015)。

以上资料显示，我国生活垃圾处理厂和危险废物(医疗废物)集中处理(置)厂(场)，无论处理量还是资金，投入都呈现增加的趋势。

1.2　固体废物管理体系政策法规

1.2.1　政策法规是固体废物综合管理的根本保证

由于城市化进程的加快，城市人口及经济增长，致使城市生活固体废物的数量急剧增加，固体废物的构成成分日趋复杂，构成固体废物的物理化学性质也发生了变化。随着人们生活水平的提高，对高品质的生活环境需求不断上升。传统的固体废物处理及处置方式，如填埋、焚烧和堆肥技术潜在的环境负效应日益体现出来，传统的以末端处理为主的城市生活固体废物管理模式已难以适应当前社会发展的需要。面对新的形势，人们需要更新观念，探寻新的固体废物综合管理模式，出台新的政策法规，确保城市建设实现可持续发展、循环经济、生态节约型的目标。因此，在以生活固体废物的源头减量化、处理过程中的资源化和无害化为目标的可持续发展的固体废物综合管理（Integrated Solid Waste Management，ISWM）理念指导下，各个国家新的固体废物综合管理模式及政策法规应运而生。这些政策法规充分认识到固体废物的处理及处置是全民性的社会工作，每一个公民都是固体废物处理及处置的利益相关者。所有利益相关者都需要参与固体废物综合管理的全过程，即从固体废物的产生到最终处置，参与固体废物减量、循环利用、重复利用和资源回收等工作，增强环境保护意识，履行公民职责，对系统的各个方面（如机构、财务、监管、社会和环境）进行监督，维护政策法规的严肃性，确保各项管理政策法规的法律约束性、经济有效性及环境公平性，促使固体废物综合管理逐步走向社会化和市场化。

1.2.2 不同地区需要构建不同的城市生活固体废物管理模式

固体废物管理模式种类很多，其中生命周期评价模型（Life Cycle Assessment，LCA）也称为生命周期分析，是最常被用来评价某一地区或城市生活固体废物管理模式的模型。LCA 是对某种产品或某项活动从原材料开采、加工到最终处理，也就是从"摇篮到坟墓"的一种评价方法。LCA 是一个环境管理工具，它能够应用于城市生活垃圾的管理系统中，预测它们可能的环境负荷。作为一个决策支持工具，可以帮助计划者或管理者设计更适合未来发展的可持续城市固体废物管理（Municipal Solid Waste Management，MSWM）系统。Özeler 等（2006）运用 LCA 对土耳其安卡拉地区的城市固体废物管理体系进行了分析，确定了对安卡拉作环境友好型的管理体系。Bovea（2010）使用 LCA 从环境角度对西班牙某城市的 MSWM 的各种战略措施进行了具体的对比分析，提出了 MSWM 应该包括收集、运输、物质回收、处理（堆肥、焚烧）和处置（填埋）五个步骤。Rigaminti 等（2010）采用 LCA 评价模型分析废物管理的过程因素对环境的影响，认为源头分类效率、回收包装材料过程中的废弃物腐烂量、堆肥过程中的排放物及设施的有效性等因素影响着环境指标。Fiorentio 等（2015）运用 LCA 分析混合城市垃圾给环境带来的影响和潜在的优势，排出四种战略措施并进行了具体的对比分析，提出机械-生物处理过程（Mechanical-Biological Treatment，MBT/ Material Advanced Recovery Sustainable Systems，MARSS）和废物转化为能量（Waste-to-Energy，WtE）相结合模式具有一定优势。图 1-4 为城市生活垃圾 LCA 系统范围。

在城市生活固体废物管理中，也有其他模型的运用，主要有以下几种：Tin 等（1995）根据缅甸社会、经济发展状况，基于成本收益模型，提出缅甸的城市生活固体废物管理模式可采取劳动力密集型，加大机械设备的投入，提高回收的效率和劳动力、机械设备的生产率。Diamadopoulos 等（1995）设计了一个完整的线性模型，该模型考虑了所有成本和相应的经济收益，运用这个模型对哈尼亚地

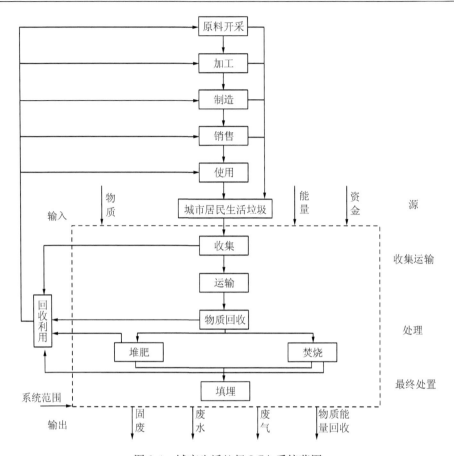

图 1-4　城市生活垃圾 LCA 系统范围

区进行分析，结合该地区的特点，最终形成了符合该地区特点的最优城市固体废物的回收体系。Goran（2008）采用两个多标准决策模型：偏好序列组织模型（Preference Ranking Organization Method for Enrichment Evaluation，PROMETHEE）和交互式方法的几何分析（Geometrical Analysis for Interactive Aid，GAIA），按照影响决策制定过程中既定的生态、经济、社会和功能标准为基础，分析了潜在废物处理中心的数量和在沿海或内陆建立处理中心的优势，给出适合克罗地亚地区的污染物处理体系。

　　总之，国外的研究从不同角度分析了制定一个综合、可持续的城市生活固体废物管理模式所需要考虑的影响因素框架，为决策者提供了良好的决策依据。但是，城市生活固体废物的管理是一个涉及社会学、生态学、经济学、政治学及环境伦理学的综合问题，而当前以经济学为基础的研究方式使管理模式的发展容易偏离对于环境及社会的考虑。同时，相关的研究都基于地域范围，忽略了经济全球化及世界贸易发展中所存在的废弃物跨界流动及潜在的区域合作问题。

1.2.3　我国固体废物管理体系

世界各国的固体废物管理法规都经历了一个漫长的、从简单到完善的过程。美国 1965 年制定的《固体废物处置法》是第一个固体废物的专业性法规，该法 1976 年修改为《资源保护及回收法》，并分别于 1980 年和 1984 年经美国国会加以修订，日臻完善。我国固体废物管理体系的构建，是运用环境管理的理论和方法，以及相关的技术经济政策和法律法规，对固体废物的产生、收集、运输、贮存、处理、利用和处置等各个环节都实行控制管理，并开展污染防治，鼓励废物资源化利用，以促进经济和环境的可持续发展。1995 年颁布的《中华人民共和国固体废物污染环境防治法》（简称《固废法》），2004 年 12 月 29 日修订通过，于 2005 年 4 月 1 日执行，2013 年 6 月 29 日对 2004 年《固废法》进行修订，该法第三条明确规定，国家对固体废物污染环境的防治，实行减少固体废物的产生量和危害性、充分合理利用固体废物和无害化处置固体废物的原则，促进清洁生产和循环经济发展。

国家采取有利于固体废物综合利用活动的经济、技术政策和措施，对固体废物实行充分回收和合理利用。国家鼓励、支持采取有利于保护环境的集中处置固体废物的措施，促进固体废物污染环境防治产业发展。第六条规定国家鼓励、支持固体废物污染环境防治的科学研究、技术开发、推广先进的防治技术和普及固体废物污染环境防治的科学知识。各级人民政府应当加强防治固体废物污染环境的宣传教育，倡导有利于环境保护的生产方式和生活方式。第七条规定国家鼓励单位和个人购买、使用再生产品和可重复利用产品。

《固废法》还明确规定了各个主管部门的主要工作内容。按固体废物管理程序，这一管理体系主要包括以下管理内容：

（1）产生者。对于固体废物产生者，要求其按照有关规定，将所产生的废物分类，并用符合法定标准的容器包装，做好标记，登记记录，建立废物清单，待收集运输者运出。

（2）容器。对不同的固体废物要求采用不同容器包装。为了防止暂存过程中产生污染，容器的质量、材质、形状应能满足所装废物的标准要求。

（3）贮存。贮存管理是指对固体废物进行处理处置前的贮存过程实行严格控制。

（4）收集运输。收集管理是指对各厂家的收集实行管理。运输管理是指收集过程中的运输和收集后运送到中间贮存处或处理处置厂(场)的过程所需实行的污染控制。

（5）综合利用。综合利用管理包括农业、建材工业、回收资源和能源过程中对于废物污染的控制。

(6) 处理处置。处理处置管理包括有控堆放、卫生填埋、安全填埋、深地层处置、深海投弃、焚烧、生化解毒和物化解毒等过程的污染控制(彭长琪,2009)。

1.2.4 固体废物管理的技术政策

我国于 20 世纪 80 年代中期提出了无害化、减量化、资源化的三化管理,全过程管理和危险废物优先管理作为控制固体废物污染的技术政策,并确定在今后较长一段时间内应以无害化为主。我国固体废物处理利用的发展趋势必然是从无害化走向资源化,资源化是以无害化为前提的,无害化和减量化则应以资源化为条件。

1. 无害化管理

固体废物无害化旨在从输出端进行控制,是指将固体废物通过工程处理,达到不损害人体健康,不污染周围的自然环境的目的。目前,已有多种技术在固体废物无害化处理中得到了应用,如垃圾的焚烧、堆肥、填埋、有害废物的热处理和解毒处理等。在对固体废物进行无害化处理时,必须认识到各种无害化处理工程技术的通用性是有限的,它们的优劣程度往往不是由技术、设备条件本身所决定。以城市生活垃圾处理为例,焚烧处理确实不失为一种先进的无害化处理方法,但它必须以垃圾含有高热值和可能的经济投入为条件,否则就没有实用意义。

2. 减量化管理

固体废物减量化旨在从输入端进行控制,是通过适宜的手段减少固体废物数量、减小其体积、减少危害性。这就需要对固体废物进行处理利用,并从生产源头控制以减少废物产生。固体废物的压实、破碎、焚烧处理是减小固体废物体积的有效方法,如生活垃圾经焚烧处理,体积可减少 80%～90%。减少固体废物的产生属于物质生产过程的前端,需从资源的综合开发和生产过程中物质资料的综合利用着手。从资源开发利用与环境保护的发展趋势看,世界各国为解决人类面临的资源、人口、环境三大问题,越来越注意资源的合理利用。人们对综合利用范围的认识,已从物质生产过程的末端(废物利用)向前扩展到物质生产过程的前端(自然资源开发)。因此,要实现减量化,就必须采用经济合理的综合利用工艺和技术,制定科学的资源消耗定额等措施,把综合利用贯穿于自然资源开发和生产过程中物质资料与废物综合利用的全过程。

3. 资源化管理

固体废物资源化旨在从过程上进行控制,是采取工艺技术,从固体废物中回收有用的物质与能源，故也有人将固体废物说成是"再生资源"、"二次资源"或"放错地点的原料"。广义的资源化包括物质回用、物料转换和能量转换三个方面的内容。

近四十年来，世界资源正以惊人的速度被开发和消耗，有些资源已经接近枯竭。有资料显示，按已探明的储量和消耗量的增长速度推算，世界石油资源只需五六十年将耗去全部储量的 80%；按已探明的储量和消耗量推算，世界煤炭资源也将在 2350 年耗去储量的 80%。欧洲国家把固体废物资源化作为解决固体废物污染和能源紧张的方式之一，将其列入国民经济政策的一部分，投入巨资进行开发。

我国资源形势十分严峻。第一，资源总量丰富，但人均资源不足，人均占有量仅为世界人均水平的 1/2；第二，资源利用率低，浪费严重，很大一部分资源没有发挥效益就变成了废物。近几十年来，我国走的是一条资源消耗型发展经济的道路；第三，废物资源利用率很低。以工业固体废物为例，1991 年的利用率仅为 18.6%，固体废物的大量积压给环境带来巨大的威胁，由此造成的直接经济损失每年达 300 亿元以上。综上所述，实现固体废物资源化已经是人类生存所必须解决的新课题。

4. 全过程管理

由于固体废物本身往往是污染的源头，故需对其产生、收集、运输、综合利用、处理、贮存和处置实行全过程管理，在每一环节都将其作为污染源进行严格的控制。

5. 危险废物优先管理

由于危险废物危害性较大，因此对危险废物实施优先控制。

1.2.5　固体废物管理的经济政策

固体废物管理的经济政策随各个国家的国情不同而有较大差别。普遍采用的经济政策主要有排污收费政策、生产者责任制政策、押金返还政策、税收信贷优惠政策和垃圾填埋费政策等（赵由才等，2012）。

1. 排污收费政策

排污收费是根据固体废物的特点，征收总量排污费和超标排污费。排污收费制度是国内外环境保护最基本的经济政策之一。我国实行的是"谁污染谁治理"的环境保护政策。也就是说，谁排放污染物污染了环境，谁就必须承担相应的社会责任，花钱治理，或交纳一定的费用由专门的环境保护企业治理。固体废物产生者除了需承担正常的排污费外，如超标排放废物，还需额外负担超标排污费，以促使企业加强废物管理，减少废物的产生，减轻对环境的污染。因此，垃圾收费制度是一项促使垃圾减量化的重要经济政策。

2. 生产者责任制政策

生产者责任制是指产品的生产者(或销售者)对其产品被消费后所产生的废弃物的管理负有责任。经济发达国家对易回收废物、有害废物等一般都制定了再生利用的专项法规或者强制回收政策。例如，对包装废物，规定生产者首先必须对其商品所用包装的数量或质量进行限制，尽量减少包装材料的用量；其次，生产者必须对包装材料进行回收和再生利用。

3. 押金返还政策

押金返还政策是指消费者在购买产品时，除了需要支付产品本身的价格外，还需要支付一定数量的押金。产品被消费后，其产生的废弃物返回到指定地点时，可赎回已支付的押金。押金返还政策是国外广泛采用的经济管理手段之一。对易于回收物质和有害物质等，采取保证金返还制度可鼓励消费者参与物质的循环利用、减少废物的产生量和避免有害废物对环境的危害。

4. 税收、信贷优惠政策

税收、信贷优惠政策就是通过税收的减免、信贷的优惠，鼓励和支持从事固体废物管理的企业，促进环境保护产业长期稳定的发展。因为固体废物的管理可获得明显的社会效益和环境效益，而其经济效益相对较低，甚至完全没有，所以就需要国家在税收和信贷等方面给予政策优惠，以支持相关企业和鼓励更多的企业从事这方面的工作。例如，对回收废物和出售资源化产品的企业减免增值税，对垃圾的清运、处理、处置、已封闭垃圾处置场地的地产开发实行财政补贴，对固体废物处理处置工程项目给予低息或无息优惠贷款等。

5. 垃圾填埋费政策

垃圾填埋费是指对进入填埋场最终处置的垃圾进行再次收费，其目的在于鼓励废物的回收利用，提高废物的综合利用率，以减少废物的最终处置量，同时也是为了解决填埋土地短缺的问题。垃圾填埋费政策是用户付费政策的延续，它是对垃圾采用填埋方式进行限制的一种有效的经济管理手段。这种政策在欧洲国家使用较为普遍。

1.2.6　固体废物管理的法律法规

我国有关固体废物管理的法律法规大致可分为国家法律、行政法规和签署的国际公约三个方面(李颖，2013)。

1. 国家法律

我国政府颁布的《中华人民共和国固体废物污染环境防治法》是我国固体废物管理方面最重要的国家法律。《固废法》全文共分 6 章，包括总则、固体废物污染环境防治的监督管理、固体废物污染环境的防治、危险废物污染环境防治的特别规定、法律责任和附则。《固废法》根据我国的实际情况，并借鉴了国外固体废物管理的经验，提出了我国固体废物污染防治的主要原则，即对固体废物实行全过程管理，对固体废物实行减量化、资源化和无害化，对危险废物实行严格控制和重点防治等。

2. 行政法规

除《固废法》外，国家环境保护总局和有关部门还单独颁布或联合颁布了一系列的行政法规，如《城市市容和环境卫生管理条例》、《城市生活垃圾管理办法》、《关于严格控制境外有害废物转移到我国的通知》、《防治尾矿污染管理办法》、《关于防治铬化废物生产建设中环境污染的若干规定》、《固体废物进口管理办法》、《固体废物鉴别导则》、《医疗废物管理条例》、《电子废物污染环境防治办法》、《废弃化学品污染环境防治办法》、《危险废物转移联单管理办法》等。这些行政法规都是以《固废法》中确定的原则为指导，结合具体情况，针对某些特定污染物制定的，它们是《固废法》在实际中的具体应用。

3. 国际公约

目前，环境污染已不再是某个国家的问题，而是一个全球性的问题。另外，随着我国加入世界贸易组织，我国将越来越多地参与国际范围内的环境保护工作，已签署并将继续签署越来越多的国际公约。例如，在 1985 年 12 月对我国生效的《防止倾倒废物及其他物质污染海洋的公约》，在 1990 年 3 月，我国政府签署了《控制危险废物越境转移及其处置巴塞尔公约》。

1.2.7　固体废物管理的技术标准

我国固体废物国家标准基本由国家环保部与住房和城乡建设部在各自的管理范围内制定。住房和城乡建设部主要制定有关垃圾清运、处理处置方面的标准，国家环保部负责制定有关废物分类、污染控制、环境监测和废物利用方面的标准。经过多年的努力，我国已初步建立了固体废物标准体系，主要包括固体废物分类标准、固体废物监测标准、固体废物污染控制标准和固体废物综合利用标准四大类。

1. 固体废物分类标准

固体废物分类标准主要用于对固体废物进行分类，如《国家危险废物名录》、《城市垃圾产生源分类及垃圾排放》等。

2. 固体废物监测标准

固体废物监测标准主要用于对固体废物环境污染进行监测。它主要包括固体废物的样品采制、样品处理以及样品分析标准等。这些标准主要有《固体废物浸出毒性测定方法》、《危险废物鉴别、急性毒性初筛》、《生活垃圾填埋场环境监测技术标准》等。

3. 固体废物污染控制标准

固体废物污染控制标准是对固体废物污染环境进行控制的标准。它是进行环境影响评价、环境治理和排污收费等管理的基础，因此是所有固体废物标准中最重要的标准。固体废物污染控制标准分为两大类：一类是废物处理处置控制标准，即对某种特定废物的处理处置提出的控制标准和要求，如《多氯苯废物污染控制标准》、《有色金属固体废物污染控制标准》、《建筑材料用工业废渣放射性限制标准》、《农用粉煤灰中污染物控制标准》和《城镇垃圾农用控制标准》等；另一类是废物处理设施的控制标准，如《城市生活垃圾填埋污染控制标准》、《城市生活垃圾焚烧污染控制标准》、《危险废物安全填埋污染控制标准》和《一般工业固体废物贮存、处置场污染控制标准》等。

4. 固体废物综合利用标准

固体废物资源化在固体废物管理中具有重要的地位。为了大力推行固体废物的综合利用技术，并避免在综合利用过程中产生二次污染，国家环保部已经和正在制定一系列有关固体废物综合利用的规范和标准，如《中华人民共和国循环经济促进法》、《报废汽车回收管理办法》等。

1.2.8 国内外垃圾管理的比较

1. 各国法规不同

为加速实现城市生活垃圾的减量化、无害化和资源化，并防止垃圾产生以及垃圾源头减量和回收有用物的实施，欧盟各国普遍制定了一个由法律、经济和管理相结合的三位一体的政策。大多数欧洲国家，由政府负责整个生活垃圾的管理，但是有些国家会根据本国的实际情况制定一些特色的管理制度。例如，德国的包装物双元回收体系(Duales System Deutschland，DSD)是专门组织回收处理包装废弃物的非营利社会中介组织，负责管理包装废物从收集到最终利用的资源化过程。在法国，私营企业 Eco-Emballages 公司和政府签约，运用"绿点"政策(所谓"绿点"，就是在商品包装上印上统一的"绿点"标志。这一标志表明此商品生产商已为该商品的回收付了费)，向获得"绿点"使用权的充填商、产品制造商提供包装废物管理服务，并达到和政府约定的处理水平。Eco-Emballages公司为政府提供资金支持以建立和刺激包装废物的回收和分拣系统，以平衡由于资源化而额外增加的费用。荷兰根据本国土地资源紧缺的现实，尽量实现垃圾的资源化利用来减少垃圾的填埋量。1990 年，荷兰成立了垃圾管理委员会，并出台了《垃圾处理合作条例》来协调固体废物的管理。《垃圾处理合作条例》负责废物战略的发展与实施，并推进战略计划的执行，协调所有与废物计划有关的环境部、市政垃圾管理协会、环境与消费者组织代表、废物管理议会等。这些民间组织，在国家垃圾管理过程中，发挥了巨大的作用。新加坡国土狭小，人口密度大、经济高速发展等国情，促使它选择更适合国情的固体废弃物管理方法。新加坡对于固体废物管理的法令是 1999 年颁布的固体废物的管理法规《环境污染控制法规》(Environmental Protection and Control Act，EPCA)。该法规被 2007年颁布的《环境保护与管理法》(Environmental Protection and Management Act，EPMA)取代。新加坡固体废物管理一直由国家环境部(National Environment Agency，NEA)负责，近年来开始允许私营企业参与。20 世纪 60 到 70 年代，新加坡从经济上考虑将固体废物分为可循环使用和可回收利用，并且优先选择废物产生量最小化原则。1992 年环境部建立废物最小产生量化工程局，负责在全国范围内发展、促进、引导废物产生量。废物的管理目标在欧洲可以分三个层次：以避免垃圾产生为目标，以资源化为目标，以清除为目标。其中德国和荷兰是首先考虑避免垃圾产生为目标的国家，而法国和意大利是以资源化为目标的国家，希腊是以清除为目标的国家。

从上面的分析可以看出，虽然各国废物法规不尽相同，但都具有强制性的特点。特别是德国，到了强制阶段，包装垃圾的管理才走上正轨。因此，只有实行强制措施，才能有效解决垃圾问题。

2. 经济政策中"刺激性"因素不同

为鼓励城市生活垃圾的处理和回收利用，各国利用财政手段对城市生活垃圾处理者提供必要的资金援助，如通融资金、补助金和税收等。法国、荷兰、意大利以及丹麦、英国等国家对填埋垃圾进行征税，填埋税用于资源化技术的发展。法国、德国规定使用包装的公司应向废物管理商业机构缴税，包装税用来进行垃圾的选择收集和分类。荷兰的财政手段采取的是"自愿协议"形式，荷兰的包装条约就是"自愿协议"之一，各部门各机构通过协商制定目标，并向公众公开。而对于特别的包装废物管理的经济手段主要有排污收费、产品收费、押金-退款制度。排污收费表现为生活垃圾用户费、废物处置税和有害废物费。德国、挪威等国向居民征收生活垃圾用户费；奥地利、比利时、丹麦、法国等国征收废物处置税；奥地利、比利时、芬兰等国征收有害废物费。

为了刺激厂商选择对环境友好的包装，即"绿色包装"，很多国家规定对产品包装收费。丹麦、奥地利、比利时、芬兰、德国、法国、瑞典等都实行了对玻璃瓶的押金-退款制度；挪威对不可回收的饮料容器收费；意大利 1988 年开始征收塑料袋税，使得塑料购物袋的消费量降低 20%～30%。押金-退款制度对回收包装废物很有效，很多国家都在实施。例如，瑞典对金属罐实行押金-退款制度，返还率达 80%～90%；丹麦、芬兰、德国、荷兰、挪威、瑞典等国对塑料饮料容器实行此项制度，返还率均超过 60%，特别是挪威、瑞典对 PET 瓶的押金-退款制度使之返还率达到 90%～100%。

3. 处理技术

总的看来，城市固体废物（municipal solid waste，MSW）的处理经历了基于直接去除的处理阶段和能源化处理两个阶段。填埋一直深受各国的青睐。从最初的直接倾倒到经预处理的最终废物的安全或卫生填埋都是很受重视的处置技术。传统的垃圾焚烧技术由于焚烧产生的二噁英问题，一度面临困境，不过随着带有能量回收的清洁焚烧的发展，焚烧技术在 MSW 的处理中仍然占据着相当重要的地位，堆肥技术在一段时期内几乎被忽视了，由于堆肥产品的市场化以及堆肥产品的质量问题，使堆肥产品在和化学肥料的竞争中处于不利地位。直到 20 世纪 80 年代垃圾资源化的推进，堆肥才重新得到重视。

20 世纪 50 年代，由于经济的快速增长，垃圾的产生量越来越大，传统的垃圾填埋场已无法容纳，而且这些填埋场修建较早，有些没有安装人工衬里，不符合卫生填埋的要求，对周围环境造成污染，危害极大，特别是填埋场渗滤液直接威胁地下水。面对日益严重的垃圾问题，欧洲各国都制定相应的政策，采取相应的办法加以解决。在欧洲，产品以及物质的循环利用、有控制的填埋、有能量回收的焚烧、带有分类收集、拣选等的堆肥等垃圾能源化处理技术得到了较快的发展。由于国情不同，各国采取的处理方法也不尽相同。无论从技术上还是经济上，各个国家为解决垃圾问题所制定的各种措施都有很大的差别。荷兰和德国把各种处理技术分成不同的优先等级：首先是避免垃圾产生，其次是资源重新利用，资源再生，回收能量的焚烧方法，填埋以外的其他处置方法，最后才是填埋。这两个国家要求所有的国家或是私人企业都必须遵循这样的技术层次，并且只有在没有更优的解决办法时，才能采取下一级的解决方法。采用强制性的措施，有助于垃圾处理技术的快速发展，但也相应的会增加垃圾处理的成本。对于包装废物，德国于 1992 年规定必须优先考虑包装废物的再生利用，禁止采用有能量回收的焚烧技术处理包装废物，荷兰也持同样的观点。由于德国和荷兰优先考虑避免垃圾产生原则，在这种情况下，资源化原则在划分的技术层次上处于较低的水平。在法国、意大利和希腊三个国家都没有采取避免垃圾产生原则。允许企业根据各自不同的情况自主选择适合于本企业特点的垃圾处理技术，这样做更符合各个地区各企业的情况。

这几个国家在制定废物管理法规时都考虑了下面几个原则：资源化原则、减量化原则、再利用原则、再循环原则、自产自销原则以及污染付费原则，但每个国家的实施方式不同。一般而言，资源化包括资源再生、能量回收和堆肥。虽然各个国家的侧重点不同，但每个国家都发展了资源再生技术。在荷兰、德国、法国，堆肥技术占据相当重要的地位，能量回收技术则在法国、意大利和希腊受到广泛欢迎。

从上面的分析可看出，在过去几十年中，几乎所有的工业化国家在城市生活垃圾问题上，都在由单纯的处理向综合治理方向转变，从根本上改变了垃圾处理的内涵，注重源头减量和综合利用，从而能够有效控制污染、回收资源，减少垃圾的处理量。他们制定的治理垃圾战略目标是通过选择较高层次的管理目标来实现的。首先是避免产生垃圾，进行源头控制；其次是最大可能地进行回收利用。但在我国，目前在解决城市生活垃圾的问题时，较多的注意力是放在如何处理产生的垃圾，即末端治理。从国内外实践证明，末端治理处理工作量大，投资大，运行费用也高，不符合可持续发展战略。因此，可以通过借鉴欧洲发达工业国家的有关法规，结合本身情况，加速我国废物处理技术的发展。

1.2.9　欧盟法规概况

欧盟是一个由多个成员国组成的高度一体化的区域性政治、经济集团组织。在欧盟不断充实的环境政策和法规中，废物管理立法和政策始终是一个备受关注的领域。它的体系健全，规定严格，引领和推动了各成员国固体废物综合治理进程。表 1-2 列出了欧盟颁布的几项废物管理法规。

表 1-2　欧盟颁布的几项废物管理法

类型	编号	名称
框架法	2008/98/EC 2008	关于废物的指令（Waste Framework Directive 2008/98/EC）
	85/337/EEC 1985	关于评估某公共和私有项目对环境影响的指令［Assessment of the Effects of Certain Public and Private Projects on the Environment Directive（85/337/EEC 1985）］

续表

类型	编号	名称
框架法	91/689/EEC 1991	关于控制有害废物的指令［Control of Hazardous Waste（Council Directive 91/689/EEC 1991）］
	96/61/EC 1996	关于污染防治和控制的指令［Integrated Pollution Prevention and Control Directive(Council Directive 96/61/EC 1996)］
	2000/532/EC 2000	关于废物列表的决定［European Waste Catalogue(Commission Decision 2000/532/EC 2000)］
	259/93/EEC 1993	关于废物在欧共体内运输及进出欧共体的监控的法规［Transfrontier Shipments of Waste(Council Regulation 259/93/EEC 1993)］
	Regulation（EC）No 1013/2006	关于废物运输的法规［Regulation（EC）No 1013/2006 of the European Parliament and of the Council of 14 June 2006 on shipments of waste］
特定废物	75/439/EEC	关于废油处置的指令（Waste Oils Directive 75/439/EEC）
	92/112/EEC	关于二氧化钛行业废物的指令（Procedures for Harmonizing the Programmes for the Reduction and Eventual Elimination of Pollution Caused by Waste from the Titanium Dioxide Industry，Council Directive 92/112/EEC）
	86/278/EEC 1986	关于污泥农用的指令［Control of Sewages Sludge to Land（Council Directive 86/278/EEC 1986)］
	91/271/EEC 1991	关于污泥处置倾倒入海的指令［Restriction of Sewage Sludge Disposal to Sea(Council Directive 91/271/EEC 1991)］
	2006/66/EC	关于电池、蓄电池、废电池及废蓄电池指令（Batteries and Accumulators Containing Certain Dangerous Substances，and Repealing）
	94/62/EC 1994	关于包装和包装废物的指令［Packaging and Packaging Waste Directive (Council Directive 94/62/EC/ 1994)］
	96/59/EC	关于PCBs和PCTs处置的指令［Disposal of Polychlorinated Biphenyls and Polychlorinated Terphenyls(PCB/PCT)］
	2000/53/EC 2000	关于废弃车辆的指令［Recycling of End-of-Life Vehicles（Council Directive 2000/53/EC 2000)］
	2002/95/EC	关于在电子和电器设备中限制使用某些物质的指令（the Restriction of the Use of Certain Hazardous Substances in Electrical and Electronic Equipment）
	2002/96/EC	关于废弃电子和电器设备的指令（Waste Electrical and Electronic Equipment Directive 2002/96/EC）
废物处理	1999/31/EC 1999	关于废物填埋的指令［Waste Landfill Directive(Council Directive 1999/31/EC 1999)］
	2000/76/EC 2000	关于废物焚烧的指令［Incineration and Co-incineration of All Waste (Council Directive 2000/76/EC 2000)］

注：文献来源于 European Commission. http；//ec. europa. eu/environment/waste/，2016。

1. 基本概况分析

欧盟废物管理立法主要突出表现在以下两个方面：第一，欧盟的废物管理目标非常具体和明确，达标期限的限制也很严格，而且依据各成员国的不同情况，提出适宜的标准和要求；第二，欧盟的废物管理理念发展很快，确保了欧盟的废物管理政策和法规的先进性。1975 年，欧盟首次颁布废物处理规定，该法规明确规定废物处理处置中不得损害人类健康，处理处置过程和方法不得危害环境，特别是对水、土壤、大气和动植物，不得引发噪声或恶臭等。此法规确立了废物类型、处理技术、回收、再利用、处置等分层次的废物处理体系（75/442/EEC 1975）。此法规被修订过几次，其中包括 1991 年（Council Directive 91/692/EEC 和 91/156/EEC）、1996 年（Council Directive 96/59/EC 和 Commission Decision 96/350/EC）和 2008 年（EU Directive 2008/98/EC）对 1975 年的法规进行了修订。1984 年颁布了关于运输危险废物的法规（Council Directive 84/631/EEC），此法规在 1986 年被修订，1993 年被新规定取代，即 259/93/EEC，新法规规定运输所有废物，不仅仅是危险废物。1991 年，欧盟颁布了处理有害废物的规定，然后又制定了一系列法律法规，确立了废物产生者承担废物处理责任的原则。1994 年欧盟出台了《包装和包装废弃物指令》及其修正案，对物品包装及包装废物设定了具体目标，要求 2008 年之前，包装物的回收和焚烧处理率应占总量的 60%，再生利用率应达到 55%。欧盟制定的废物回收再利用指标是：到 2020 年，欧盟 50% 的城市生活垃圾和 70% 的建筑垃圾必须回收利用，废物填埋比例必须进一步降低。到 2025 年，填埋可回收再利用废物将是非法的。2006 年 3 月，欧盟确定了将温室气体排放量和净电力消耗量各减少 20% 的目标。为了遏制欧盟成员国垃圾产生量的增长趋势，2007 年 2 月 13 日欧洲议会通过了一项废弃物减量框架指令法案，此项法案明确规定了欧盟各成员国实现垃圾减量和资源回收的目标：在 2012 年之前，垃圾产生量要实现零增长，从 2020 年后开始减少产生量。同时要求，欧盟各成员国需在这项指令法案生效后的一年半内，制订相应的本国法令来执行这个框架指令，以促进与实现欧盟各成员国的垃圾减量化。

2. 废物管理法规的主要内容

在废物管理立法方面，欧盟的法律主要包括四种类型：一是框架性法律，如 1991 年颁布的关于有害废物的指令和 1995 年颁布的关于废物的指令。二是针对特定类型废物制定的法律，目前主要涉及废油、污泥的农用、含危险废物的电池和蓄电池、包装及包装废物、多氯二联苯（polychlorinated biphenyls，PCBs）和多氯三联苯（polychlorinated triphenyls，PCTs）的处理、废弃车辆，以及在电子和电器设备上限制使用某些有害物质等。三是制定废物管理作业的法律，目前主要涉及废物填埋、废物焚烧、船舶产生的废物及货物残余物的港口接收装置等。四是关于报告及调查方面的法律，主要涉及废物管理法律、实施过程中有关的统计报告等事项。成员国可根据实际情况制定国内政策、法律和行动计划，以实现欧盟指令中提出的要求。

3. 废物管理立法解析

欧盟废物管理立法的各项立法规定的指标和极限值都非常明确。以欧盟关于废物的指令(75/442/EEC)为例，其中主要是界定了"废物"和"处理"的定义。该指令要求欧盟各成员国制定有关法律法规促进废物的预防（避免和减量）、回收和处理；强调废物处理不得造成其他类型的污染和影响人民的健康；规定成员国必须指定废物管理机构并对其主要职能提出要求；要求实行"污染者负担原则"，即废物占有者承担废物处理的责任；要求成员国将废物管理措施，包括立法情况，通告欧盟委员会。而针对特定废物类型制定的法律通常更加具体明确。例如，2008 年 9 月 26 日，欧盟电池指令 91/157/EEC 被替代，新指令 2006/66/EC开始生效。2006/66/EC 指令适用于包括除军用，医用和电力工具外的所有其他类型的电池和蓄电池（AA、AAA、纽扣型电池、铅酸蓄电池、可充电蓄电池），并制定了电池收集、处理、回收和废弃的条例，旨在限制某些有害物质和改善电池在供应链中所有操作环节的环境表现。禁止使用含有下述物质的电池或蓄电池（包括那些已经安装在器具中的）：纽扣电池汞含量超过 2%，其他电池汞含量超过 0.0005%（按重量计算），镉含量超过 0.002%（按重量计算）。为此，该指令要求，成员国应实现回收和再利用的目标：到 2012 年，欧盟各成员国的最低回收率应达到 25%，2016 年达到 45%；工业电池要求 100% 回收，不得丢弃于垃圾堆中，也不可焚烧；成员国采取适当措施，对用过的电池和蓄电池进行分类回收；对电池和蓄电池实行适当的标志，包括标注重金属含量等。根据这些要求，成员国可以根据本国的实际情况制定国内政策、法律和行动计划，以实现欧盟指令中提出的要求。

第 2 章 固 体 废 物

固体废物实质上是"放错地方的资源"。在任何生产或生活过程中,所有者对原料、商品或消费品,往往仅利用了其中某些有效成分,而对于原所有者不再具有使用价值的大多数固体废物中仍含有其他生产行业中需要的成分,经过一定的技术环节,可以转变为有关部门行业中的生产原料,甚至可以直接使用。固体废物的处理处置提倡资源的社会再循环,目的是充分利用资源,增加社会与经济效益,减少废物处置的数量,以利社会发展,实现废物资源化的目标。要实现这个目标,就需要对固体废物指的是什么,具有哪些特征,是如何产生的,又是通过哪些途径对环境进行污染的,如何控制等问题加以了解。通过本章内容,这些问题将会得到较好的解决。

2.1 固体废物的定义与分类

2.1.1 固体废物的定义及范畴

固体废物是指在生产、日常生活和其他活动中产生的丧失原有利用价值的,或虽未丧失利用价值但被抛弃或丢弃的污染环境的固态、半固态和置于容器中的有毒有害气体、液态物品以及法律、行政法规规定纳入固体废物管理的物品与物质。需要注意的是,一些具有较大危害性质的气态、液态废物,一般不能直接排入到大气和水环境中,常置于容器之中。这类气态、液态废物在我国被归入固体废物管理范畴。因此,固体废物不只是指固态和半固态物质,还包括置于容器之中有毒有害的气态和液态物质。

固体废物由于不同的需要在不同场合有着不同含义。在具体的生产环节中,由于原材料的混杂程度,产品的选择性以及燃料、工艺设备的不同,被丢弃的这部分物质,从一个生产环节看,它们是废物,而从另一生产环节看,它们往往又可以作为另外产品的原料,而是不废弃之物。所以,固体废物又有"放错地点的原料"之称。固体废物问题是伴随人类文明的发展而发展的,人类最早遇到的固体废物问题是生活过程中产生的垃圾污染问题。不过,在漫长的岁月里,由于生产力水平低下,人口增长缓慢,垃圾的产生量不大,增长率不高,没有对人类环境构成像今天这样的污染和危害。随着生产力的迅速发展和人口的迅猛增长,大量垃圾产生,并且排入环境,成为严重的环境问题。

固体废物的产生有其必然性。一方面由于人们在索取和利用自然资源从事生产和生活活动时,限于实际需要和技术条件,总要将其中一部分作为废物丢弃;

另一方面，由于各种产品本身有其使用寿命（或者人类本身的意愿），超过了一定期限（或者不愿再使用），就会成为废物。

在学术界，固体废物一般是指在社会生产、流通和消费等一系列活动中产生的相对于占有者来说不具备原有使用价值而被丢弃的以固态半固态或置于容器中气态、液态废物。从哲学角度可以看出废与不废是相对于占有者而言。世界上只有暂时没有被认识和利用的物质，而没有不可认识的物质，废与不废具有很强的空间性和时间性。随着人类认识的逐步提高和科学技术的不断发展，被认识和利用的物质越来越多，昨天的废物有可能成为今天的资源，他处的废物在另外的空间或时间就是资源和财富，一个时空领域的废物在另一个时空领域也许就是宝贵的资源，因此固体废物又被称为"时空上错位的资源"。

2.1.2　固体废物的特性

从固体废物与环境、资源、社会的关系分析，固体废物具有如下鲜明的特性。

1. 兼有废物与资源的双重性

从固体废物定义可知，它是在一定时间和地点被丢弃的物质，可以说是放错地方的资源，具有明显的时间和空间特征。

从时间的角度看，随着时间的推移，任何产品经过使用和消耗后，最终都将变成废物。但另一方面，所谓废物仅仅是相对于当时的科技水平和经济条件而言，随着科学技术进步，今天的废弃物质也可能成为明天的有用资源。例如，餐厨废弃物经过破碎、除沙、油脂分离，厌氧发酵等一系列工序后，废弃物被加工成生物柴油、生物沥青、生物燃气、微生物菌剂和有机肥等新产品。建筑废料中的废弃混凝土进行回收处理，作为循环再生骨料。农业固体废物（秸秆、人畜粪便）通过厌氧微生物的生物化学反应，可以生成可燃气体甲烷，即沼气，发展沼气是解决我国农村固体废物污染和提供能源的有效途径之一。

从空间角度看，废物仅相对于某一过程或某一方面没有使用价值，而并非在一切过程或一切方面都没有使用价值。某一过程的废物，往往可用作另一过程的原料。例如，从烧结、炼铁、炼钢中可回收铁泥；从粉煤灰中可回收碳粉、铁粉、氧化铝和提取空心微珠等。空心微珠是一种多功能的新型材料，广泛用于制作隔热防火材料、塑料填充料和耐磨材料等；电子线路板可用来回收贵重金属等。这些所谓的废物对建筑业和金属制造业来说又成了宝贵的有用资源。

2. 复杂多样性

固体废物种类繁多，成分也非常复杂。它可能含有毒性、燃烧性、爆炸性、放射性、腐蚀性、反应性、传染性与致病性的有害废弃物或污染物，甚至含有污染物富集的生物，有些物质难降解或难处理、固体废物排放数量与质量具有不确定性与隐蔽性，即使是一个简单的废弃产品，也可能包括多种多样的成分。例如，废弃电器电子产品中有许多有用的资源，如铜、铝、铁及各种稀贵金属、玻璃和塑料等。由于固体废物成分的复杂多样性，所以对大多数固体废物来说，单靠一种技术是很难解决问题的，常需要采用多种技术联合才能真正地实行其资源化利用和无害化处理。

3. 持久危害性、长期性和灾难性

将固体废弃物简易堆置、排入水体、随意排放，其所含的非生物性污染物和生物性污染物进入土壤、水体、大气和生物系统，会对这些系统造成一次污染，破坏生态环境。若有害废弃物处理不当，有些有害物，如重金属、二噁英等，随水体进入食物链，被动植物和人体摄入，降低机体对疾病的抵抗力，引起疾病（种类）增加，对机体造成即时或潜在的危害。

4. 分散性

由于固体废物可以出现在任何空间和场所，无论在城市还是农村，娱乐场所还是办公场所，商店还是家庭，固体废物无处不有，无处不在。另外，由于固体废物的产生没有时间的限制，随时随地都可能产生，所以固体废物的分散性非常显著。

5. 无主性

固体废物被丢弃后，不再属于谁，特别是城市生活垃圾，很难找到垃圾产生的责任人，无法追究责任，给固体废物的收集带来较大的困难。

2.1.3 固体废物来源与分类

固体废物可按来源、性质、污染特性和形态等，从不同角度进行分类。按化学性质组成分类，可分为有机废物和无机废物；按可燃性分类，可分为可燃废物和不可燃废物；按形态分类，可分为固体废物、半固体废物、液态和气态废物（置于容器中）；按污染特性分类，可分为一般废物和危险废物。在我国，比较普遍采用的是按废物来源分类，可把固体废物分为城市固体废物、工业固体废物、农业固体废物和危险废物四大类，其中危险废物是指列入国家危险名录或根据国家规定的危险物鉴别标准和鉴别方法认定的具有危险特性的废物，具有急性毒性、易燃易爆性、反应性、腐蚀性和疾病传染性，需妥善处理（李秀金，2011）。各类固体废物的来源和组成见表2-1。

表 2-1　固体废物的分类、来源和主要组成物

分类	来源	主要组成物
城市固体废物	居民生活	指家庭日常生活过程中产生的废物，如食物垃圾、纸屑、衣物、庭院修剪物、金属、玻璃、塑料、陶瓷、炉渣、灰渣、碎砖瓦、废器具、粪便和杂品等
	商业、机关	指商业、机关日常工作过程中产生的废物，如废纸(板)、食物、管道、碎砌体、沥青及其他建筑材料，废汽车、废电器、废器具，含有易爆、易燃、腐蚀性废物，以及类似居民生活栏内的各种废物
	市政维护与管理	指市政设施维护和管理过程中产生的废物，如碎砖瓦、树叶、死禽死畜、金属、锅炉灰渣和污泥等
工业固体废物	冶金工业	指各种金属冶炼和加工过程中产生的废弃物，如高炉渣、钢渣、铜铅铬汞渣、赤泥、废矿石和烟尘等
	矿业	指各类矿物开发、加工利用过程中产生的废弃物，如废矿石、煤矸石、粉煤灰、烟道灰和炉渣等
	石油与化学工业	指石油炼制及其产品加工、化学工业产生的固体废物，如废油、浮渣、含油污泥、炉渣、塑料、橡胶、陶瓷、纤维、沥青、石棉、涂料、化学药剂和废催化剂和农药等
	轻工业	指食品工业、造纸印刷、纺织服装、木材加工等轻工部门产生的废弃物，如各类食品糟渣、废纸、金属、皮革、塑料、橡胶、布头、线、纤维、染料、刨花、锯末、碎木、化学药剂和金属填料等
	机械电子工业	指机械加工、电器制造及其使用过程中产生的废弃物，如金属碎料、铁屑、炉渣、模具、砂芯、润滑剂、酸洗剂、导线、玻璃、木材、橡胶、塑料、化学药剂、研磨料、陶瓷、绝缘材料以及废旧汽车、电冰箱、微波炉等
	建筑工业	指建筑施工、建材生产和使用过程中产生的废弃物，如钢筋、水泥、黏土、陶瓷、石膏、石棉、砂石、砖瓦和纤维板等
	电力工业	指电力生产和使用过程中产生的废弃物，如煤渣、粉煤灰和烟道灰等
农业固体废物	种植业	指作物种植生产过程中产生的废弃物，如稻草、麦秸、玉米秸、根茎、落叶、烂菜、农用塑料和农药等
	养殖业	指动物养殖生产过程中产生的废弃物，如畜禽粪便、死禽死畜、死鱼死虾和脱落的羽毛等
	农副产品加工业	指农副产品加工过程中产生的废弃物，如畜禽内容物、鱼虾内容物、未被利用的菜叶、菜梗和菜根、稻壳、玉米芯、瓜皮、果皮、果核、贝壳和皮毛等
危险废物	化学工业、医疗单位、科研单位等	主要为来自于化学工业、医疗单位、制药业、科研单位等产生的废弃物，如粉尘、污泥等，医院使用过的器械和产生的废物、化学药剂、制药厂药渣、炸药和废油等

2.2　固体废物污染危害及控制

2.2.1　固体废物污染危害途径

固体废物，特别是有害固体废物，如处理、处置不当，其中的有毒有害物质（重金属、病原微生物等）可以通过环境介质，如大气、土壤、地表或地下水体进入生态系统形成污染，对人体产生危害，同时破坏生态环境，导致不可逆生态变化。其具体污染途径取决于固体废物本身的物理、化学和生物性质，而且与固体废物处置所在场地的地质、水文条件有关。有些废物可通过蒸发直接进入大气，但更多是通过接触、浸入、饮用或食用受污染的水或食物进入人体。例如，工矿业固体废物中含有的化学成分所形成的化学物质型污染，像含有氟、汞、砷、铬、镉、铅、氰等及其化合物和酚的固体废物，可通过皮肤、食物、呼吸等渠道危害人体，引起中毒。人畜粪便和生活垃圾是各种病原微生物的滋生地和繁殖场，能形成病原体型污染。

固体废物对环境的影响集中表现在以下三个方面。

1. 影响土壤环境

土壤是许多细菌、真菌等微生物聚集的场所，这些微生物与其周围环境构成一个生物系统，在大自然的物质循环中，担负着碳循环和氮循环的一部分重要任务，是人类赖以生存的根本。固体废物如果不加处理任意露天堆放，将占用一定的土地，导致可利用土地资源减少；如果填埋处置不当，不进行严密的场地工程处理和填埋后的科学管理，更容易污染土壤环境。在固体废物中，一些禁止使用的持续性有机污染物，在环境中更难以降解，这类废弃物如果进入水体或渗入土壤中，将会严重破坏土壤的结构，改变土壤的性质。由于残留毒害物质在土壤里难以挥发消解，将会杀死土壤中的微生物，破坏土壤的腐解能力，阻碍植物根系的发育和生长，并在植物体内积蓄，进而通过食物链积存在人体内，对肝脏和神经系统造成严重损害，直接影响当代人和后代人的健康与生命。不仅如此，固体废物对土壤生态环境也会造成长期的不可低估的破坏性影响。

2. 影响水体环境

水是维持宇宙中一切生命体生存的重要条件，随着世界人口的不断增长，以及工业化速度的加快，水资源的匮乏已经影响到社会的可持续发展及人类的生存。固体废物对水资源的破坏，使水资源匮乏的问题更加突出。固体废物直接排入河流、湖泊和海洋曾作为一种常用处置固体废物的方法，这种方法的应用对水体破坏作用更加严重，它可以缩短江河湖面有效面积，使排洪和灌溉能力下降，并使水体受到直接污染，严重危害水生生物的生存条件，破坏生态平衡，造成对人体的危害，所以一些国家已经开始禁止向河流、湖泊和海洋中倾倒固体废物。虽然固体废物未经处理直接排入江河湖海的做法正在禁止，但由于固体废物可随时随地经地表径流进入河流湖泊，或随风迁徙落入水中，将有毒有害物质带入水体，杀死水中生物，污染饮用水水源，危害人体健康的状况并没有根绝。另外固体废物产生的渗滤液对水体的破坏性更大，它可以进入土壤使地下水受污染，或直接流入河流、湖泊和海洋，造成水资源的水质型短缺。

3. 影响大气环境

大气污染已经严重影响到世界气候的变化，直接影响到人类的生存。固体废物对大气的污染应该引起足够的重视。这是因为堆放固体废物中的细微颗粒、粉尘等可随风飞扬，进入大气并扩散到很远的地方；一些有机固体废物在适宜的温度和湿度下还可发生生物降解，释放出二氧化碳、甲烷等气体，加剧了温室效应；有毒有害废物还可发生化学反应产生有毒气体，扩散到大气中危害人体健康。

焚烧作为一种固体废物处理法，如果使用不当，如直接焚烧稻草、麦秸、玉米秸、稻壳、根茎和落叶等，可以导致二次污染。在一些发展中国家的农村，直接焚烧植物茎叶的现象相当普遍，已成为这些国家大气污染的主要来源之一。

2.2.2 固体废物污染控制

固体废物的污染控制需要从三方面着手。

1. 源头控制

改革生产工艺，采用无废或少废的清洁生产技术，从发生源消除或减少污染物的产生。改革生产工艺还包括采用精料和提高产品质量，尽量延长它的使用寿命，以使产品不过快地变成废物。

2. 综合利用废物资源

综合利用废物资源需要做好以下几个方面的工作：①发展物质循环利用工艺，即使第一种产品的废物成为第二种产品的原料，使第二种产品的废物又成为第三种产品的原料等，最后只剩下少量废物进入环境，以取得经济、环境和社会的综合效益；②进行综合利用，有些固体废物含有很大一部分未起变化的原料或副产品，可以回收利用。例如，硫铁矿烧渣、废胶片、废催化剂中含有金、银、铂等贵重金属，只要采用适当的物理、化学熔炼等加工方法，就可以将其中有价值物质回收利用；③进行无害化处理与处置，有害固体废物，用焚烧、热解等方式，改变废物中有害物质的性质，可使之转化为无害物质或使有害物质含量达到国家规定的排放标准。

3. 监督管理到位、提升公众环保意识

严格执行相关固体废物产生、排放管理制度，使人人具有环保意识，自觉保护环境，减少废物产生。

第3章　固体废物的收集、运输

　　垃圾收集和清运是固体废物处理处置的基础性工作，其效率与质量的优劣直接关系到处理处置成本的高低与后续处理处置的难易程度。城市生活垃圾的收集、运输与工业固体废物，尤其是危险废物，无论是收集、运输，还是管理方法、处理处置技术都有着原则性的区别，需要分别加以研究。

　　在城市生活垃圾的收集、运输中，由于城市生活垃圾的产生源分散、总产生量大、成分复杂，废物处理场或转运站又多设在远离城市的郊区等原因，收集、运输往往是整个处理工作总成本中最高的。在城市垃圾处理处置的成本中，固体废物收集和清运工作的成本占 60%～80%，收集清运工作十分困难。因此，在城市管理中垃圾的收集、运输基本上由政府指定某一个部门专门作为经常性的工作内容。固体废物收集和清运成本的高低在很大程度上取决于对这项工作的管理水平，优质的管理可以使成本降低，劣质的管理可以使成本升高。因此，制定科学合理的收运计划，降低固体废物收集和清运工作的成本，提高固体废物的收运效率与质量对于降低固体废物处理处置的成本、提高综合利用效率、减少最终处置的废物量具有十分重要的意义，是每一个从事固体废物处理处置的管理者必须认真考虑的问题。这就需要管理者了解固体废物的收集方法、分类收集概况、收集系统、收集设备、收集路线与规划设计、运输方式、危险废物的运输及收运的优化等方面的知识，提高固体废物收集、运输管理的能力。

3.1　收　　集

3.1.1　收集方法

　　固体废物的收集是从废物产生源收集到临时贮存的过程，是废物由面至点的集中过程。

　　根据固体废物的种类可将收集方式主要分为混合收集和分类收集两种形式。

　　(1) 混合收集。混合收集是指统一收集未经任何处理的原生废物的方式。这种收集方式历史悠久，应用也最广泛。混合收集的主要优点是收集费用低，简便易行；缺点是各种废物相互混杂，降低了废物中有用物质的纯度和再生利用的价值，同时也增加了各类废物的处理难度，造成处理费用的增大。随着固体废物处理处置技术的不断改进及相应政策法规的落实，这种方式将逐渐被淘汰。

　　(2) 分类收集。分类收集是指根据废物的种类和组成分别进行收集的方式。分类收集的主要优点，是可以提高废物中有用物质的纯度，有利于废物的综合利用，还可以减少需要后续处理处置的废物量，从而减少整个管理的费用和处理处置成本，是固体废物收集发展的方向。对固体废物进行分类收集时，一般应遵循以下原则：①工业废物与城市垃圾分开。由于工业废物和城市垃圾的产生量、性质以及发生源都有较大的差异，其管理和处理处置方式也不尽相同。一般来说，工业废物的发生源集中、产生量大、可回收利用率高，且危险废物大都源自工业废物；而城市垃圾的发生源分散、产生量相对较少且污染成分以有机物为主。因此，对工业废物和城市垃圾实行分类，有利于大批量废物的集中管理和综合利用，可以提高废物管理、综合利用和处理处置的效率。②有害废物与一般废物分开。由于有害废物具有可能对环境和人类造成危害的特性，一般需要对其进行特殊的管理，对处理处置设施的要求和设施建设费用、运行费用都要比一般废物高很多。对有害废物和一般废物实行分类，可以大大减少需要特殊处理的危险废物量，从而降低废物管理的成本，并能减少和避免由于废物中混入有害物质而在处置过程中对设施、环境及操作人员产生潜在的危害。在我国的一些城市中(如兰州)，采取用废电池换纯净水的做法，在环境保护方面取得了很好的效果，深受广大居民的欢迎。③可回收废物与不可回收废物分开。固体废物作为人类对自然资源利用的产物，其中包含大量的资源，这些资源可利用价值的大小，取决于它们的存在形态，即废物中资源的纯度。废物中资源的纯度越高，利用价值就越大。对废物中的可回收利用物质和不可回收利用物质实行分类，有利于固体废物资源化的实现。可回收废物有废纸、塑料、玻璃、金属和布料等。④可燃性废物与不可燃性废物分开。将固体废物分为可燃与不可燃，有利于处理处置方法的选择和处理效率的提高。对不可燃、且没有利用价值的固体废物可以直接填埋处置，对可燃且没有利用价值的固体废物可以采取焚烧处理，对可燃但有堆肥价值的固体废物(如稻草、麦秸、玉米秸、根茎和落叶等)可以进行堆肥或消化产气处理。

根据固体废物收集的时间可将收集方式分为定期收集和随时收集两种形式。

(1) 定期收集。定期收集是指按固定的时间周期对特定废物进行收集的方式。定期收集是常规收集的补充手段，其优点主要表现为：可以将暂存废物的危险性减小到最低程度，可以有计划地使用运输车辆，有利于处理处置规划的制定。定期收集方式适用于危险废物和大型垃圾(如废旧家具、废旧家用电器等耐久消费品)的收集。

(2) 随时收集。随时收集是指对产生的固体废物即时收集的方式。对于产生量无规律的固体废物，如采用非连续生产工艺或季节性生产的工厂产生的废物、城市生活垃圾，通常采用随时收集的方式。

3.1.2　城市垃圾分类收集现状

城市生活垃圾的分类收集是一项系统工程，是从垃圾产生的源头按照垃圾的不同性质及不同处置方式的要求，将垃圾分类后收集、储存及运输。分类收集是城市生活垃圾处理体系中的一个关键环节，是城市生活垃圾处理发展过程中的一个重要步骤。通过分类收集，可实现废弃物的重新利用和最大程度的废品回收。

城市垃圾分类收集，为实现废物的再利用和最大限度地废品回收提供了重要条件。目前，发达国家均在不同程度上开始了垃圾分类收集。采用分类收集方式收集垃圾后对垃圾收集设施及其规划提出了更高的要求，许多城市在垃圾站和其他场所设置了不同类型的有用物质和有毒垃圾分类收集容器，以满足城市垃圾分类收集和收运的需要。

垃圾分类收集工作一般从有毒有害垃圾和大件垃圾的分类收集开始，目前，有的按可燃和不可燃分；有的按资源和非资源分。垃圾的全面分类收集需要城市居民的全面配合，同时要求配置全面的城市垃圾分类收运处理系统，这是一项长期的且艰难的工作。英国、德国和日本的垃圾分类收集程度较高，德国早在1904年就开始实施城市垃圾分类收集，经过一个多世纪的发展，已经形成了一整套成熟而合理的体系，1993年德国的垃圾分类收集量已占垃圾总量的75.5％；法国从2004年开始全部实施垃圾分类收集。目前，我国大部分城市生活垃圾仍采用混合收集的方式。在居民区一般都建有垃圾房，居民将家中垃圾装袋后放入其中，每天由环卫工人或垃圾车将这些垃圾运往垃圾中转站；在公共场所或马路两边，分段设置垃圾箱，由专人定时清理。从目前城市垃圾分类收集现状看，实行分类收集的城市均属于经济水平和居民文化素质较高的大城市。有的城市垃圾分类回收率不高，甚至没有分类回收，还有许多地方垃圾分类收集容器配置不到位，有垃圾分类收集容器的城市，市民和路人也做不到分类投放，即使分类投放，由于没有垃圾分拣中心，还是混合后运送到垃圾处理场集中处理。所以受我国经济社会发展水平的制约，要实现垃圾分类收集还需要一个过程。只有通过政府的大力支持，公众的积极参与以及垃圾处理处置的企业化运作方式，我国实现城市生活垃圾分类回收和资源再利用将指日可待。

3.1.3　固体废物收集系统操作模式

固体废物收集系统根据其操作模式被分为两种类型：拖曳容器系统（hauled container system，HCS）和固定容器系统（stationery container system，SCS）。前者的废物存放容器被拖曳到处理点，倒空，然后回拖到原来的地方或者其他地方。而后者的废物存放容器除非要被移到路边或者其他地方进行倾倒，否则将被固定在垃圾产生处。

对固体废物的收集过程进行系统分析与优化，可以节省大量的人力、物力和运行费用。对收集系统的分析是通过研究不同收集方式所需要的车辆、工作人员数量和所需工作日数，建立一套数学模型，在大量积累经验数据的基础上，可以推测在系统状况发生变化时，对于设备、人力和运转方式的需求程度。与固体废物收集有关的行为可以被分解为四个操作单元：收集（pick-up）、拖曳（haul）、卸载（at-site）和非生产（off-route）（廖利等，2010）。下面分别按照拖曳容器系统和固定容器系统分别进行说明。

1. 拖曳容器系统

拖曳容器系统操作程序如图 3-1 所示。比较传统的运转方式如图 3-1(a)所示，用牵引车从收集点将已经装满废物的容器拖拽到转运站或处置场，清空后再将空容器送回至原收集点。然后，牵引车开向第二个收集点重复这一操作。显然，采用这种运转方式的牵引车的行程较长。经过改进的运转方式如图 3-1(b)所示，牵引车在每个收集点都用空容器交换该点已经装满废物的容器。与前面的运转方式相比，消除了牵引车在两个收集点之间的空载运行。

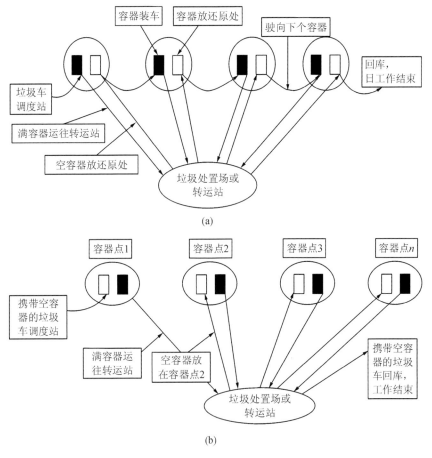

图 3-1　拖曳容器系统操作程序示意图

(a)传统运转方式；(b)改进运转方式（交换容器方式）

　　收集成本的高低，主要取决于收集时间的长短。对收集过程中不同单元(收集、拖曳、装卸、非生产)使用时间进行分析，可以建立设计数据和关系式，求出某区域垃圾收集耗费的人力和物力，从而计算时间成本。时间操作过程可以分为四个基本用时，即集装时间、运输时间、卸车时间和非收集时间(其他用时间)。

　　(1) 集装时间(收集时间)。集装时间取决于所选用的收集系统的类型。如果拖曳容器系统以常规方式操作 [图 3-1(a)]，集装时间是从一个容器被倒空后驾车到下一个容器所花费的时间，加上倒空的容器放到规定位置所花费的时间。如果拖曳容器系统以交换容器模式操作 [图 3-1(b)]，集装时间则包括抬起装满的容器，在它被倾空后，把它安置在下一个安放地上所要求的时间。

　　(2) 运输时间(拖曳时间)。运输时间也由所选用的收集系统的类型决定。对于拖曳容器系统，运输时间是指装满垃圾的车辆从垃圾收集地点拖曳到转运站、废品回收站(materials recovery facilities，MRF)或者垃圾堆置场，再从转运站、MRF 或者垃圾处置场拖曳到垃圾收集地点所必需的时间，运输的时间不包括花在垃圾收集地容器卸载的时间。

　　(3) 卸车时间。装满垃圾的车辆在垃圾收集地点、转运站、MRF 或者垃圾堆置场，将垃圾从容器或者收集车上装载、卸载以及在此之前等待花费的时间。

　　(4) 非收集时间。非收集时间包括了从全面收集操作的观点出发的非生产行为中所花去的时间，很多与离线时间有关的操作行动有时是必要或者固有的。因此，花在离线行为的时间可能被分为两类：必要的和不必要的。在实践中，必要和不必要的离线时间因为需要被平等分配在整个操作中而要求同时考虑，必要时间包括花在每天早晚登记报到和离开的时间、不可避免的交通阻塞的时间以及设备维修保养的时间等，不必要的离线时间包括花在去购物的时间、违规的休息时间以及违规的亲朋聊天时间等。

　　拖曳容器系统运输一次废物所需总时间等于容器收集、卸载和非生产时间的总和，它可以表示为

$$T_{hcs} = P_{hcs} + s + h \tag{3-1}$$

式中，T_{hcs}——拖曳容器系统运输一次废物所需总时间，h/次；

　　　　P_{hcs}——装载时间(收集时间)，h/次；

　　　　s——处置场停留时间，h/次；

　　　　h——运输时间(拖曳时间)，h/次。

　　由于拖曳容器系统的收集时间和处置场的时间是相对恒定的，所以运输时间取决于拖曳速度的大小和路程的长短。通过对各种类型收集车的大量数据资料分

析(图 3-2)表明，运输时间 h 可近似表示为

$$h = a + bx \tag{3-2}$$

式中，h——运输时间，h；

　　　a——经验常数，h；

　　　b——经验速度常数，h/km；

　　　x——平均往返行驶距离，km。

由于一些收集所在地处于给定的服务区，所以从服务区中心到放置地的平均往返拖曳路程可以用在式(3-2)中，将式(3-2)代入式(3-1)中，则每次的时间可以表示为

$$T_{hcs} = P_{hcs} + s + a + bx \tag{3-3}$$

拖曳系统每次的收集时间 P_{hcs} 为

$$P_{hcs} = p_c + u_c + d_{bc} \tag{3-4}$$

式中，P_{hcs}——每次的装载时间(收集时间)，h；

　　　p_c——装载废物容器所需时间，h；

　　　u_c——卸空容器所需时间，h；

　　　d_{bc}——两个容器收集点之间的行驶时间，h。

如果在两容器之间的平均行驶时间未知，那么这个时间可以由式(3-2)计算。容器与容器之间的路程可以用往返拖曳路程代替，拖曳常量可以用 24km/h (图 3-2)。

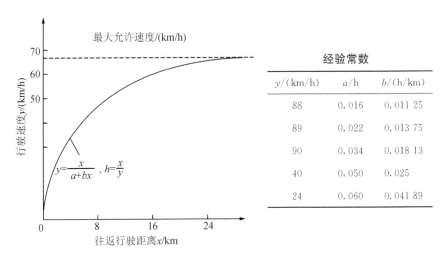

图 3-2　收集车辆的行驶速度与往返距离的关系

拖曳容器系统中考虑非生产时间因数 W 在内的以每天每辆车计的往返次数可以表示为

$$N_d = [H(1-W) - (t_1 + t_2)]/T_{hcs} \tag{3-5}$$

式中，N_d——每天往返次数，次/d；

　　　H——每日工作时间，h/d；

　　　W——非生产因子，%；

　　　t_1——每天从分派车站驾驶到第一个容器服务区所用的时间，h；

　　　t_2——每天从最后一个容器服务区到分派车站所用的时间，h；

　　　T_{hcs}——拖曳容器系统运输一次废物所需总时间，h/次。

根据式(3-5)，假定离线行为可以发生在一天中的任何时间，在利用式(3-5)对各种类型拖曳容器系统求解时，相应参数可以使用图 3-2 和表 3-1 中给出的经验数据，式(3-5)中非生产因子可以为 0.10～0.40(0.15 是常用的参数)。

表 3-1　用在各种不同收运系统中计算设备和人力需求的典型参数

收运系统		压实比	拾起容器和放下空容器需要的时间/(h/次)	倾空容器中废物所需时间/(h/容器)	现场时间/(h/次)
车辆	装卸方式				
拖曳容器系统 吊装式垃圾车	机械	—	0.067	—	0.053
自卸式垃圾车	机械	—	0.40	—	0.127
自卸式垃圾车	机械	2.0～4.0[a]	0.40	—	0.133
固定容器系统 压缩式垃圾车	机械	2.0～2.5	—	0.00～0.05[b]	0.10
	人工	2.0～2.5	—	—	0.10

注：a 为该容器可用于固定压缩机；b 为要求的时间随容器的尺寸变化。

从式(3-5)计算得到的每天往返次数，可以与每天(或每周)要求的往返次数比较，后者可以用下式计算得

$$N_d = V_d/(cf) \tag{3-6}$$

式中，N_d——每天的往返次数，次/d；

　　　V_d——平均每天收集的垃圾体积，m³/d；

　　　c——每次收集清运时容器平均容量，m³/次；

　　　f——加权平均的容器利用率。

容器利用率是指容器容积被固体垃圾占据的分数。因为这个因数会随着容器的尺寸大小而变化，所以在式(3-6)中用到了加权平均的容器利用率，加权因数通过容器总数目除以各尺寸容器数目与它们相应的利用率之积而得。

2. 固定容器系统

这种运转方式是用大容积的运输车到各个收集点收集废物垃圾，最后一次卸到转运站或处理处置场。由于运输车在各站间只需要单程行车，所以与拖曳容器系统相比，收集效率更高，但该方式对设备的要求较高。例如，由于在现场需要

装卸废物，容易起尘，要求设备有较好的机械结构和密闭性。此外，为保证一次收集尽量多的点，收集车的容积要足够大，并应配备废物压缩装置。固定容器系统操作程序如图 3-3 所示。

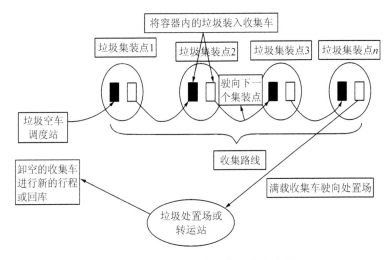

图 3-3　固定容器系统操作程序示意图

固定容器收集法的一次行程中，时间操作过程也可以分为四个基本用时，即收集时间、运输时间、卸车时间、非收集时间(其他用时)，其中收集时间是关键因素。

(1)收集时间。对于固定容器系统，收集时间涉及装载收集空容器所花费的时间，这个时间从停车要装载第一个容器的废物开始算，以最后一个将要倾空的容器里的废物被装载上车结束。由于装载的过程可能是机械装载，也可能是人工装载，所以，在收集操作过程中，完成一次操作的时间取决于收集车的类型和所选用的收集方法。对于自动装载的收集车而言，完成一次操作的时间可表示为

$$T_{scs} = P_{scs} + s + a + bx \tag{3-7}$$

式中，T_{scs} ——固定容器系统往返一次总时间，h；

P_{scs} ——固定容器系统装载时间，h；

s ——处置场停留时间，h；

a ——经验常数，h；

b ——经验常数，h/km；

x ——平均往返行驶路程，km。

对固定容器系统，收集时间由式(3-8)给出。

$$P_{scs} = C_t u_c + (n_p - 1)d_{bc} \tag{3-8}$$

式中，P_{scs} ——固定容器系统装载时间，h；

C_t ——每次收集的垃圾容器数，个；

u_c——收集一个容器中的废物所需时间，h；

n_p——每趟清运所能清运的废物收集点数；

d_{bc}——两个废物收集点之间的平均行驶时间，h。

每次收集所能够倾空的容器数目与收集车容积和压实率有关。每次收集的容器数量可以由式(3-9)计算。

$$C_t = Vr/(cf) \tag{3-9}$$

式中，V——垃圾车容积，m³；

r——垃圾车压缩系数；

c——废物容器容积，m³；

f——废物容器容积利用系数。

每天要求的收集次数可以用式(3-10)求出。

$$N_d = V_d/(Vr) \tag{3-10}$$

式中，N_d——每天要求的收集次数，次/d；

V_d——平均每天需收集的废物总体积，m³。

考虑到非生产因子W，每天要求的工作时间可以表示为式(3-11)。

$$H = [(t_1 + t_2) + N_d T_{scs}]/(1 - W) \tag{3-11}$$

式中，H——每天工作时间，h；

t_1——从始点到第一个废物收集点的行驶时间，h；

t_2——从最后一个废物收集点的"近似地点"到终点的行驶时间，h；

N_d——每天要求的收集次数，次/d；

T_{scs}——固定容器系统往返一次总时间，h；

W——非生产因子。

在定义t_2时用到了"近似地点"这个名词，因为在固定容器系统中收集车一般都会在最后的路线上将垃圾倾倒后直接开回到分派车站。如果从垃圾堆置场（或转运站）到分派车站的时间少于平均往返拖曳时间的一半，t_2可假设为零。如果从堆置场（或转运点）到分派车站的时间比从最后一个收集地点到堆置场的时间长，t_2可假设为从垃圾堆置场到分派车站所用时间与平均往返拖曳时间一半的差值。

每天往返次数取整后，每天的次数和车辆尺寸大小的经济组合可以由式(3-11)的分析来确定。要确定要求的垃圾车容量，可以将式(3-11)中的N_d代入两个或三个不同的值，然后确定每次的有效收集次数。通过连续试算，用式(3-8)和式(3-9)为N_d的每个值确定相应的垃圾车要求容量，如果垃圾车的有效尺寸比要求值小，那么用该尺寸反推所要求的每天实际收集次数，这样最经济有效的组合就可以被选出来。

对于人工装卸收集车而言，如果H表示每天的工作时间，而且每天完成的往返次数已知，收集操作的有效时间用式(3-11)算出。一旦每次的收集时间已知，那么每次可被收集的垃圾收集点的数量可以由式(3-12)算出。

$$N_p = 60 P_{scs} n / t_p \tag{3-12}$$

式中，N_p——每次清运的废物收集点数，个/次；

　　　P_{scs}——装载时间，h；

　　　n——工人数量，人；

　　　t_p——每个废物收集点装载时间(收集时间)，人·min。

人工装卸收集车每个收集点的收集时间取决于容器位置之间行驶要求的时间、每个收集点的容器数目以及分散收集点占总收集点的百分数，可以用式(3-13)表示为

$$t_p = d_{bc} + k_1 C_n + k_2 P_{RH} \tag{3-13}$$

式中，t_p——每个收集点的平均收集时间，人·min；

　　　d_{bc}——花在两容器间的平均交通时间，h；

　　　k_1——与每个容器收集时间有关的常数，min；

　　　C_n——在每个收集点处的容器的平均数目，个；

　　　k_2——与从住户分散点收集废物所需时间有关的常数，min；

　　　P_{RH}——分散收集点的百分比例，%。

住宅区收集操作颇具变化性，用地形实测的方法比较合适。当每次收集点数目已知，则可根据式(3-14)计算收集车的尺寸(V)。

$$V = V_p N_p / r \tag{3-14}$$

式中，V_p——每个收集点收集废物的量，m³；

　　　N_p——往返一次清运的废物收集点数，个；

　　　r——垃圾车压缩系数。

(2) 运输时间(拖曳时间)。对于固定容器系统，运输时间是指填满的垃圾收集车到达转运站、MRF 或者垃圾处理场所要求的时间以及将倾空的容器拖离垃圾倾倒地点，移送到下一个收集路段的第一个倾空容器所在地所需时间的总和。拖曳的时间不包括收集车辆卸载花费的时间。

(3) 卸装时间及非生产时间与拖曳容器系统卸装时间相同，这里不再赘述。

3.1.4　收集清运设备

收集车的形式多种多样，不同城市可根据当地的经济、交通、垃圾组成特点及垃圾收运系统的构成等实际情况，开发和选择与其相适应的垃圾收集车。国外垃圾收集车都有自己的分类方法和型号规格，我国目前尚未形成垃圾收集车的分类体系，型号规格和技术参数。下面简要介绍几种国内外常用的垃圾收集车及收集系统的工作过程和特点。

1．人力车

人力车包括手推车、三轮车等靠人力驱动的车辆，在我国，尤其是小城镇、农村及大中城市，街道比较狭窄的区域，仍发挥着重要作用。

2．自卸式收集车

自卸式收集车是国内最常用的收集车，一般是在普通货车底盘加装液压倾卸机构和装料箱改装而成。通过液压倾卸机构可使整个装料箱体翻转，进行垃圾自动卸料(图 3-4)。根据垃圾装填设定位置的不同可分为：前装式收集车、后装式收集车、侧装式收集车和顶装式收集车。

3．密封压缩收集车

密封压缩收集车是备有液压举升机构和尾部填塞器，将垃圾装入车厢、转运和倾倒的专用收集车。根据垃圾的装填位置，密封压缩收集车分为前装式、侧装式和后装式三种类型，其中后装式密封压缩收集车使用较多。这种车是在车厢后部开设投料口，并在此部位装配压缩推板装置。压缩推板装置由旋转板和滑板组成。装载垃圾时，在液压油缸的驱动下，旋转板旋转，将投料口内的垃圾推入车厢内，同时，滑板对垃圾进行压缩。由此起到了装载垃圾和压缩垃圾的双重功能，从而有效地提高了收集车的装载能力和效率(图 3-5)。

图 3-4　自卸式收集车　　　　　图 3-5　后装式密封压缩收集车

由于这种车具有压缩能力强、装载容积大、作业效率高和对垃圾的适应性强等特点，是国外使用最为广泛的一种收集车。近年来，在我国各城市得到了越来越多的使用。这种车与手推车收集垃圾相比，工效可提高 6 倍以上，可大大减轻环卫工人的劳动强度，缩短工作时间并且能有效地减少垃圾的二次污染。

4．活动斗式收集车

活动斗式收集车的车厢可作为活动敞开式储存容器(图 3-6)，平时放置在垃坂收集点，作为垃圾存放的容器。牵引车定期把装满垃圾的活动斗运至中转站或处理场地，卸空后再把活动斗放回原收集点，用于下一次垃圾的储存和收集。因车厢可以移动，容量大，适宜储存装载各种大件垃圾，故亦称为多功能收集车，常用于移动容器收集法作业。

5. 分类收集车

分类收集车是为分类垃圾的收集专门设计的(图 3-7)。该种收集车的料箱由若干个独立的料斗组成。一个料斗只装一种垃圾，如废纸装在第一个料斗，废塑料装在中间料斗，玻璃装在第三个料斗。如此，收集点分类存放的不同垃圾可被一次收集完成。在每个料斗的一侧都安装有一个上料和卸料装置，通过它把垃圾桶提升到料斗的顶部，然后把桶中的垃圾翻倒入相应的料斗中，待把分类垃圾运至分拣站，各料斗分别向外侧翻转，把分类垃圾倾倒于不同的储存场所。

图 3-6　活动斗式收集车　　　　　　图 3-7　分类垃圾收集车

6. 真空管道收集系统

真空管道垃圾收集系统是由瑞典某公司于 1961 年发明的，最早用于医院垃圾收集，从 1967 年开始在住宅区装配使用。德国、法国、芬兰等国家也相继建成一些类似的收集系统。真空管道垃圾收集是通过预先铺设好的管道系统，利用负压技术将生活垃圾抽送至中央垃圾收集站，再由压缩车运送至垃圾处置场的过程。这种负压气力收集是一种自成体系的收集系统，由倾卸垃圾的通道，通道阀输送管道，机械中心，收集转运站等组成的垃圾收运系统。该系统工作过程为：住宅楼的居住者把自己产生的垃圾投放到各楼层的垃圾投放口，收集中心站的风机产生真空，在负压的作用下，各住宅楼的垃圾被吸入输送管道，随气流输送到中心站的旋风分离器，经过分离器分离出的垃圾，被压缩机压缩到集装箱内，再由专用车辆运送到垃圾处理场地(图 3-8)。

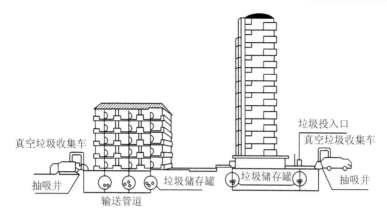

图 3-8　真空管道收集系统

垃圾真空管道收集系统的优点是：管道封闭性好，对环境没有污染；用户使用方便；系统自动化程度高，工人劳动强度和人员数量大大减少，收集效率显著提高。但与其他垃圾收集方式相比，其投资大、运行管理要求及运行费用高。

3.1.5　固体废物收集路线及规划设计

在城市垃圾收集操作方法、收集车辆类型、收集劳动力、收集次数和作业时间的要求被确定以后，就必须设计收集路线，以便收集者和装备能够有效地利用。通常，收集路线的规划包括一系列的实验，目前，没有一套通用规则能被用于所有情形。因此，收集车辆的路线设计仍然是一个需要研究和实践的课题。在进行一般收集路线规划设计时，需要尽量考虑以下几点因素。

（1）分析收集点的有关信息，制订垃圾收集的相关措施。如垃圾收集点的数量、位置、垃圾产生量、收集容器的数量以及垃圾收集点到垃圾转运站或处理处置场的距离等。利用相关信息调整现行收集系统的运行参数。例如，通过工作人员的多少和收集装置的类型，确定收集频率、收集路线的相关措施。

（2）收集路线要便捷，便于垃圾收集车辆的行驶。在任何可能的情况下，都要充分考虑以下因素：一是合理运用地形和物理的障碍物作为收集路线的边界；二是能保证垃圾收集工作在主干道开始和结束；三是在山区，收集路线要由最高处开始，然后随着装载量的增加逐渐下山；四是最后一个收集容器离处置点最近。

（3）合理安排垃圾收集时间、车辆及人力等，提高工作效率。在交通拥挤处产生的垃圾必须在一天内尽可能早地收集；能产生大量垃圾的产生源必须在一天中的第一时段收集；如果可能的话，垃圾产生量小且有相同收集频率的分散收集点应该在一趟或一天中收集。

（4）关注经验的积累及信息的变化。在城市的某一区域长期工作所获得的运行经验对制定固体废物收集路线及规划设计具有重要的参考价值，应该特别关注。另外，还要根据垃圾收集点的信息变化（如产生源、产生量等），对垃圾收集路线及时做出修改，确保垃圾车辆及时运至垃圾转运站或处理处置场。

（5）关注收集路线的适用条件。由于收集系统类型不同（拖曳容器收运系统与固定容器机械装载收运系统），收集路线的设计也不尽相同，应该区别对待。

通常，设计收集路线的步骤包括：

第一步，调查研究，收集信息。调查研究，收集信息是设计收集路线的前提条件。收集信息的主要内容包括：固体废物产生源的位置；产生的数量；收集点的位置、数量；危害性；储存的方式；收集容器的数量；收集点之间的距离；分派站的位置及到各个固体废物收集点、转运站或处理处置场的距离；运输工具；作业时间；该城市或区域原有的固体废物管理政策法规等。最好准备一张当地地图，将相关的数据与信息标注在地图上。

第二步，分析数据，制订方案。根据调查获得的信息，确定收集频率，次/周；收集次数，次；废物总量，m^3/周；每天需要收集的固体废物数量，m^3/d；选择合适的运输车辆及运输工具，配备适当的人力、物力等，形成初步的收集路线方案，如果需要的话，准备数据摘要的表格。

第三步，实验评估，取得经验。初步的收集路线设计之后，需要对方案进行评估，投入试运行，通过试运行进一步获取相关信息，取得经验，提出改进建议。

第四步，修订、完善、确定方案。根据试运行中获得的信息和经验，对初步形成的收集路线进行修订、完善，最后形成比较科学合理的固体废物收集路线图，正式交给收集司机投入运行。

值得注意的是，固体废物收集司机依据收集路线在实施的过程中，根据实施经验，有权修改收集路线，以满足本地特殊情况的垃圾收集需要。事实上，大多数情况下，收集路线的设计是依据在城市的某一区域长期工作所获得的运行经验。

从本质上说，第一步对所有类型的收集系统都是一样的，但是第二、第三和第四步在拖曳容器收集系统和固定容器收集系统中的应用是不完全一样的，所以，应该分别进行讨论，这里不再赘述。

3.2　运　　输

固体废物的运输方式主要有车辆运输、船舶运输、铁路运输及管道运输等。其中，历史最长、应用最广泛的运输方式是车辆运输，管道输送则是近年来发展起来的运输方式，在一些工业发达国家已部分实现实用化。

3.2.1 运输方式

1. 车辆运输

采用车辆运输时，要充分考虑车辆与收集容器的匹配情况、装卸的机械化程度、车身的密封性、对废物的压缩方式、转运站类型、收集运输路线以及道路交通情况等。

以装车形式分类，垃圾运输车大致可分为前装式、侧装式、后装式、顶装式和集装箱直接上车式等。车辆装载额定量 $10 \sim 30t$。

为了提高收集运输的效率，降低劳动强度，首先需要考虑收运过程的装卸机械化，而实现装卸机械化的前提是收运车辆与收集容器匹配；车身的密封主要是为了防止运输过程中废物泄漏对环境造成污染，尤其是危险废物对车身密封的要求更高；废物的压缩主要与车辆的装载效率有关。

车辆的装载效率（η）可以用式（3-15）表示为

$$\eta = \frac{\text{垃圾质量}}{\text{空车质量}} \tag{3-15}$$

影响车辆装载效率的因素主要有：废物的种类（成分、含水率、密度和尺寸等）；车厢的容积与形状；容许装载负荷；压缩方式；压缩比。η 值随废物和车辆种类的不同而变化，因此，用 η 值评价车辆的装载效率时，必须限定相同废物或相同车型。

显而易见，车辆的压缩能力越强，废物的减容率越高，装载量也就越多。但是，压缩装置本身的重量也会降低车辆原有的装载能力。废物的压缩比通常用 ξ 表示，以式（3-16）表示为

$$\xi = \frac{\gamma_f}{\gamma_p} \tag{3-16}$$

式中，γ_f——废物的自由容重，kg/m^3；

　　　γ_p——压缩后的容重，kg/m^3。

其中，压缩后容重（γ_p）由式（3-17）表示

$$\gamma_p = \frac{W}{V} \tag{3-17}$$

式中，W——装载废物质量，kg；

　　　V——车厢容积，m^3。

根据当地的经济、交通、垃圾组成特点以及垃圾收集系统的构成等实际情况，各国各城市都开发使用了与其适应的垃圾运输车。根据国外经验，尽管垃圾运输车种类不同，但规定一律配置专用设备，以实现不同情况下城市垃圾装卸车的机械化和自动化目标。近年来，我国环卫部门引进配置了不少国外机械化、自

动化程度较高的垃圾运输车,并开发研制了一些适合国内情况的专用垃圾运输车。目前,国内常使用的垃圾运输车包括:简易自卸式运输车、活动斗式运输车、侧装式密封运输车、后装式垃圾运输车及集装箱半挂式转运车等。

2. 船舶运输

船舶运输适用于大容量的废物运输,在水路交通方便的地区应用较多。船舱运输由于装载量大、动力消耗小,其运输成本一般比车辆运输和管道运输低。但是,船舶运输一般需要采用集装箱方式,所以,中转码头以及处置场码头必须配备集装箱装卸装置。另外,在船舶运输过程中,要注意防止由于废物泄漏对河流造成污染,尤其是废物装卸地点。

3. 管道运输

管道运输分为空气输送和水力输送两种类型。空气输送又分为真空方式和压送方式。与水力输送相比,空气输送的速度大得多,但所需动力和对管道的磨损也较大,而且长距离输送容易发生堵塞。水力输送在安全性和动力消耗方面优于空气输送,但主要问题是水的保障以及输送后水处理的费用。

管道输送的特点是:废物流与外界完全隔离,对环境的影响较小,属于无污染型输送方式;受外界的影响较小,可以实现全天候运行;输送管道专用,容易实现自动化,有利于提高废物运输的效率;连续输送,有利于大容量长距离的输送;设备投资较大;灵活性小,一旦建成,不易改变路线和长度;运行经验不足,可靠性尚待进一步验证。

4. 铁路运输

铁路运输适用于输送远距离大容量的废物。对于较偏远的地区,公路运输困难,但有铁路线,且铁路附近有填埋场,铁路运输方式就比较实用。

从废物管理上说,固体废物转移和运输的基本要素是指方式、工具以及影响废物长距离运输的附属设备。通常,由小型垃圾收集车收集到的垃圾将会转给较大的垃圾车以便进行长距离的运输,将垃圾送到废物回收站或是处置厂。垃圾运输和转运系统一般还担任着将废物回收站的可回收利用的垃圾转运到市场或者是垃圾焚烧发电厂,而将剩余不可利用的垃圾运输到填埋场的任务。

3.2.2 危险废物的运输

危险废物的主要运输方式是公路运输,因而载重汽车的装卸作业是造成危险废物污染环境的重要环节,另外,负责运输的汽车司机必然担负着不可推卸的责任。在该运输系统中,符合要求的控制方法有以下几种。

（1）危险废物的运输车辆需经过主管单位检查，并具有有关单位签发的许可证，负责运输的司机应通过培训，并持有驾驶危险废物运输车的证明文件。

（2）承载危险废物的车辆需有明显的标志或适当的危险符号，以引起关注。

（3）载有危险废物的车辆在公路上行驶时，需持有运输许可证，其上应注明废物来源、性质和运往地点。此外，在必要时需有专门单位人员负责押运工作。

（4）组织危险废物的运输单位，在事先需做出周密的运输计划和行驶路线，其中包括废物泄漏情况下的应急措施。

为保证危险废物运输的安全无误，可采用文件跟踪系统，并形成制度。在其开始即由废物生产者填写一份记录废物产地、类型、数量等情况的运货清单经主管部门批准，然后交由废物运输承担者负责清点并填写装货日期、签名并随身携带，再按货单要求分送有关处所，最后将剩余一单交由原主管检查，并存档保管。

3.2.3　固体废物收运系统的优化

为了提高废物的收运效率，使总的收运费用达到最小，各废物产生源（或转运站）如何向各处置（或处理）场合理分配和运输垃圾量是值得探讨的问题。此类收运路线的优化问题实际上是寻找一条从收集点到转运站或处理处置设施的最优路线。在一个区域系统或一个大的城区，确定一条优化的宏观运输路线，对整个垃圾收运和处理处置系统的效率和成本会产生较大的影响。这类问题在数学上称为分配问题，这里采用线性规划的数学模型进行讨论。

假设废物产生源（或转运站）的数量为 N，接收废物的处理（或处置）场的数量为 K，并且在废物产生源（或转运站）和废物处理（或处置）场之间没有其他处理设施，为确定最优的运输路线，可以通过总的收运费用达到最小来计算。应满足的约束条件为：①每个处置场的处置能力是有限的；②处置的废物总量应等于废物的产生总量；③从每个废物产生源运出的废物量应大于或等于零。

目标函数如式(3-18)

$$f(X) = \sum_{i=1}^{N} \sum_{k=1}^{K} X_{ik} C_{ik} + \sum_{k=1}^{K} \left(F_k \sum_{i=1}^{N} X_{ik} \right) \tag{3-18}$$

约束条件：

$$\sum_{i=1}^{N} X_{ik} \leqslant B_k \quad 对于所有的 K;$$

$$\sum_{k=1}^{K} X_{ik} = W_i \quad 对于所有的 i;$$

$$X_{ik} \geqslant 0 \quad 对于所有的 i$$

式中，X_{ik}——单位时间内从废物产生源 i 运到处置场 k 的废物量；

C_{ik}——单位数量废物从废物产生源 i 运到处置场 k 的费用；

　　F_k——处置场 k 处置单位数量废物的费用；

　　W_i——废物产生源 i 单位时间内所产生的废物总量；

　　B_k——k 处置场的处置能力。

　　在目标函数中，第一项是运输费用，第二项为处置费用。由于各处置场的规格、造价与运行费用之间的差异，不同处置场的处置费用也会有所不同。

　　垃圾的运输费用，占垃圾处置总费用的很大比例，因而场址的选择，应最大限度地减少运费。在整个地区基本属于平原的条件下，运输的费用就仅取决于路程的长短。可以根据本地区各部分的地理位置和垃圾产生量的分布情况，计算出处置场的理论最佳选址，以使得垃圾运输的总吨-公里数为最小。

第4章　固体废物压实、破碎、分选

固体废物的压实、破碎、分选是固体废物处理处置的预处理方法，其效率和质量对后续处理处置影响很大。固体废物种类繁多、组成复杂，其形状大小、结构及性质等均有很大的差异。为使物料性质满足后续处理或处置的工艺要求，固体废物通过机械压实、破碎和分选等方法改变其颗粒粒径和堆积密度等，提高固体废物资源的回收利用效率。作为环境工程工作者要掌握压实程度的度量方法、合理选用压实机械及工作流程，掌握基本破碎方式、控制参数、合理选用破碎机械及工作流程，掌握固体废物分选的基础知识，在实际工作中根据固体废物的特点灵活选用分选方式，对提高预处理的效率和质量是十分必要的。

4.1　压　　实

固体废物的压实亦称压缩，是用物理方法提高废物的聚集程度，增大其在松散状态下的容重，减小废物体积，以便于处理。所谓固体废物的压实，其实质就是通过消耗压力能提高废物的容重。

对固体废物进行压实处理的主要目的：①增大容重减小体积，便于装卸和运输，确保运输安全与卫生，降低运输成本；②制取高密度惰性块料，便于贮存、填埋或做建筑材料。无论可燃、不可燃或放射性废物一般都要进行压实处理。如果废物以填埋为主，通常需要将废物进行压实处理以降低废物的体积，压实过程可以在废物收集车或专用压实器进行，也可以在填埋场进行。压实后的废物可以减少运量和运输费用，在填埋时可以占据较小的空间和体积，提高填埋场的使用效率。但是，如果废物以焚烧或堆肥为主，则一般不需要进行压实处理，可以对其进行破碎、分选等，以使物料粒度均匀、大小适宜，使其有利于焚烧，提高堆肥化的效率。总之，压实操作应根据具体情况进行选择，灵活应用。

固体废物经过压实处理后，体积的减小程度，称为压实比。废物的压实比取决于废物的种类和所施用的压力。经过压实，废物体积一般可减少到原来体积的 $1/3 \sim 1/5$。若同时采用破碎与压实两种处理技术，废物体积可减少到原来体积的 $1/5 \sim 1/10$。

以城市垃圾为例，在压实前其容重（自然堆积状态下，单位体积物料的质量称为物料的容重，单位为 kg/m^3 或 t/m^3，常用来表示物料的密实程度）通常在 $0.1 \sim 0.6 t/m^3$，经过压实器或一般压实机械作用以后，其容重可提高到 $1t/m^3$ 左右，若是通过高压压缩，其容重还可达到 $1.125 \sim 1.380 t/m^3$，而体积则可减少

至原体积的 $1/3\sim1/10$。因此，固体废物进行填埋处理前，常需压实处理。

4.1.1　压实程度的度量

评价固体废物压实的效果可以通过密度、孔隙率、孔隙比、体积减小百分比、压缩比和压缩倍数等参数来表示。

多数固体废物可以设想为是由各种颗粒和颗粒之间充满空气的空隙所构成的集合体。由于空隙较大，同时颗粒多有吸附能力，所以可以认为几乎所有水分都吸附在固体颗粒中，而不存在于空隙中，这样固体废物的总体积就等于颗粒体积加上空隙体积，而固体废物的总质量等于颗粒质量加上水分质量。

固体废物总体积由式(4-1a)表示，即

$$V_m = V_s + V_v \tag{4-1a}$$

式中，V_m——固体废物体积，m^3；

V_s——固体颗粒体积，m^3；

V_v——空隙体积，m^3。

固体废物总质量由式(4-1b)表示，即

$$W_m = W_s + W_w \tag{4-1b}$$

式中，W_m——固体废物总质量，kg；

W_s——固体颗粒质量，kg；

W_w——水分质量，kg。

固体废物的湿密度 ρ_w 和干密度 ρ_d，可分别由式(4-1c)和式(4-1d)表示，即

$$\rho_w = W_m/V_m \tag{4-1c}$$

$$\rho_d = W_s/V_m \tag{4-1d}$$

实际上，废物收运及处理过程中测定的物料质量常包括水分，故一般所称的固体废物容重都指的是其湿密度。压实前后固体废物密度值及其变化率大小，是度量压实效果的重要参数。

固体废物的空隙比 e 和空隙率 ε 可分别由式(4-2a)和式(4-2b)表示。

$$e = V_v/V_s \tag{4-2a}$$

$$\varepsilon = V_v/V_m \tag{4-2b}$$

固体废物压实后压缩比 r 和压缩倍数 n 可分别由式(4-3a)和式(4-3b)表示。

$$r = V_f/V_m \quad (r \leqslant 1) \tag{4-3a}$$

$$n = V_m/V_f \quad (n \geqslant 1) \tag{4-3b}$$

式中，V_m——压实前废物的体积，m^3；

V_f——压实后废物的体积，m^3。

压实是一种普遍采用的固体废物预处理方法。一些工厂自己进行最终处置操作，在废物送去填埋之前，先通过自设的压实器压实，一些工厂自己不处置废

物,在废物交给废物处置承包商之前,在厂内将废物压实并装入容器,以减少运输和处置费用。多数情况下,压实器和盛装容器由承包商提供。有时,固体废物在进行焚烧处理之前也需压实,其减容的程度以不影响物料在炉内的充分燃烧为宜。

影响压实效果的因素很多,在垃圾填埋场对垃圾进行压实时,影响垃圾压实作业的主要参数有压力、垃圾的组分情况、含水率、垃圾层厚度、机械滚压次数及碾压速度等。垃圾组成的多样性决定了其物理性状的复杂性,因为垃圾组成非常复杂,既有不变形的坚硬固体废物,如石块、玻璃、陶瓷;也有弹性和韧性较好的竹木、金属、胶带、纺织品;更有力学性状特殊的厨余垃圾等。固体间隙和固体内部还被空气和水分所填充,所以典型的生活垃圾是固-液-气三者组成的范性(即塑性)散体。

依据外加压力的作用情况,可以将垃圾压实过程大致分为三个阶段:

第一阶段是外加压力逐渐增加阶段。此时垃圾组分之间的大空隙被压缩,较大空隙间的空气和部分空隙间的水分在压力的作用下被排挤出来,使固体废物产生较大的不可逆变形,即塑性变形。由于垃圾组分之间内聚力和摩擦力的存在,抵抗着外来载荷的作用(阻力),随着变形量的增加,组分间的接触点也不断增加,阻力随之增大,只有当压力大于阻力时形变才可继续产生。

第二阶段是外加压力保持不变阶段。此时垃圾体发生不可逆蠕变。当外加压力保持不变时,组分间的空气和部分结合水继续被挤出,使得垃圾体内部的物质更加靠近而产生新的变形。在压力的作用下,微小的变形(蠕变)仍然可以进行,此即垃圾体的不可逆蠕变过程。在此过程中,垃圾体的弹性变形受内聚力和摩擦力的影响逐渐表现出来。当垃圾组分充分接触时,在足够大的压力作用下,垃圾体组分大量的内部结合水被排挤出来,部分组分破碎。

第三阶段是停止施加外加压力阶段,即卸载阶段。此时被压缩的垃圾体弹性变形逐渐消失。

适于压实减容处理的固体废物有:松散废物、纸带、纸箱及某些纤维制品等。对于那些可能使压实设备损坏的废物,如大块的木材、金属、玻璃等,则不宜采用压实处理;某些可能引起操作问题的废物,如焦油、污泥或液体物料也不宜进行压实处理。

4.1.2　压实机械

压实机械分固定式和移动式两类。固定式压实机械一般设置在废物收集站或中间转运站使用,较为普遍;移动式压实机械一般安装在卡车上,当接收废物后立即进行压实操作,随后运往处置场地。废物压实机械按压力大小可分为高压、中压和低压压缩机械;按压缩容器大小可分为大型、中型和小型压缩机;按压缩物料种类可分为金属类压缩机械和非金属类压缩机械等。以下介绍几种典型压实器的工作原理。

1. 水平式压实器

水平式压实器见图 4-1。该装置具有一个可沿水平力向移动的压头，先把废物送入料斗，然后压头在手动或光电装置控制下把废物压进一个钢制容器内，该容器一般是正方形或长方形，当容器完全装满时，压实器的压头完全缩回。装满压实废物的容器可以吊装到重型卡车上运走，再把另一个空容器连接在压实器上，进行下次压实操作。垃圾转运站中使用的带水平压头的卧式压实器就属于该种类型。

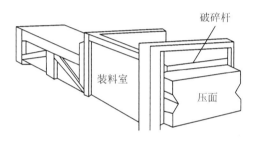

图 4-1　水平式压实器示意图

2. 三向垂直式压实器

三向垂直式压实器见图 4-2。该装置主要适于压实松散金属类固体废物，它具有三个互相垂直的压头。操作时，首先把金属类废物放置于容器斗内，然后依次启动压头 1、2、3，逐步将固体废物压为一块密实的块体，压缩后废物块的尺寸一般为 200~1000mm。

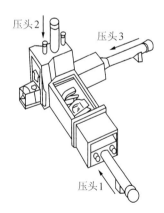

图 4-2　三相垂直式压实器示意图

金属类压实机械一般采用液压装置将松散的金属挤压成具有一定密实度的金属块。国产金属类压缩机械均采用电液压控制，有电动、手动和半自动等操作方式。机械类运动件均采用液压驱动，工作平稳、噪声小、性能可靠、维修方便及生产效率高。

3. 回转式压实器

回转式压实器见图4-3。该装置有两个压头和一个旋动式压头，适用于体积小质量小的废物。将废物装入容器单元后，先按水平式压头1的方向压缩，然后按箭头的运动方向驱动旋动式压头2，使废物致密化，最后按水平压头3的运动方向将废物压至一定尺寸排出。该装置的压头铰连在容器的一端，借助液压缸驱动。后装式压缩垃圾车即采用回转式压缩器的原理工作。

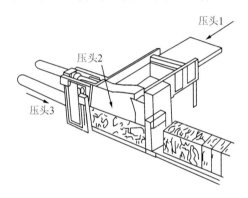

图 4-3　回转式压实器示意图

4.1.3　压实器的选择

为了最大限度减容，获得较高的压缩比，应尽可能选择适宜的压实器。影响压实器选择的因素很多，除废物的性质外，主要应从压实器的性能参数进行考虑。

（1）装载面的面积。装载面的面积应足够大，以便能够容纳要处理的最大件废物。压实器装载面的面积一般为 $0.765 \sim 9.18 m^2$。

（2）循环时间。循环时间是指压头的压面从装料箱把废物压入容器，然后再完全缩回到原来位置，准备接受下一次装载废物所需要的时间。循环时间变化范围很大，通常为 $20 \sim 60 s$。如果希望压实器接受废物的能力快，则要选择循环时间短的压实器，这种压实器是按每个循环操作压实较少数量的废物而设计的，重量较轻，成本可能比长时间压实器低，但牢固性差，压实比不一定高。

（3）压面压力。压实器压面压力通常根据某一具体压实器的额定作用力来确定，额定作用力作用在压头的全部高度和宽度上。固定式压实器的压面力一般为 100~3500kPa。

（4）压面的行程长度。压面的行程是指压面压入容器的深度。压头进入压实容器中越深，装填得越有效干净。为防止压实废物填满时返弹回装载区，需选择行程长的压实器，现行的各种压实容器的实际进入深度为 10.2~66.2cm。

（5）体积排率。体积排率即处理率，等于压头每次压入容器的可压缩废物体积与每小时机器的循环次数之积。通常根据废物产生率确定。

（6）压实器与容器匹配。压实器应与容器匹配，最好由同一厂家制造，这样才能使压实器的压力行程、循环时间、体积排率以及其他参数相互协调。如果二者不相匹配，例如，选择不可能承受高压的轻型容器，在压实操作的较高压力下，容器很容易发生膨胀变形。

此外，在选择压实器时，还应考虑与使用场所相适应，要保证轻型车辆容易进行装料和容器装卸的提升位置。

为便于选择，一些国家制定了压实器的选择规格，如美国国家固体废物管理委员会根据各种标准规定了固体废物压实器的典型规格。

4.1.4　填埋场中的压实机械

为了有效利用填埋场库容，压实机械是填埋场运行管理中最重要的机械之一。填埋场压实机械的生产效率计算公式为

$$P_{\text{压}} = \frac{60(b-c)hLK_1}{(\dfrac{L}{v}+t_{\text{n}})n} \tag{4-4}$$

式中，$P_{\text{压}}$——压实机械生产效率，m^3/h；

　　b——滚压宽度，m；

　　c——相邻两次压实的搭接宽度，m；

　　h——垃圾层厚度，m；

　　K_1——时间利用系数；

　　L——碾压地段长度，m；

　　v——机械行驶速度，m/min；

　　t_{n}——转头时间，min；

　　n——在同一地点的碾压次数。

为提高压实机械的生产率，必须做好作业前的一切准备工作，保证机械状况良好，力求垃圾的含水率保持在 40%~50%，待压垃圾层的厚度应在 0.5~0.7m，并选定高效率的运行路线（如纵向行驶路线），采用合理的运行速度，此外还应该采取以下措施：

（1）合理控制重压量。压实机械每两次行程中应有一定的重压量，一般厚度保持在 0.3m 左右，过小会影响压实质量，过大则影响生产率。因此，行驶路线应准确，与上一个形成的搭接不宜过大。

（2）监测压实度。在作业过程中，应经常测试或者凭经验估计实际达到的密实度。如果达到规定要求，即可停止碾压。实际操作过程中，为保证压实质量，应该遵守压实机械最佳行程次数的要求。

4.1.5　压实流程

固体废物压实工艺流程一般有以下两种：

（1）垃圾→垫有铁丝网容器→压缩机压缩→污水→泵→活性污泥处理系统→上清液灭菌消毒→排放。

（2）垃圾→垫有铁丝网容器→压缩机压缩→沥青浸渍池（180～200℃）→冷却→皮带输送→垃圾填埋场。

图 4-4 为目前较为先进的城市垃圾压实处理工艺流程。垃圾先装入四周垫有铁丝网的容器，然后送入压实机压缩，压力为 16～20MPa，压缩比可达 1/5。压块由上向下推动活塞推出压缩腔，随后，将压块送入 180～200℃沥青浸渍池，经过 10s 漫浸防漏，冷却后经运输带装入汽车运往垃圾填埋场。压缩污水经油水分离器进入活性污泥处理系统，处理水经过灭菌后排放。

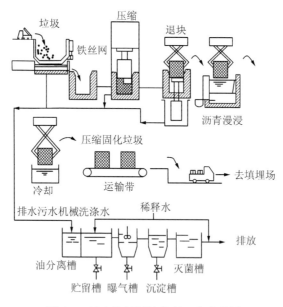

图 4-4　城市垃圾压缩处理工艺流程图

4.2　固体废物的破碎

4.2.1　破碎的理论基础

固体废物种类复杂多样，其结构、大小、形状、性质都有很大差异。这对固体废物的处理及资源化利用极为不利。要确保各系统运行的可靠性，减小最大颗粒物尺寸是极为重要的。固体废物需要通过人力或机械等外力的作用，克服质点间的分子引力，使大块固体废物分裂成小块，这个过程称为破碎。如果将废物进一步细化，使小块固体废物颗粒分裂成细粉状，则此过程被称为磨碎。

4.2.2　破碎的目的

固体废物的破碎作业是垃圾处理过程中所采用的重要辅助作业之一。破碎作业的主要目的是减小垃圾的颗粒尺寸，降低其空隙率，增大垃圾形状的均匀度，使固体废物有利于后续处理与资源化利用。破碎之所以被认为是固体废物处理工艺中最重要的预处理工序之一，是因为它有两个突出优点：

（1）破碎后的固体废物颗粒小，密度大，容重增加，便于压实、运输和存储；便于进一步处理处置与资源化利用；可以有效地回收固体废物中的某种成分；提高焚烧、热分解及熔融等作业的稳定性和热效率；在进行填埋处置时，由于压实密度高且废物颗粒均匀，可以加快覆土还原。

（2）防止粗大锋利的固体废物损坏设备或炉膛。任何一件工艺都具有两面性，破碎工艺也不例外。由于废物在破碎时会产生大量的尘埃且会产生高温，因此，当破碎尘埃中含较多有机物质时，就可能发生爆炸。在美国，一些垃圾处理场为消除爆炸隐患，做了许多实验，最后认为，在垃圾破碎装置中，配备产生水雾的消尘系统，能产生最好的防爆效果。

过细的垃圾也会对填埋处置产生不利影响。垃圾过度破碎，会延长垃圾的厌氧降解产酸阶段，使垃圾渗沥液长时间处于低 pH、高有机碳浓度的状态，不利于甲烷产生，减慢了垃圾的降解速度。

4.2.3　固体废物的机械强度与硬度

由于固体废物种类繁多，固体废物的机械强度和硬度不同，其破碎的难易程度也各有差异。在工程中，通常采用测定固体废物的机械强度或硬度来选择破碎方法。

1. 机械强度

固体废物的机械强度指固体废物抗破碎的能力，通常用静载下测定的抗压强度、抗拉强度、抗剪强度和抗弯强度表示，其中抗压强度最大，抗剪强度次之，抗弯强度较小，抗拉强度最小。一般以固体废物的抗压强度作为代表性指标：抗压强度大于 250MPa 的为坚硬固体废物，40～250MPa 的为中硬固体废物，小于 40MPa 的为软性固体废物。

2. 硬度

固体废物的硬度指固体废物抵抗外力机械侵入的能力。一般，硬度越大的固体废物，其破碎难度越大。固体废物的硬度有两种表示方法。一种是对照矿物硬度确定，矿物的硬度可按莫氏硬度分为十级，其软硬排列顺序为滑石、石膏、方解石、萤石、磷灰石、钠长石、石英、黄玉石、刚玉和金刚石，固体废物的硬度可通过与这些矿物对比确定。另一种是按废物破碎时的性状确定，可分为最坚硬物料、坚硬物料、中硬物料和软质物料四种。

需要破碎的固体废物，大多数机械强度较低，硬度较小，较易破碎。但也有些固体废物如橡胶、塑料等，在常温下呈现较强的韧性和弹性(外力作用变形，除去外力后又恢复原状的性质)，难以破碎，对这部分固体废物需采用特殊的破碎方法才能有效破碎。

4.2.4　基本破碎方式

破碎方法可分为干式破碎、湿式破碎和半湿式破碎三类，其中，湿式破碎与半湿式破碎在破碎的同时兼有分级分选的处理。破碎机破碎垃圾的基本原理，就是利用破碎机产生作用于垃圾物块上的强烈外力，迫使垃圾物块破碎、断裂而变成体积更小的物块。根据对破碎物料的施力特点，可将物料的破碎方式分为挤压破碎、剪切破碎、研磨破碎、折断或弯曲破碎(包括撕碎)及冲击破碎等类别。

1. 挤压破碎

挤压破碎是日常生活中常见的形式，主要有以下两种情况。

一是辊轧破碎：两轮反向转动，且通常角速度不相等，故物料不仅受挤压，还受到搓磨作用，提高了破碎效果。二是颚式破碎：在曲轴的驱动下，颚板相对于固定板既做张合运动又做上下搓磨运动，故能将颚口的物料"咬"碎。

挤压破碎不仅是专用辊轧破碎机和颚式破碎机的主要破碎形式，而且在其他类型破碎机的破碎过程中也可能出现。

2. 剪切破碎

剪切破碎是利用机械的剪切力，使物料破裂面的分子层间产生滑移，将固体废物破碎成适宜尺寸的过程。剪切破碎发生在互成一定角度并能逆向相对运动和闭合的刀刃之间，主要有以下两种情况。

一是劈裂：在破碎机中，这种破碎往往是由旋转的刀盘或锤头与固定在机架上的切刀形成的。二是剪断：物料在双轴回转刀盘破碎机中被剪切破碎。

3. 研磨破碎

研磨破碎是两块研磨板作平行的相对运动，这时，处于两板间的块状物体受到碾压和搓磨，物体的表面层被剥离、磨削，从而减小物体的粒度，在此过程中，一些较软的塑性垃圾，如纤维织物、草绳、软塑料等就可能被扯断。

4. 冲击破碎

两个物体发生碰撞时，物体之间发生能量交换。一个物体撞击另一个物体时，前者的动能迅速地传递给后者，转变为后者的形变能。前者的速度越大，传递的动能也越大，如果撞击时形变来不及扩展到被撞击物的全部，就在撞击处发生相当大的局部应力，使被撞击物碎裂。撞击频率越高，破碎效果越好。因此，用高频冲击法来破碎垃圾是比较理想的方法之一。

一般对于粗大固体废物，不能直接使用破碎机，需要先切割到小于破碎机进料口的大小。例如，处理废旧小汽车、船只等大型废物时，由于废旧小汽车上有金属、玻璃及钢化塑料等，在进行破碎之前，一般需要先使用切割法进行拆卸。切割法有流体切割和加热切割两种。流体切割法也称射流切割法，是将水蒸气或水以高速度从小口径喷嘴射出进行切割，适用于切割可燃性物质。加热切割的方法主要是气割法，即火焰切割法，它利用可燃气体燃烧产生的高温进行切割，主要用来切割钢铁材料制品。

选择破碎方法时，需视固体废物的硬度以及机械强度而定。对于坚硬性废物，宜采用劈碎、冲击和挤压破碎的方法。对于软性废物，如废钢铁、废汽车、废器材和废塑料等，在常温下用传统的破碎机难以破碎，压力只能使其产生较大的塑性变形而不断裂，因此，宜采用剪切和冲击破碎的方法，或利用其低温变脆的性质进行有效的破碎。对于含有大量废纸的城市垃圾，宜多采用半湿式和湿式破碎。

鉴于固体废物组成的复杂性，一般的破碎机兼有多种破碎功能，通常是破碎机的组件与被破碎的物料之间的多种作用力共同起作用。

4.2.5　破碎主要控制参数

1. 破碎比

在破碎过程中，原废物粒度与破碎产物粒度的比值称为破碎比。破碎比表示废物粒度在破碎过程中减少的倍数，也就是表征了废物被破碎的程度。破碎机的能量消耗和处理能力都与破碎比有关。破碎比(i)的计算方法有以下两种。

第一，用废物破碎前的最大粒度（D_{max}）与破碎后的最大粒度（d_{max}）之比，即

$$i_{max} = D_{max}/d_{max} \tag{4-5}$$

称为极限破碎比，在工程设计中经常被采用，常依据最大物料粒径来选择破碎机进料口的宽度。

第二，废物破碎前的平均粒度（D_{cp}）与破碎后的平均粒度（d_{cp}）之比，即

$$i_{cp} = D_{cp}/d_{cp} \tag{4-6}$$

称为真实破碎比，能较真实地反映破碎程度，在工程和理论研究中常被采用。一般破碎机的平均破碎比为 3～30，而采用磨碎原理破碎的破碎机破碎比可达 40～400，甚至更高。

2. 破碎段

固体废物每经过一次破碎机或磨碎机的处理称为一个破碎段。若所要求的破碎比不大，则一段破碎即可，但对于固体废物的分选工艺，例如浮选、磁选等，由于要求入料的粒度很细，破碎比很大，所以往往根据实际需要将几台破碎机或磨碎机依次串联起来，对固体废物进行多次（段）破碎，其总破碎比等于各段破碎比（i_1，i_2，i_3，$\cdots$，i_n）的乘积，即

$$i = i_1 \times i_2 \times \cdots \times i_n \tag{4-7}$$

破碎段数是决定破碎工艺流程的基本指标，它主要决定破碎废物的原始粒度和最终粒度。一方面，破碎段数越多，破碎流程越复杂，工程投资相应增加得越多，因此如果条件允许的话，应尽量减少破碎段数；另一方面，为了避免机器的过度磨损，工业固体废物的尺寸减小往往分几步进行，一般采用三级破碎。

4.2.6 破碎流程

根据固体废物的性质、粒度大小、要求的破碎比以及破碎机的类型，每段破碎流程可以有不同的组合方式，其基本工艺流程如图 4-5 所示。

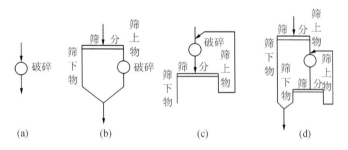

图 4-5 破碎的基本流程图

（a）单纯破碎；（b）带预先筛分破碎工艺；（c）带检查筛分破碎工艺；

（d）带预先筛分和检查筛分的破碎工艺

由图 4-5 可以看出破碎机常和筛子配合组成破碎流程。

（1）单纯的破碎流程［图 4-5(a)］。其流程和破碎机组合简单、操作控制方便、占地面积少，但只适用于对破碎产品粒度要求不高的场合。

（2）带有预先筛分的破碎流程［图 4-5(b)］。其特点是预先筛除废物中不需要再破碎的细粒，相对减少了进入破碎机的总给料量，有利于节能。

（3）带有检查筛分的后两种破碎流程［图 4-5(c) 和 (d)］。其特点是能够将破碎产物中一部分大于要求的产品粒度颗粒分离出来，送回破碎机进行再次破碎，获得全部符合粒度要求的产品。

4.2.7　破碎机的类型

破碎机类型的选择，必须综合考虑下列因素：①所需的破碎能力；②固体废物的性质(如硬度、密度、形状、含水率等)和颗粒的大小；③对破碎产品破碎特性、粒径大小、粒度组成及形状的要求；④供料方式；⑤安装操作场所情况等。破碎固体废物的常用破碎机有以下类型：颚式破碎机、冲击式破碎机、剪切式破碎机、辊式破碎机和粉磨式破碎机等。

1. 颚式破碎机

颚式破碎机工作方式为曲动挤压型，是一种古老的破碎设备。工作原理是：电动机驱动皮带和皮带轮，通过偏心轴使动颚上下运动，当动颚上升时肘板与动颚间夹角变大时，推动动颚板向固定颚板接近，物料被压碎或劈碎，达到破碎的目的；当动颚下行时，肘板与动颚夹角变小，动颚板在拉杆、弹簧的作用下，离开固定颚板，此时已破碎物料从破碎腔下口排出。随着电动机的连续转动，破碎机动颚做压碎和排泄物料的周期运动，实现批量生产。

颚式破碎机由于构造简单、工作可靠、制造容易、维修方便，至今仍广泛应用于冶金、建材和化学工业部门。颚式破碎机通常按照可动颚板(动颚)的运动特性分为两种类型：动颚做简单摆动的双肘板机构(简摆颚式的颚式破碎机)，动颚做复杂摆动的单肘板机构(所谓复摆颚式)的颚式破碎机。近年来，由于液压技术在破碎设备上得到应用，出现了液压颚式破碎机。

图 4-6 所示为国产 900mm×1200mm 的简摆颚式破碎机，它主要由机架、工作机构、传动机构、保险装置等部分组成。带轮带动偏心轴转动时，偏心定点牵动连杆上下运动，也就牵动前后推力板做舒张及收缩运动，从而使可动颚板时而靠近固定颚板，时而又离开固定颚板，可动颚板靠近固定颚板时就对破碎腔内的物料进行压碎、劈碎及折断，破碎后的物料在可动颚板后退时靠自重从破碎腔内落下。

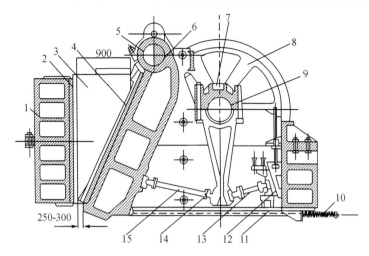

图 4-6　900mm×1200mm 简单颚式破碎机

1. 机架；2，4. 破碎板；3. 侧面衬板；5. 动颚；6. 心轴；7. 连杆；8. 皮带轮；9. 偏心轴；10. 弹簧；
11. 拉杆；12. 楔铁；13. 后推力板；14. 肘板座；15. 前推力板

　　图 4-7 所示为复摆颚式破碎机。从构造上看，复摆颚式破碎机比较简单，与简摆颚式破碎机的区别只是少了一根动颚悬挂的心轴，可动颚板与连杆合为一个部件，没有垂直连杆，轴板也只有一块。复摆可动颚板上部行程较大，可满足物料破碎时所需要的破碎量，动颚向下运动有促进排料的作用，因而比简摆颚式破碎机的生产率提高 30% 左右。复摆颚式破碎机的破碎产物较细，破碎比大（一般可达 4～8，简摆颚式破碎机只能达 3～6），但是，其可动颚板垂直行程大，使颚板磨损加快。简摆颚式破碎机给料口水平行程小，因此压缩量不够，生产率较低。颚式破碎机在固体废物破碎处理中，主要用来破碎强度高及韧性好、腐蚀性强的废物。

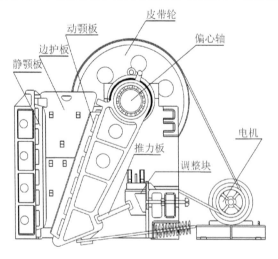

图 4-7　复摆颚式破碎机结构示意图

2. 冲击式破碎机

(1) 锤式破碎机。锤式破碎机是最普通的工业破碎设备之一，常见的有卧轴锤式破碎机和立轴锤式破碎机。锤式破碎机的主要工作部件为带有锤头的转子，转子由主轴、圆盘、销轴和锤头组成，在转子下部，设有筛板。电动机带动转子在破碎腔内高速旋转，物料自上部进料口进入机内，受高速运动的锤头冲击、研磨而粉碎。小于筛孔尺寸的细料通过筛板排出，大于筛孔尺寸的粗粒物料被阻止在筛板上继续破碎，最后通过筛板排出。

锤式破碎机按转子数目可分为两类：单转子锤式破碎机和双转子锤式破碎机（两个转子作相对回转）。单转子锤式破碎机根据转子的旋转方向，又可分为可逆式和不可逆。目前普遍采用可逆式单转子锤式破碎机。可逆式的转子首先朝某一方向旋转，该方向的衬板、筛板和锤子端部受到磨损，磨损到一定程度后，转子改为朝另一个方向旋转，利用锤子的另一端及另一方向的衬板和筛板继续工作，从而其连续工作的寿命比不可逆式几乎提高一倍，如图 4-8 所示为可逆式单转子锤式破碎机。

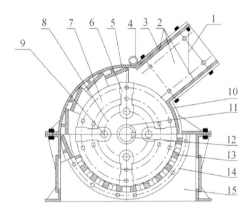

图 4-8　可逆式单转子锤式破碎机
1. 挡板；2. 口护板；3. 机壳；4. 吊环；5. 反击板；6. 锤头；7. 边护板；8. 转子盘；
9. 转子轴；10. 前护板；11. 隔环套；12. 传动轴；13. 筛条；14. 支筛板；15. 检查门

(2) 反击式破碎机。反击式破碎机，主体结构大多是旋转式的，利用冲击作用进行破碎，它适用于各种生活垃圾的处理，结构形式多种多样。其工作原理是：给入破碎机空间的物料块，被绕中心轴以 $25 \sim 40 \mathrm{m/s}$ 的速度高速旋转的转子猛烈碰撞后，受到第一次破碎，然后物料从转子获得能量高速飞向坚硬的机壁，受到第二次破碎，在冲击过程中弹回再次被转子击碎，难以破碎的物料被转子和固定板挟持而剪断，破碎产品由下部筛板排出。

冲击板和锤子之间的距离、冲击板倾斜度均可以调节，这样便于合理布置冲击板，使破碎物存在于破碎循环中，直至其充分破碎。

反击式破碎机是一种新型的高效破碎设备，固体废物在锤头的冲击作用下，通常被加速抛射到破碎板上。破碎板的主要作用有三个：一是进一步破碎物料；二是将物料反弹回去，以便再次被锤头冲击或与抛射过来的物料对撞，使物料得到反复破碎；三是吸收过大的冲击动能以保护破碎机，故破碎板常用重载弹簧支承或装有剪断保险销的特殊保险装置。破碎板常用耐磨蚀的钢材或特种耐磨蚀衬层的普通钢材制成。

图 4-9 所示为 Hazemag 型反击式破碎机，该机装有两块反击板，形成两个破碎腔。转子上安装两个坚硬的板锤。机体内表面装有特殊钢制衬板，用以保护机体不受损坏。对固体废物可通过月牙形及齿状打击刀和冲击板间隙进行挤压剪切和破碎。

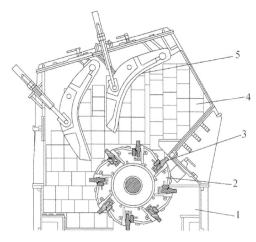

图 4-9　Hazemag 型反击式破碎机
1. 底座；2. 转子；3. 扳锤；4. 衬板；5. 冲击板

冲击式破碎机具有破碎比大、适应性强、构造简单、外形尺寸小、操作方便和易于维护等特点，适用于破碎中等硬度、软质、脆性、韧性以及纤维状等多种固体废物。

3. 剪切式破碎机

剪切式破碎机主要靠"剪和切"的原理完成破碎固体废物的过程，马达带动减速机通过刀辊轴将扭矩传递给破碎机的动刀，动刀的刀钩勾住物料往下撕，对辊的刀片像剪刀一样切碎固体废物。剪切式破碎机可用于破碎木材、塑料、轮胎、废铁皮以及生活垃圾等各种物料，破碎后的物料及预筛分的物料由破碎机底部排出。剪切式破碎机通过一组固定刀与一组（或两组）活动刀的啮合作用，将废物切开或割裂成适宜形状和尺寸的破碎机械，属于低速破碎机，转速一般为20～60r/min。根据活动刀的运动方式，剪切式破碎机可分为往复式和回转式两种。目前广泛使用的剪切式破碎机主要有以下三种。

第一种：Von Roll 型往复剪切式破碎机。Von Roll 型往复剪切式破碎机如图 4-10 所示，该破碎机由两机边装刀的横杆组成耙状活动刀架。固定刀和活动刀交错排列，通过下端活动铰轴连接，好似一把无柄的剪刀。当呈开口状态时，从侧面看，固定刀与活动刀成 V 字形。庞大的废物由上面给入，通过液压泵（油泵）缓缓将活动刀推向固定刀。当开口合拢后，废物被挤压、剪切破碎。破碎产物的尺寸约为 30cm。该破碎机虽然驱动速度慢，但驱动力很大。当破碎阻力超过最大值时，破碎过程自动停止，以免损坏刀具。对于松散的片、条状废物，该破碎机处理效果好，适合于城市垃圾焚烧厂的废物破碎。

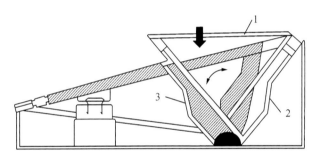

图 4-10　Von Roll 型往复剪切式破碎机
1. 供料口；2. 固定刀；3. 移动刀

第二种：Lindemann 型剪切式破碎机。Lindemann 型剪切式破碎机如图 4-11 所示，该机分为预备压缩机和剪切机两部分。固体废物给入后先压缩，再剪切。预压机通过一对钳形压块的开闭将废物压碎。剪切机由送料器、压紧机和剪切刀片组成。送料器将废物每向前推进一次，压块即将废物压紧定位，剪切刀从上往下将废物剪断，如此反复。剪切长度可由推杆控制。

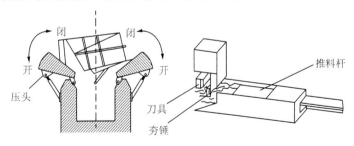

图 4-11　Lindemann 型剪切式破碎机

第三种：旋转剪切式破碎机。旋转剪切式破碎机如图 4-12 所示，由固定刀（1～2 片）和旋转刀（3～5 片）组成。固体废物进入料斗后，在高速转动的旋转刀和固定刀之间的间隙被挤压和剪切破碎，破碎产物经筛缝排出机外。该破碎机的缺点是当破碎废物中混入硬度较大的杂物时，易发生操作事故。该破碎机适合家庭生活垃圾的破碎。

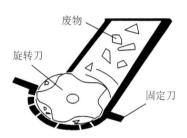

图 4-12　旋转剪切式破碎机

对于剪切式破碎机，不论需破碎的废物硬度如何，也不论废物是否有弹性，破碎总是发生在切割刀之间。刀片宽度或旋转剪切破碎机的齿面宽度（约为0.1mm）决定了废物尺寸减小的程度。若废物黏附于刀片上，则破碎不能充分进行。为了确保纺织类或城市固体废物中体积庞大的废物能快速供料，可以使用水压等方法，将其强制供向切割区域。实践证明，在剪切破碎机运行前，最好预先人工去除坚硬的大块物体，如金属块、轮胎及其他不可破碎的废物，以确保系统正常有效地运行。剪切式破碎机主要用于破碎木材、橡胶、塑料、纸类以及板条状（管状）金属等固体废物。

4. 辊式破碎机

辊式破碎机又称对辊破碎机，其工作原理如图 4-13(a) 和图 4-13(b) 所示。对辊式破碎机将破碎物料经给料口落入两辊子之间，进行挤压破碎，成品物料自然落下。遇有过硬或不可破碎物时，对辊式破碎机的辊子可凭液压缸或弹簧的作用自动退让，使辊子间隙增大，过硬或不可破碎物落下，从而保护机器不受损坏。相向转动的两辊子有一定的间隙，改变间隙，即可控制产品最大排料粒度。双辊破碎机利用一对相向转动的圆辊进行破碎作业，四辊破碎机则利用两对相向转动的圆辊进行破碎作业。旋转的工作转辊借助摩擦力将它上面的物料拉入破碎腔内，使之受到挤压和磨削（有时还兼有劈碎作用）而破碎，最后由转辊带出破碎腔。辊子可分为光滑辊和非光滑辊（齿辊或沟槽辊）两大类，前者处理硬性物料，作用形式主要是挤压和研磨；后者处理脆性物料，作用形式主要是劈碎。

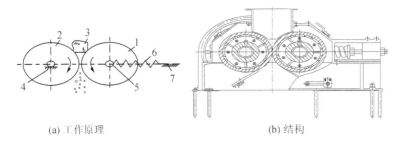

(a) 工作原理　　　　　　　　　　(b) 结构

图 4-13　双可动辊式破碎机

1，2. 辊子；3. 物料；4. 固定轴承；5. 可动轴承；6. 弹簧；7. 机架

辊式破碎机具有机构简单、紧凑、轻便、工作可靠、能耗低、产品过度粉碎程度小及价格低廉等优点，广泛应用于预处理脆性物料和含泥黏性物料的中、细碎过程。

5. 粉磨式破碎机

磨碎在固体废物处理与利用中占有重要地位，对于矿业废物和工业废物尤其如此。例如，煤矸石生产水泥、砖瓦、矸石棉、化肥和提取化工原料等，硫铁矿烧渣炼铁制造球团，回收有色金属、制造铁粉和化工原料、生产铸石等，电石渣生产水泥、砖瓦、回收化工原料等，钢渣生产水泥、砖瓦、化肥、溶剂等过程都离不开球磨机对固体废物的磨碎过程。

粉磨一般有三个目的：① 对废物进行最后一段粉碎，使其中各种成分单体分离，为下一步分选创造条件；② 对多种废物原料进行粉磨，同时使它们混合均匀；③ 制造废物粉末，增加物料比表面积，加速物料化学反应的速度。常用的粉磨式破碎机有球磨机和自磨机。自磨机又称无介质磨机，分干磨和湿磨两种。下面主要介绍球磨机的工作性质。

图 4-14(a)为工作原理示意图，图 4-14(b)为球磨机结构示意图。

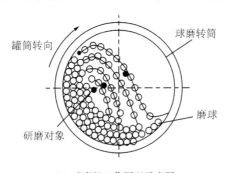

(a) 球磨机工作原理示意图

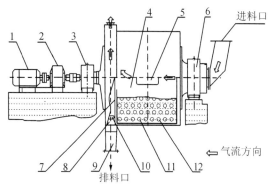

（b）球磨机结构示意图

图 4-14　球磨机工作原理与结构示意图

1. 电机；2. 减速机；3. 支撑装置；4. 破碎腔；5. 检修人孔；6. 进料装置；
7. 出料篦板；8. 出料腔；9. 集料罩；10. 甩料孔；11. 破碎介质；12. 环沟衬板

　　球磨机主要由圆柱形筒体、端盖、中空轴颈、轴承和传动大齿轮圈等部件组成。筒内装有直径为 25～150mm 的钢球，其装入量为整个筒体有效容积的25％～50％。筒体两端的中空轴颈有两个作用：一是支撑轴颈，使球磨机全部质量经中空轴颈传给轴承和机座；二是起给料和排料漏斗的作用。筒体内壁敷设有衬板，能防止筒体磨损和提升钢球的作用。电动机通过联轴器及小齿轮带动大齿轮圈和筒体缓缓转动。当物料进入球磨机后，筒体转动，钢球和物料在摩擦力、重力和衬板弹力的共同作用下被衬板提升，提升到一定高度后，衬板对钢球和物料施加的作用力消失，钢球和物料在自身重力作用下自由泻落和抛落，从而对筒体内底脚区的物料产生冲击和研磨作用，使物料粉碎。根据物体做圆周运动的原理，随着球磨机转速的增加，钢球的开始抛落点提高，钢球的离心现象越来越明显，物料在钢球的作用下继续被研磨。如果钢球的高度达到筒体的顶点，衬板对钢球的作用力恰好消失，此时钢球在自身重力的作用下也不下落，离心力 F_c 等于钢球的重力 G，使钢球的运动处于临界状态，此时筒体速度称作临界速度。当物料达到磨碎细度要求后，由风机抽出。

　　球磨机的临界速度：球磨机达到临界转速 n_1，及临界线速度 v_1，钢球上升到最高点，此时 $F_c=G$，其中，离心力为

$$F_c = m\frac{v_1^2}{R} \tag{4-8}$$

线速度为
$$v_1 = 2\pi Rn_1 \tag{4-9}$$

重力为
$$G = mg \tag{4-10}$$

　　将式(4-9)、式(4-10) 代入式(4-8)，并粗略地视 $\sqrt{g}$ 的值与 π 相等，得

$$n = \frac{1}{2\sqrt{R}} \tag{4-11}$$

当筒体转速 $n<n_1$ 时，球磨机中的钢球处于自由泻落和抛落状态；当筒体转速 $n \geq n_1$ 时，球磨机中的钢球处于离心状态。

球磨机功率：装球量和球磨体总质量直接影响球磨机的效率。装球少，效率低；装球多，内层球容易产生干扰，破坏球的循环，也会降低效率。所以，合理的装球量必须按实际要求进行选择。一般来说，合理的装球量通常为筒体有效容积的 $40\% \sim 45\%$。

装球总质量 M 由下式计算得

$$M = \gamma \varphi L \frac{\pi D^2}{4} \tag{4-12}$$

式中，γ——介质容重，t/m^3（钢球为 $4.5 \sim 4.8\ t/m^3$，铸铁球为 $4.3 \sim 4.6\ t/m^3$）；

　　φ——钢球填充系数；

　　D——球磨机筒体直径，m；

　　L——球磨机筒体长度，m。

球磨机中所加物料质量一般为 $0.14M$。球磨机生产率一般可以按经验公式(4-13)计算得

$$Q = (1.45 \sim 4.48) m_{球}^{0.5} \tag{4-13}$$

球磨机功率 P 一般可以按经验公式(4-14)计算，如

$$P = C m_{球} \sqrt{D} \tag{4-14}$$

式中，D——球磨机内径，m；

　　C——系数，见表 4-1。

表 4-1　球磨机中钢球填充系数

钢球填充系数 φ	大球	小球
0.2	11	10.6
0.3	9.9	9.5
0.4	8.5	8.2

4.2.8　破碎机的选择

按破碎机械功率的大小，可将破碎机械分为大、中、小三种类型。小型破碎机的功率只有几十到几百瓦，现在日本的许多家庭都使用小型破碎机，将有机生活垃圾，如果皮、果核及厨余垃圾等粉碎后再从下水道排出。大型破碎机的功率可达 100kW，如破碎废汽车的破碎机等。

由于破碎机的种类很多，所以选择破碎机类型时，必须综合考虑所需要的破碎能力；固体废物的性质（如破碎特性、硬度、密度、形状和含水率等）和颗粒大

小；破碎产品粒径大小粒度组成形状；供料方式以及安装操作场所情况等因素。

4.2.9　其他破碎技术及装置

1. 低温破碎

低温破碎亦称冷冻破碎，是利用垃圾中所含的一些物质在低温下脆性增大的性质，将冷却到脆化点温度的物质在外力作用下破碎成粒径较小的颗粒，然后进行分选。早在 1948 年该技术便已经实现工业化，在废橡胶、塑料及食物等的回收利用方面已具备较为成熟的技术和工艺。例如，聚氯乙烯（polyvinylchloride，PVC）的脆化点为：$-20\sim-5℃$，聚乙烯（polyethylene，PE）的脆化点为：$-135\sim-95℃$，若要将这两种物质从混合废料中分离，就可采用低温破碎的方法，即将物料置于液氮室，温度控制在$-20℃$，使聚氯乙烯脆化，然后移入冷却室，在温度不低于$-5℃$时送入冲击式破碎机，将聚氯乙烯破碎成一定粒度的碎块，经粗筛分选，使这两种塑料基本分离。

低温破碎的工艺流程如图 4-15 所示。

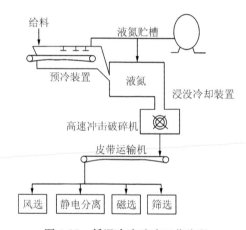

图 4-15　低温冷冻破碎工艺流程

据实验测定，低温破碎与常温破碎相比，低温破碎所需动力消耗可减至 1/4 以下，噪声降低 4～7dB，振动减轻 1/5～1/4。

当前，低温破碎技术发展的关键是冷却介质的制备。低温破碎所用的冷却介质一般为液氮，液氮具有制冷温度低、无毒、无爆炸危险等优点，但液氮的制备需耗用大量能源。故从经济效益上考虑，目前低温破碎主要用于合成材料废物的回收，特别是那些难以在常温下破碎的合成材料（如氟塑料）废物的处理。在美国，低温技术多用来回收废轮胎、非铁金属混合物等固体废物中的铜和铝。

2. 湿式破碎

湿式破碎技术是利用纸类在水力作用下容易离解成浆状的特性，是为回收城市垃圾中的大量纸类物质而发展起来的一门技术。

湿式破碎机的工作原理如图 4-16 所示，是在 20 世纪 70 年代由美国一家生产造纸设备的 BLACK-ClAUSON 公司研制的。该破碎机为一圆形立式转筒，底部设有多孔筛。初步分选的垃圾经由传输带投入机内后，经由筛上的六只切割叶轮旋转作用，使废物与大量水流在同一个水槽内急速旋转、搅拌，破碎成泥浆状，浆体由底部筛孔流出，经湿式旋风分离器除去无机物，送至纸浆纤维回收工序进行洗涤、过筛、脱水，除去纸浆的有机残渣，再与质量分数为 4% 的城市污水污泥混合，脱水至 50% 后，送至焚烧炉焚烧，回收热能。破碎机内未能粉碎和未通过筛板的金属、陶瓷类物质从机内的底部侧口压出，由提升斗送到传输带后，再由磁选器进行分离。

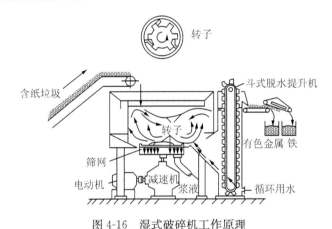

图 4-16　湿式破碎机工作原理

湿式破碎具有以下优点：垃圾变成均质浆状物，可按流体法处理，降低机器磨损；改善环境卫生条件，不会产生噪声、发热和爆炸的危险，没有蚊蝇滋生恶臭；脱水有机残渣的质量、粒度、水分等变化小；应用范围广，可在化学物质、矿物纸和纸浆等处理中使用。

但是，采用此种破碎机时还必须考虑废水的处理问题，以及纸浆再生过程中被分离出的有机渣的处理和纸纤维、铁、非铁金属、玻璃等的回收。在垃圾中纸类含量不是很高的情况下，不宜采用此种设备。

3. 半湿式选择性破碎分选

半湿式选择性破碎分选是利用城市垃圾中各种组分的耐剪切、耐压缩、耐冲击性能的差异。例如，纸类在有适量水分存在时强度降低，玻璃类受冲击时容易破碎成小块，蔬菜类废物耐冲击、耐剪切性能差，容易破碎等。根据这些差异，采用半湿法（加少量水），在特制的具有冲击、剪切作用的装置里，对废物选择性破碎，使其变成不同粒径的碎块，然后通过网眼大小不同的筛网加以分选。此种技术不单有物料的选择性破碎过程，而且还有物质的分选过程，故称为半湿式选择性破碎分选。

半湿式破碎装置由两段具有不同尺寸筛孔的外旋转圆筒筛和筛内与之反方向旋转的破碎板组成（图 4-17）。垃圾进入后沿筛壁上升，然后在重力作用下抛落，同时被反向旋转的破碎板撞击，易脆物质如厨余垃圾等首先破碎，通过第一段筛网分离排出；剩余垃圾进入第二段，中等强度的纸类在水喷射下被破碎板破碎，由第二段筛网排出；最后剩余的难以用冲击法破碎的垃圾，如金属、橡胶、木材、皮革、塑料等，由不设筛网的第三段排出，再进入后续分选装置。

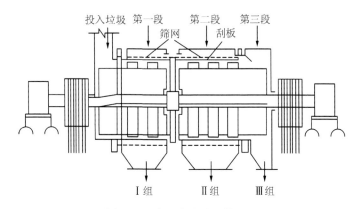

图 4-17　半湿式破碎工作原理

半湿式破碎具有以下优点：①对不同组分的物料的回收效率和回收纯度都很高，提高了后续处理和利用的价值。例如，从分选出的第一段物料中可分别去除玻璃、塑料等，得到以厨余垃圾为主（含量可达到 80%）的堆肥沼气发酵原料；第二段物料中可回收 85%～95% 的纸类；难以分选的塑料类废物可在第三段后经分选达到 95% 的纯度，废铁可达 98% 的纯度；②分选过程中，金属、塑料、橡胶及布类基本保持原形，有利于回收利用，且对刮板的磨损小；③动力消耗较低，磨损小，设备简单，易维修。

4.3　固体废物的分选

固体废物的分选主要依据固体废物中各种组分的物理性质、物理化学性质、化学性质的不同将这些成分分离，其主要作用是将其中可回收利用或不利于后续处理处置工艺要求的物料分离出来。

固体废物的分选是固体废物处理与处置过程的重要环节。固体废物分选具有以下几个作用：

（1）分选可以保护处理机器，延长处理机器的使用寿命。在垃圾处理处置工艺中，要保护处理机器不被破坏，延长机器的使用寿命，必须防止一些破坏性的物体进入处理机器。例如，建筑垃圾中的一些大件硬质垃圾，由于强度大，进入破碎装置会造成破碎装置的堵塞，甚至使其停止运行，因此必须在破碎前分选出来，以保护后续处理机器。

（2）分选出可以再利用的物质。随着生产和消费的增加，城市垃圾中可再利用的物质如竹木、纸张、塑料、玻璃和金属等显著增加。若能将它们从垃圾中分离出来，并加以有效利用，其经济意义显然是十分重大的。

（3）分离出可燃物质。将生活垃圾中的可燃物质分选出来，然后进行焚烧，是目前垃圾处理的重要方法。这种处理方法既可实现垃圾的无害化处理，也可实现能量的部分回收。在焚烧处理垃圾的工艺中，良好的分选设备能大幅度地增加进入焚烧炉的可燃物质，同时还能减小大颗粒及不可燃物质对焚烧装置的损坏。

（4）分选出垃圾中的有机物质。这里所说的有机物质是指垃圾中的动物、植物类物质，即生物质垃圾。若将垃圾中的这些物质分选出来，破碎后进行堆肥，可以加快堆肥的速度，有机物也更易于润湿和搅拌。

固体废物的辅助分选过程，是垃圾处理过程中，为保护处理设备或为保证处理工艺能顺利进行而实施的物料分选过程。在垃圾处理工艺中，固体废物辅助分选具有十分重要的作用，是必不可少的。例如，物料在进行破碎前，把不宜进入破碎机的大型物料分选出来；在堆肥前或堆肥后把不宜施于农田的砖石、瓦砾、灰土等物质筛选出来等，都是辅助分选的应用。还要特别指出的是手工分选，手工分选是一种十分经济、有效的分选方式。直至今日，在日本、德国等国家最新设计的垃圾处理生产线中，仍然保留了手工分选段。在我国，原生垃圾的组分特别复杂，劳动力资源又很丰富，采用以机械为主、人工分选为辅的方式是合理而有效的。

固体废物机械分选是根据物质的粒度、密度、磁性、电性、光电性、摩擦性、弹性以及表面湿润性的不同而进行。分选方式主要有筛选、风力分选、惯性分选、磁选以及手工分选等。例如，根据城市生活垃圾中不同组分在粒度上的差异，采用筛分机械将它们分离；采用磁选机将垃圾中的磁性金属回收；利用光滤系统和光电原理分选各种颜色的玻璃；利用旋风分离器或浮选分离器分选不同密度的物质；利用弯曲管道振动抽吸法分选轻重不同的物质等。目前在工业发达国家中，实验性或小规模地采用了浮选、光选及静电分离等分选方法。尽管垃圾分选和工农业中常用的分选方式相似，但由于垃圾物料的特殊性和复杂性，原用于工农业中的分选设备不能直接用于垃圾分选处理，通常都需在常规分选设备的基础上加以改造或重新设计。因此，垃圾分选设备都各具特色，在后面的设备介绍中应充分注意这一点。

4.3.1 筛分

筛分是利用筛子将物料中小于筛孔的细粒物料通过筛面，而大于筛孔的粗粒物料留在筛面上，完成粗、细粒物料分离的过程。

筛分分离过程可看做由物料分层和细粒透筛两个阶段组成。物料分层是完成分离的条件，细粒透筛是分离的目的。

为了使粗细物料通过筛分后分离，必须使物料和筛面之间有适当的相对运动，使筛面上的物料层处于松散状态，即按颗粒大小分层，粗粒位于上层，细粒位于下层，细粒到达筛面并通过筛孔。同时，物料和筛面的相对运动还可使堵在筛孔上的颗粒脱离筛孔，以利于细粒通过。细粒透筛时，尽管粒度小于筛孔，但它们透筛的难易程度却不同。粒度小于筛孔尺寸的 3/4 的颗粒很容易通过粗粒形成的间隙到达筛面而透筛，称之为"易筛粒"，粒度大于筛孔尺寸 3/4 的颗粒很难通过粗粒形成的间隙，称之为"难筛粒"，粒度越接近筛孔尺寸就越难透筛。

1. 筛分效果及其影响因素

筛分过程很复杂，影响筛分效果的因素多种多样。通常用筛分效率及筛分品质来描述筛分进程的优劣。筛分效率是指筛分时实际得到的筛下产物的质量与原料中所含粒度小于筛孔尺寸物料的质量比。筛分效率 E 表达式为

$$E = \frac{m}{m_0 \times w} \times 100\% \tag{4-15}$$

式中，E——筛分效率，%；

　　　　m——筛下物料质量，t；

　　　　m_0——入筛原料质量，t；

　　　　w——原料中小于筛孔尺寸颗粒的质量分数，%。

应该注意，筛分效率和筛分生产率是不同的概念。生产率是指单位时间内可能入筛处理的垃圾量(t/h)。生产率升高，筛分效率可能降低，二者往往是矛盾的。影响筛分效率的因素主要有如下几个方面。

1) 与入筛物料性质有关

易筛粒越多，筛分效率越高。垃圾中含水和泥量越多，筛分效率越低，这是因为垃圾颗粒表面、孔隙、裂缝中的吸附水会使物料中的小颗粒黏附在大颗粒上，或者使小颗粒相互黏结，若垃圾中还含有泥，则会加大物料中的这种黏结现象，水和泥会造成物料与筛面的黏结，甚至堵塞筛孔；物料的颗粒形状不同会影响筛分的效率，多面形和圆形颗粒最易筛分，片状或条状物在筛上运动时容易转

到物料上层，难以筛分。但此种物料较易透过长方形的筛孔。

2）与筛分设备的运动特征有关

筛子的运动情况对筛分效率有很大影响。例如，同一种筛体，振动方式比摇动方式筛分效率高。同一种筛体若采用同一种不同强度的运动方式时，其筛分效率随筛子的运动强度不同而有差别，运动强度大，有利于物料的分散、分层和透过筛孔，但运动强度过大又会使物料沿筛面运动太快，或抛起太高而减少透筛的机会，使筛分效率降低。因此，在设计和选定筛分设备时，应特别注意设备的运动特性。筛面的运动形式、运动速度、振幅等参数应根据筛分物料的特性和工艺要求选定。

3）与筛面结构

筛面结构包括筛网的有效面积、筛面的长度和宽度、筛孔尺寸及筛面倾角等。

筛网的有效面积对筛分效率的影响。筛孔面积与整个筛面面积之比称为筛网的有效面积。筛孔尺寸相同的筛网，筛孔数目愈多，有效面积越大，物料透筛率愈高，筛分效率越高。筛网的有效面积与筛孔形状有关。

正方形筛孔的筛网有效面积（$A_{方}$）表示为

$$A_{方} = \frac{1}{(1+D/a)^2} \times 100\% \tag{4-16}$$

式中，a——筛孔边长，mm；

　　　D——相邻筛孔间的最短距离，mm。

长方形筛孔的筛网有效面积 $A_{长}$ 表示为

$$A_{长} = \frac{aL}{(a+D)/(L+D)} \times 100\% \tag{4-17}$$

式中，L——筛孔长度，mm；

　　　a——筛孔宽度，mm。

圆形筛孔的筛网有效面积 $A_{圆}$ 表示为

$$A_{圆} = \frac{\eta d}{(D+d)^2} \times 100\% \tag{4-18}$$

式中，d——筛孔直径，mm；

　　　η——圆形筛孔筛网有效面积的计算系数（圆孔平行排列，取 $\eta=0.7854$；
　　　　　　菱形排列，取 $\eta=0.905$）。

当各类筛孔面积相等且 D 相同时，$A_{长} > A_{方} > A_{圆}$。筛网有效面积愈大，生产率和筛分效率愈大。但筛网的有效面积过大又会降低筛网强度，缩短使用寿命。因此，在筛面设计时，应在保证强度的前提下，有效面积尽可能大。为此，根据经验，当筛孔尺寸 a 为 10～100mm 时，孔距 D 应为 1.25a。另外，合理的排列筛孔既能保证强度、又能增大有效面积。

在垃圾筛分设备中，常用的筛面有以下四种：

一是棒条结构的格筛和条筛筛面。此种筛面通常由较粗大的棒条构成，故其有效面积较小，但使用寿命长、造价低，适用于大块物料的分选。

二是板状筛面。此种筛面的筛孔常为正方形、长方形或圆形，有效面积一般为 40%～60%，强度、刚度较高，使用寿命较长，多用于筛分 12～50mm 的中等颗粒。其筛孔常按如下方式排列：圆形筛孔布置在等边三角形的三个顶点上；正方形筛孔按等腰直角三角形斜向排列；长方形通常与筛面的纵轴成一定角度。

三是纺织筛面。这种筛面的筛孔多为正方形和长方形，有效面积达 75%。它的优点是制造方便，质量小，缺点是强度、刚度较小，不耐用。

四是橡胶筛面。筛孔多为方形，有效面积与板状筛面相近。这种筛面寿命最长，价格最高，加工困难，在我国很少应用。

在垃圾筛分中选择筛面和筛孔时，不仅需从上述的有效面积和强度、刚度等方面要考虑，还应当考虑所筛分物料的实际情况。例如，根据实践经验，在处理我国城市垃圾时，为将所含的大量灰土分离出来，采用钢丝编织筛面比其他筛面更有效。又如，对于湿度较大且含条状、片状以及短纤维物料较多的垃圾，选用长方形筛孔比较合适，它既可达到较大的透筛率，又可以减少堵塞。

4）筛面的长度和宽度对筛分效率的影响

实践表明，筛面长度 L 直接影响物料的筛分效率，筛面的宽度 B 和生产率紧密相关。筛面的参数对筛分效率影响很大，在生产量及物料沿筛面运动速度恒定的情况下，筛面宽度越大，料层厚度越薄；长度越大，筛分时间将越长。垃圾筛平面的长宽比通常为

$$L : B = (2 \sim 3) : 1 \qquad (4\text{-}19)$$

在设计筛面时，筛面的宽度（B）可用式（4-20）求得

$$B = \frac{Q_n}{60hv\rho} \times 10^6 \qquad (4\text{-}20)$$

式中，B——筛面宽度，mm；

Q_n——原料量，t/h；

h——筛面物料的平均厚度，mm；

v——物料在筛面上的流速，m/min，振动筛一般取 $v = 16 \sim 18$m/min；

ρ——物料容重，t/m³，通常 $\rho = 0.55 \sim 0.80$t/m³。

5）筛孔尺寸对筛分效率的影响

筛孔的尺寸对筛分效率和生产率有很大影响。筛孔的大小取决于筛分目的和要求。当希望筛上物中含有尽量少的小于筛孔的颗粒时，应采用较大的筛孔，使筛分效率和生产率提高。当希望筛下物中尽可能不含大于规定粒度颗粒时，则筛孔的可能最大尺寸将受到限制。不同形状的筛孔尺寸与筛下物中颗粒最大粒度

d_{max} 的关系，可通过表 4-2 修正系数 K 选择，由式(4-21)近似计算得

$$d_{max} = K \cdot a \tag{4-21}$$

式中，a——筛孔宽或筛孔直径，mm；

　　　K——修正系数，见表 4-2。

K 值实际上是由实验确定的。实验表明，圆形筛孔的筛分效率低于同等尺寸(直径等于边长)的方形筛孔。长方形筛孔不易堵塞，能提高筛分效率和生产率，但筛下产物不均匀度较大。

表 4-2　修正系数 K 的选择

孔型	K
圆形	0.7
正方形	0.9
长方形	1.2~1.7

在垃圾分选时，为了便于排出筛上的物料，筛子多倾斜安装。筛面倾角对筛分效率及筛分品质也有较大的影响。筛子的倾角要适当，倾角太大，物料沿筛面方向运动速度过高，致使筛分效率及筛分品质降低；倾角太小，生产量随之减小，降低筛分效率。不同筛面倾角的 θ 不同，振动筛的倾角一般为 $5° \sim 25°$，棒条筛的倾角一般为 $5° \sim 45°$，滚筒筛的倾角在左右，带旋转刮板时可水平放置。

6) 筛分设备的性能对筛分效率的影响

筛分设备需要具有防堵塞、防缠绕以及使物料沿筛面均匀分布的性能。筛分设备的筛孔被筛上物堵塞，哪怕只是部分堵塞，都将严重影响筛分效率。为提高设备的防堵性能，除考虑运动性能和筛子结构等方面外，还需考虑各种辅助设施。垃圾在整个筛面上的分布状况对筛分效率有一定影响。若物料在整个筛面上形成稳定且均匀的分层，可较大地提高筛分效率。物料能否形成稳定且均匀的分层，除与设备的运动性能、筛面结构等密切相关外，在很大程度上还依赖于给料系统连续均匀地给料。连续均匀给料是指在任何时间段内给料量基本相等，沿筛宽方向布料基本均匀。连续均匀给料可以使废物沿整个筛面宽度铺成一薄层，既充分利用筛面，又便于细粒透筛，提高筛子的处理能力和筛分效率。对给料系统的这一要求，在设计时应充分重视，在实际操作中要尽量保证。

2. 筛分操作的分类

根据筛分在工艺过程中应完成的任务，筛分作业可分为以下六类：①独立筛分，目的在于获得符合用户要求的最终产品；②准备筛分，目的在于将固体废物按料粒度分为若干级别，各级别送下一步工序分别处理；③预先筛分，即在破碎之前进行筛分，目的在于预先筛出合格或无需破碎的产品，提高破碎作业的效率，防止过度粉碎并节省能源；④检查筛分，指对经破碎机破碎的产品进行筛分，将粒度大于排料口尺寸的废物颗粒筛出，送回破碎机再度破碎，检查筛分又称为控制筛分；⑤选择筛分，指利用物料中的有机成分在各粒级中的分布，或者物料性质上的显著差异所进行的筛分；⑥脱水或脱泥筛分，目的是脱出物料中部分水分或泥质，常用于废物脱水或脱泥。

3. 筛分设备

为了适应从城市垃圾中筛分出有用成分的要求，一套分选装置通常是由各种分选机械组成的综合体。目前国内外采用较多的筛分设备有固定筛、振动筛、滚筒筛、卧式旋转滚筒筛网等。

1）固定筛

固定筛可分为格筛、棒条筛和弧形筛。筛面由许多平行的筛条组成，可以水平安装或倾斜安装。由于构造简单、不耗用动力、设备费用低和维修方便，因此在固体废物处理中被广泛应用，主要用于大粒度物料的筛分。

格筛一般安装在粉碎机之前，以保证入料块度适宜。棒条筛由一组具有一定截面形状的棒条组成，主要用于粗碎和中碎之前，安装倾角应大于废物对筛面的摩擦角，一般为 $30°\sim50°$。棒条筛孔尺寸为要求筛下粒度的 $1.1\sim1.2$ 倍，一般筛孔尺寸不小于 50mm，筛条宽度应大于固体废物中最大粒度的 2.5 倍。格筛和棒条筛都比较容易发生堵塞，需经常清扫，筛分效率也比较低，仅 $60\%\sim70\%$，多用于粗筛作业。

2）振动筛

垃圾振动筛与分选矿物原料的各类振动筛的基本运动原理和结构是类似的。生活垃圾的成分复杂，特别是城市垃圾中含有大量灰土、草绳、破布巾及各类织品料头，可说是最难筛分的物料之一，对其进行筛分处理的技术相当复杂。垃圾振动筛是在原有矿山振动筛的基础上改造而成的。这种改造通常是改变原设备的运动形式或运动参量，以及在原有设备上增加一些辅助装置。当然，也有在筛分原理的基础上重新设计的能满足垃圾筛分特殊需求的新产品。

图 4-18 为最常用的 SZ 型惯性振动筛的工作原理示意图。可以看出，筛网 2 固定在筛箱 1 上，筛箱 1 安装在弹簧组 8 上，振动筛主轴 4 通过滚动轴承 5 支承在筛箱 1 上，主轴 4 两端装有配重轮 6，调节重块 7 在配重轮上的位置，使主轴转动时，产生不同的惯性力，从而调整筛子的振幅，电动机安装在基座上，通过皮带轮 3 带动主轴旋转，使箱体振动。

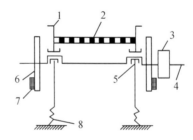

图 4-18　SZ 型惯性振动筛工作原理示意图

1. 筛箱；2. 筛网；3. 皮带轮；4. 主轴；5. 轴承；6. 配重轮；7. 重块；8. 弹簧

直线振动筛在我国城市垃圾的筛分中有较广泛的应用。例如，在四川省乐山市的凌云垃圾场就使用销轴限位的直线筛来筛分原生垃圾中的细料灰土，取得了良好的效果。该筛的工作参量为：主轴转速 900r/min，电动机功率 1.5kW，筛子振幅 10～14mm，筛网孔径 20mm，筛面倾斜度 12°，并让筛网轻微撞击筛箱的下横梁以减少筛孔的堵塞。但此种振动筛噪声大，传动带易脱落，尚需改进。

由上所述，不难看出振动筛具有以下特点：筛面振动强烈，能顺利地输送物料避免筛孔堵塞，故生产率和筛分效率均很高；结构简单，零部件少，机械加工精度要求不高，较易制造；能耗较小；易实现封闭式的筛分和输送，有利于改善垃圾处理场的工作环境；振动筛机械的调试运行工作较复杂；各种形式的振动筛都有不同程度的噪声，而且磨损较大。

3）滚筒筛

滚筒筛又称转筒筛，筛面为带孔的圆柱形筒体或截头圆锥筒体。如图 4-19所示，在传动装置带动下，筛筒绕轴缓缓旋转（转速 10～15r/min），为使废物在筒内沿轴线方向前进，圆柱形筛筒的轴线应倾斜 3°～5°安装。若截头圆锥形筛筒本身已有坡度，其轴线可水平安装。固体废物由筛体一端送入，被旋转的筒体带起，当达到一定高度后因重力作用自行落下，如此不断地起落，小于筛孔尺寸的细粒最终进入筛孔透筛，而筛上产品则逐渐移至筛筒的另一端排出。

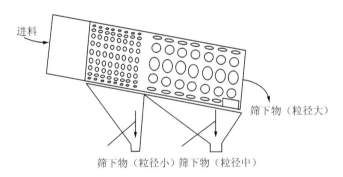

图 4-19　旋转滚筒筛网

物料运动状态：物料在筒内的运动状态可能有三种（何品晶，2011），即贴附状态、沉落状态和抛落状态，如图 4-20 所示。

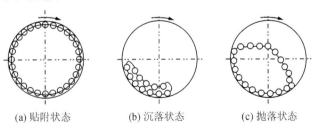

图 4-20　物料运动的三种状态

　　贴附状态如图 4-20(a)所示，当滚筒转速过高时，由于离心惯性力的作用，物料紧贴筒壁，甚至随筒转至最高点时仍不落下，这种状态被称为贴附状态。显然，这种运动状态是不希望发生的，因此，对滚筒转速应加以限制。

　　当物料随筒转至最高点时，如果物料只受重力的作用，筒体则处于临界状态。发生贴附状态的临界条件是

$$W = F_n \tag{4-22}$$

式中，W——为质量为 m 的物料所受的重力，N；

　　　F_n——物料所受离心惯性力，N。

　　若滚筒半径为 R_0(m)，角速度为 ω(1/s)，g 为重力加速度，则

$$mg = mR_0\omega^2 = mR_0\left(\frac{2n_0\pi}{60}\right)^2 \tag{4-23}$$

所以，发生贴附状态的滚筒临界转速 n_0 为

$$n_0 = 30\sqrt{R_0} \tag{4-24}$$

　　例如，当 $R_0 = 1.5$m 时，$n_0 = 24.5$r/min。

　　值得指出的是，临界转速与物料的质量大小无关。只要转速大于临界速度，一切物料都会处于贴附状态。

　　沉落状态如图 4-20(b)所示。物料颗粒由于筛筒的转动从筒底被带起，升到一定高度后，在重力作用下沿滚筒内圆弧面(即筛面)滑落，或从向上运动的料层滚下。此即所谓沉落状态。物料出现沉落状态的条件是：物料颗粒所受的下滑力 P 大于颗粒所受的摩擦力 P_f，即

$$P > P_f \tag{4-25}$$

　　抛落状态如图 4-20(c)所示。实践证明，筛筒对垃圾筛分的最佳工作转速为计算的临界转速的 45% 左右。在这种转速下，物料可被筛子带起上升的最大高度约为筛筒径向高的 2/3。

　　筛筒直径是一个重要的设计参数，其基本要求是筛筒内径(D)应大于最大给料粒径(d_{max})的 14 倍，即

$$D \geqslant 14d_{max} \tag{4-26}$$

　　然后，再综合考虑生产能力和工作转速等选定。

　　筛筒的长度 L 通常可按以下经验公式选取为

$$L = (3 \sim 5)D \tag{4-27}$$

　　用于生活垃圾处理的滚筒筛是在工业滚筒筛的基础上改造和发展而来的新设备，它们具有相同的工作原理。但由于垃圾物料的特殊性，要求用于处理生活垃圾的滚筒筛还应具有以下特点：

　　第一，进料均匀。进料均匀是所有筛分机械的共同要求，但用滚筒筛筛分原生生活垃圾时应特别注意此项。因为在滚筒筛内垃圾很容易相互缠绕或包裹成长

条状的"垃圾卷",从而使大量可分离物质不能被筛选出来。为了在滚筒的进料端均匀地布料,应采用专门的给料装置,如振动给料器等。另外,也可在滚筒上采取措施。

第二,物料在滚筒内翻滚振动要求更强烈,常用的办法是变动滚筒筛面的横截面形状。

第三,有时需采取一些特殊措施来防止堵孔和缠绕,主要有以下几种:

(1) 将垃圾中的所谓"长发物料"(如草绳,布巾等)切断,通常是在滚筒的长度方向,沿滚筒内周边设置许多切刀,利用物料与滚筒的相对运动将"长发物料"切断。这种切刀可固定在筛筒内壁上,也可装在专门装置上。

(2) 用专门装置将"长发物料"清除。例如,有些厂家设计了一种圆柱形滚筒筛,在筒腔内沿纵向设置了一台链式输送装置,在链条上装有若干爪钩。这些爪钩迎着翻滚移动的废物流运动,从中抓取"长发物料",从而减少物料的缠绕和堵孔。

(3) 用专门装置清扫筛孔。例如,在筛筒顶部的固定支架上,沿滚筒纵向安装一组与筛孔同心配置的压缩空气喷头。筛筒转动,筛孔从喷头上下通过时,由喷出的气流将筛孔的堵塞物清除。另外,在滚筒外安装回转的钢丝刷清扫筛孔,也是一种有效方法。

要求设备具有多功能性。为了降低垃圾处理系统的成本及运行费用,系统中的专机台数应减少到最低限度。其办法之一就是使系统中的设备多功能化。其中尤以用滚筒筛为基础的多功能分选机械发展较快。例如,在有些滚筒筛中将滚筒筛面分为多段,每段采用不同的筛孔,用以进行不同粒度的分选。又如,有的滚筒筛被封闭在一外壳内,在滚动筛分的同时,从入料端鼓以强风,使轻质物料从出口吹出,并用旋风分离器等装置进行收集,此种滚筒筛既有粒度分选功能,又具有密度分选功能。此外,垃圾滚筒筛还必须结构简单,经济实用。

4.3.2　重力分选

重力分选简称重选,是利用混合固体废物在介质中的密度差进行分选的一种方法。不同固体颗粒处于同一介质中,其有效密度差增大,从而为具有相同密度的粒子群的分离创造了条件。由于固体的颗粒只有在运动的介质中才能分选,所以重力分选介质必须具有流动性,即流体物质,其介质可以是空气、水,也可以是重液(密度大于水的液体)、重悬浮液等。以空气为介质而进行分选的,叫做风力分选;以重液和重悬浮液为介质而进行分选的,叫做重介质分选。矿物废渣,大多数情况下以水为介质进行分选。城市垃圾多以空气为介质进行分选。

1. 重力分选理论

各种重力分选过程都是以固体颗粒在分选介质中的沉降规律为基础,根据固体废物在分选介质中的沉降末速度的差异将其分离。

1) 垃圾颗粒在介质中的重力和介质阻力

垃圾颗粒(渣粒)在介质中的运动速度受到自身重力、介质的浮力和介质阻力的影响。

(1) 渣粒在介质中的重力 G。在重力分选过程中，固体颗粒处于介质中，同时受到方向向下的渣粒自身重力和方向向上的介质浮力的作用，把二者的合力称为渣粒在介质中的重力 G，方向向下，其值可用下式表示为

$$G = V(\delta - \Delta)g \tag{4-28}$$

式中，G——渣粒在介质中的重力，10^{-5}N；

　　　　V——渣粒的体积，cm^3；

　　　　δ——渣粒的密度，g/cm^3；

　　　　Δ——介质的密度，g/cm^3；

　　　　g——渣粒在真空中的重力加速度，cm/s^2。

对于球形体，因其体积 $V = \pi d^3/6$，故在介质中受到的重力为

$$G = V(\delta - \Delta)g = \frac{\pi d^3}{6}(\delta - \Delta)g \tag{4-29}$$

其中 d 表示球体(渣粒)的直径，cm。做近似计算时，d 代表矿物的粒度。

从式(4-29)可以看出，渣粒在介质中的重力随渣粒粒度和密度的增加而增加，随介质密度的增加而减小。

(2) 介质阻力。渣粒对介质做相对运动时，作用于渣粒上并与渣粒的相对运动方向相反的力，称为介质阻力，简称阻力。

阻力通式：球形渣粒在介质中受到的阻力可用式(4-30)表示为

$$R = \lambda d^2 v^2 \Delta \tag{4-30}$$

式中，R——球形渣粒在介质中受到的阻力，N；

　　　　λ——阻力系数；

　　　　d——渣粒粒径，cm；

　　　　v——渣粒在介质中的运动速度，cm/s。

上式称为阻力通式，适用于各种不同的球体。

阻力系数 λ 的值在不同情况下是不相同的。它与表征介质流动状态的雷诺数(Re)($Re = dv\Delta/\mu$)有关，雷诺数是无因次量，其数值大小可以用来衡量液体的流动状态，Re 大时为紊流，Re 小时为层流。求出介质阻力，需要知道阻力系数 λ 与 Re 之间的关系，前人通过试验已求出阻力系数和雷诺数之间的关系 $\lambda = f(Re)$ 曲线(可从有关书中查到)，根据该曲线可以计算出不同粒度的渣粒在介质中受到的阻力。

一般认为，介质作用于渣粒上的阻力有两种：惯性阻力和黏性阻力。当渣粒较大或以较大的速度运动时，会形成紊流产生阻力，称为惯性阻力；当渣粒较小

或以较小的速度运动时，会形成层流产生阻力，称为黏性阻力。

对于较大渣粒在介质中的运动，介质对渣粒所产生的惯性阻力(R_N)可以用惯性阻力公式表示为

$$R_N = \frac{\pi}{16} d^2 v^2 \Delta \tag{4-31}$$

其中 $\pi/16$ 为从 $\lambda = f(Re)$ 曲线计算出的 λ 值。

由此可见，介质的惯性阻力跟渣粒在介质中的相对运动速度的平方、渣粒粒径的平方，介质的密度成正比，而与介质的黏度无关。此式亦称牛顿阻力公式，它适用于粒度 1.5mm 以上的渣粒，没有考虑介质的黏性阻力。对于粒度在 0.2mm 以下的渣粒，当其处于较小运动速度时，介质的阻力主要是黏性阻力(R_S)，惯性阻力可以忽略不计。此时，球形渣粒在介质中运动所受的阻力可用黏性阻力公式表示。

$$R_S = 3\pi d v \mu \tag{4-32}$$

式中，μ——介质的黏度，cp。

式(4-32)亦称斯托克阻力公式。它表明介质的黏性阻力与渣粒粒度、渣粒在介质中的相对运动速度、介质的黏度成正比，而与介质的密度无关。

渣粒在介质中作沉降运动时，形状和取向的影响可以通过形状系数考虑，形状系数可以根据下式求出。

$$x = \frac{v_{0矿}}{v_{0球}} \tag{4-33}$$

式中，x——渣粒的形状系数；

　　　$v_{0矿}$——渣粒在介质中自由沉降末速度，cm/s；

　　　$v_{0球}$——与渣粒同体积、同密度的球体在介质中的自由沉降末速度，cm/s。

将式(4-33)代入式(4-30)、式(4-31)、式(4-32)中即可得出介质对渣粒沉降的阻力公式为

阻力通式　　　　　　$$R = \lambda d^2 \left(\frac{v}{x}\right)^2 \Delta \tag{4-34}$$

牛顿阻力公式　　　　$$R_N = \frac{\pi}{16} d^2 \left(\frac{v}{x}\right)^2 \Delta \tag{4-35}$$

斯托克阻力公式　　　$$R_s = 3\pi d \left(\frac{v}{x}\right) \mu \tag{4-36}$$

可见，形状系数小的渣粒介质阻力要大些，反之阻力要小些。表 4-3 为不同渣粒形状的形状系数 x 值。

表 4-3　不同渣粒形状的形状系数

渣粒形状	球形	浑圆形	多角形	长方形	扁平形
形状系数	1.0	0.72～0.91	0.67～0.83	0.59～0.72	0.48～0.59

2）垃圾颗粒在介质中的沉降速度

渣粒在介质中的沉降是重力分选的基本行为。密度和粒度不同的渣粒，根据其在介质中沉降速度的不同而分离，当渣粒在介质中浓度比较小，沉降时受周围液粒和器壁的干涉可以忽略不计时，称为自由沉降，反之称为干涉沉降。对于粒度大、沉降速度快的渣粒，在静止介质中沉降时，开始速度为零，介质对渣粒的阻力也为零，此时，渣粒在重力作用下作加速度沉降，随着时间的增加，渣粒的沉降速度和介质作用于渣粒的阻力增加，使沉降加速度迅速减少，直到减少为零。此时渣粒以等速度沉降，这个速度叫做自由沉降末速度。通常以 v_0 表示。此时 $G=R$，即

$$V(\delta-\Delta)g = \lambda d^2 \left(\frac{v}{x}\right)^2 \Delta \tag{4-37a}$$

设渣粒为球体，则有 $\dfrac{\pi d^3}{6}(\delta-\Delta)g = \dfrac{\pi}{16}d^2 \left(\dfrac{v_0}{x}\right)^2 \Delta$ $\tag{4-37b}$

解方程得
$$v_0 = 51.1x\sqrt{\frac{d(\delta-\Delta)}{\Delta}} \tag{4-38}$$

对于粒度小、沉降速度慢的渣粒，在静止介质中的沉降末速度可以同理导出，即 $G=R$ 时

$$\frac{\pi d^3}{6}(\delta-\Delta)g = 3\pi d \left(\frac{v_0}{x}\right)^2 \mu \tag{4-39a}$$

$$v_0 = 54.5x\frac{d^2(\delta-\Delta)}{\mu} \tag{4-39b}$$

从式（4-38）和式（4-39b）可知，在一种介质中渣粒的粒度和密度越大，沉降末速度越大，如果粒度相同，则密度大的沉降末速度大；颗粒的形状系数大，沉降末速度也越大；对于粒度小、沉降速度慢的渣粒来说，其沉降速度还随介质黏度的增大而减小。

在实际重力分选过程中，由于渣粒是在运动的介质中按粒子群发生干涉沉降，其沉降末速度一般小于自由沉降末速度。

2. 重力分选方法

1）风力分选

风力分选（简称风选）的基本原理是使物料通过向上或水平方向的气流，轻物料被带至较远的地方，重物料则由于不能被向上气流支承或是由于有足够的惯性不被水平气流改变方向而沉降，两种情况如图 4-21 和图 4-22 所示。当被气流带走的轻物料需要进一步从气流中分离出来时，一般用旋流器分离。

风力分选的方法工艺简单，作为一种传统的分选方法，被许多国家广泛使用于城市垃圾的分选中。

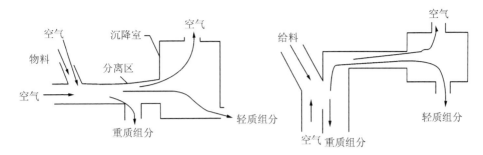

图 4-21　水平式气流风选机工作原理图　　图 4-22　立式气流风选机工作原理图

风力分选机要能有效地识别轻、重物料，一个重要的条件，是要使气流在分选筒中产生湍流和剪力，从而把物料团块分散，达到较好的分选效果。

2）惯性分选

惯性分选是基于混合固体废物中的质量差异而分离分选物料的方式。目前这种方式的实际应用主要是从垃圾中分选金属、玻璃、陶瓷等密度较大的组分，剩下密度较小的物质多属纸类、纤维及木质等，可以焚烧或回收处理，密度中等的多属易堆肥的餐厨类物质。

惯性分选的方法，通常是用高速旋转的抛头或气流将废物沿水平或一定的角度抛射出去，运动轨迹为抛物线。当不同质量的块粒垃圾以相同的初速度抛出时，质量大的块粒有较大的动能，因而抛得远，质量小的块粒抛得近。而块粒的质量是块粒体积尺寸与它密度的乘积，因此这种分选品质的高低与分选物的尺寸均匀性、物质密度以及抛出的初速度有关。若在物料抛落的区域内，按远近设置多个收集器，则各收集器就能收集到不同的组分。通常在距抛头最近的集料斗中收集轻质的有机类颗粒，而无机类颗粒多在较远的收集斗中。

3）重介质分选

所谓重介质，就是密度大于水的介质。重介质分选是将密度不同的两种固体混合物用一种密度介于二者之间的流体作分选介质，使轻颗粒上浮，重颗粒下沉，从而实现物料分选的方法。

此分选法的介质有两种。一种为重液，如氯化锌等高密度的盐溶液或四氯化碳等高密度的有机液体；另一种称为重悬浮液，由水和悬浮于其中的固体颗粒构成，如由黏土、硅铁等与水混合即可配制重悬浮液。重液配制密度一般为 $(1.25 \sim 3.9) \times 10^3 \mathrm{kg/m^3}$。

重介质分选的基本原理是阿基米德原理，即浸在介质中的物体受到的浮力等于物体所排开的同体积介质的重量。因此，物体在介质中的重力 G_0 等于该物体在真空中的重力 G 与同体积介质重力 F 之差，即

$$G_0 = G - F = V(\rho_s - \rho)g \qquad (4\text{-}40)$$

式中，V——颗粒的体积，m^3；

ρ_s——颗粒的密度，kg/m^3；

ρ——介质的密度，kg/m^3；

g——颗粒在真空中的重力加速度，N/kg。

固体废物颗粒在介质中所受重力 G_0 的大小与颗粒的体积，颗粒与介质间的密度差成正比。G_0 的方向只取决于 $(\rho_s-\rho)$，当废物颗粒的密度大于分选介质的密度时，G_0 的方向向下，废物颗粒在介质中下沉；反之，G_0 的方向向上，废物颗粒即上浮，实现物料的分选。重介质分选的精度很高，入选物料颗粒粒度范围可以很宽，适于各种固体废物的分选。

如果颗粒密度接近于重介质密度，将导致沉降速度很小，分离很慢。因此在实际分离前应筛去细粒部分，大密度物料的粒度下限为 $2\sim3mm$，小密度物料粒度下限 $3\sim6mm$。而采用重悬浮液时，粒度下限可降至 $0.5mm$。

在重液分选中，重液的密度介于两种混合物质的密度之间，因而固体颗粒在介质中的分离主要取决于颗粒的密度，与颗粒粒度和颗粒形状的关系不大，所以其分选精度很高。在国外，此种分离方法多用于从废金属混合物中回收铝。

目前，常用的鼓形重介质分选机，其构造和原理如图 4-23 所示。该设备外形是一圆筒形转鼓，由四个滚轮支撑，通过圆筒腰间的大齿轮由传动装置带动旋转，圆筒的内壁沿纵向设有扬板，用以提升重产物到溜槽内，圆筒水平安装。固体废物和重介质一起由圆筒一端给入，在向另一端流动的过程中，密度大于重介质的渣粒沉于槽底，由扬板提升落入溜槽内，排出槽外成为重产物；密度小于重介质的渣粒随着介质流从圆筒溢流口排出成为轻产物。

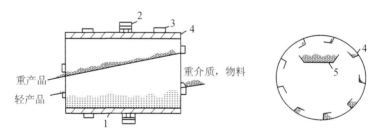

图 4-23　重介质分选机工作原理
1. 圆筒形转鼓；2. 大齿轮；3. 辊轮；4. 扬板；5. 溜槽

4）跳汰分选

跳汰分选，是使磨细的混合废物中不同密度的粒子群，在竖直脉动运动的介质中按密度分层，大密度的颗粒（重质组分）位于下层，小密度的颗粒群位于上层，从而实现物料分离的方法。在生产过程中，原料不断地送进跳汰装置，密度大小不一的物质不断地被分离跳汰，形成连续不断的跳汰过程。跳汰介质可以是水或空气，若分选介质是水，称为水力跳汰，分选介质是空气，称为风力跳汰，个别情况也有用重介质的，称为重介质跳汰。目前用于固体废物分选的介质多是水。各类跳汰机的基本结构都是相似的，它的选别过程在跳汰室中进行。跳汰室中层有筛板，从筛板下周期性地给入垂直交变水流，废物给入筛板之上，形成一个密集的物料层，称作床层，水流穿过筛板和床层。在水流上升期间，床层被抬起松散开来，轻物料随水流上升较快，重物料则上升较慢；当水流下降时，轻物料下落较慢，重物料则下落较快。这样重物料趋向底层，轻物料则位于上层。随着水流继续下降，床层松散度减小，粗颗粒的运动受到阻碍。随着床层越来越紧密，只有细小的物料可以穿过间隙向下运动，称作"钻隙运动"。下降水流停止，分层作用亦停止，形成一个周期。然后水流又开始上升，开始第二周期。如此循环，最后密度大的物料集中到底层，密度小的物料位于上层，上层的轻物料被水平水流带到机外成为轻产物，下层的重物料通过筛板或特殊的排料装置排出成为重产物。随着固体废物的不断给入和轻、重产物的不断排出，形成连续不断的分选过程，如图 4-24 所示。

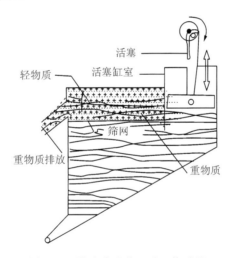

图 4-24　跳汰分选装置及工作过程

　　跳汰分选是一种古老的选矿技术，现今在固体废物的分选中使用，国外主要用于混合金属废物的分离。

　　5）摇床分选

　　摇床分选是细粒固体物料分选应用最为广泛的方法之一。摇床分选包括松散分层和运搬分带两个基本内容。它们共同在水流冲洗和床面的差动作用下完成。床条的形式、床表面的摩擦力和床面倾角对完成分选过程有重要影响。摇床床面近似于长方形，微向轻产物排出端倾斜，床面上钉有或刻有沟槽。给水槽给入的冲洗水沿倾斜方向成薄层流过，传动机构使床面作往复不对称运动。由于床面的摇动，细而重的颗粒钻过间隙，沉于最底层。这个过程称为析离。析离分层是摇床分选的重要特点，它使颗粒按密度分层更趋完善。在水流和摇床的双重作用下，物料中不同密度的颗粒在床面上呈扇形分布，粗而轻的颗粒在最上层，其次是细而轻的颗粒，再次是粗而重的颗粒，最底层是细而重的颗粒。

床面上的扇形分带是不同性质颗粒横向运动和纵向运动的综合结果，大密度颗粒具有较大的纵向移动速度和较小的横向移动速度，其合速度方向偏离摇动方向的倾角小，趋向于重产物端；小密度颗粒具有较大的横向移动速度和较小的纵向移动速度，其合速度方向偏离摇动方向的倾角大，趋向于轻产物端。大密度细粒和小密度粗粒则介于上述两者之间。产物分布如图 4-25 所示。

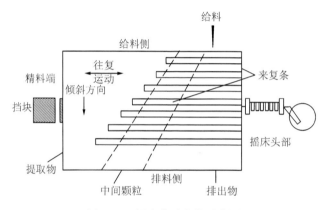

图 4-25　摇床分选产物示意图

4.3.3　磁力分选

磁力分选简称磁选。磁选有两种类型，一种是传统的磁选法，另一种是磁流体分选法，后者是近二十年发展起来的一种分选方法。

1. 传统磁选法

1) 磁选原理

磁选是利用固体废物中各种物质的磁性差异在不均匀磁场中进行分选的处理方法。磁选过程如图 4-26 所示。将固体废物输入磁选机后，磁性颗粒在不均匀磁场作用下被磁化，从而受磁场吸引力的作用。由于固体废物中颗粒的磁性强弱不同，其受到磁场的作用力也不等。磁性较强的颗粒在磁场吸引力作用下被吸到磁选机的圆筒上，并随之被转筒带到非磁性区的排料端排出，磁性差的或非磁性颗粒，由于所受的磁场作用力很小，仍留在废物

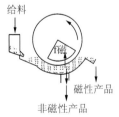

图 4-26　磁选过程示意图

中被排出。

固体废物颗粒通过磁选机的磁场时，同时受到磁力和机械力(包括重力、离心力、介质阻力、摩擦力等)的作用。磁性强的颗粒所受的磁力大于其所受的机械力，而非磁性颗粒所受的磁力很小，则以机械力占优势。由于作用在各种颗粒上的磁力和机械力的合力不同，使它们的运动轨迹不同，从而实现分离。

磁性颗粒分离的必要条件是磁性颗粒所受的磁力 $f_磁$ 必须大于与其方向相反的机械力的合力 $\sum f_机$，即

$$f'_磁 > \sum f_机 \tag{4-41}$$

式(4-41)不仅说明了不同磁性颗粒的分离条件，同时也说明了磁选的实质，即利用磁力与机械力对不同磁性颗粒的不同作用而实现的。

2) 磁选机的磁场

磁体周围存在着磁场，磁场对进入其中的磁性物质有磁化作用，即产生作用力。在磁选机中能产生磁力作用的空间，称为磁选机的磁场。磁场的强弱及方向可以用磁场强度(H)来描述(磁场强度是矢量)。磁场可分为均匀磁场和非均匀磁场两种，均匀磁场中各点的磁场强度大小相等、方向一致，非均匀磁场中各点磁场强度大小和方向都是变化的。磁场的非均匀性可用磁场梯度来表示，磁场强度随空间位移的变化率称为磁场梯度，用 $\dfrac{dH}{dx}$ 表示，磁场梯度是矢量，其方向为磁场强度变化最大的方向，并且指向 H 增大的一方。均匀磁场中 $\dfrac{dH}{dx}=0$，非均匀磁场中 $\dfrac{dH}{dx}\neq0$。

在均匀磁场中，磁性颗粒在磁力产生的转动力矩的作用下发生转动，使颗粒的长轴平行于磁场方向。在非均匀磁场中，磁性颗粒在磁力的作用下，既发生转动，又向磁场梯度增大的方向移动，最后被吸附在磁极外表面上，磁性不同的颗粒得以分离。因此，磁选只有在非均匀磁场中才能实现。

3) 固体废物中各种物质磁性的分类

使物体颗粒显示磁性的过程，称为磁化。物料的可磁化程度(磁性)以磁化系数表征，称为比磁化系数 X_0，它表示一克物体在磁场强度为 1A/m 的外磁场中能够产生的力矩。根据固体废物比磁化系数的大小，可将各种物质大致分为三类：强磁性物质，$X_0=(7.5\sim38)\times10^{-6}\,\mathrm{m^3/kg}$，在弱磁场磁选机中可分离出这类物质；弱磁性物质，$X_0=(0.19\sim7.5)\times10^{-6}\,\mathrm{m^3/kg}$，可在强磁场磁选机中回收；非磁性物质，$X_0<0.19\times10^{-6}\,\mathrm{m^3/kg}$，在磁选机中可以与磁性物质分离。

4) 磁选设备

磁选设备包括磁选机、磁力脱水槽、磁分析器、预磁器及脱磁器等。在固体

废物处理上，磁选机是主要的磁选设备。磁选机的种类很多，分类方法也很多，这里不再赘述。

2. 磁流体分选

1）分选原理

磁流体是指某种能够在磁场或磁场和电场联合作用下磁化，呈现似加重现象，从而对颗粒产生磁浮力作用的稳定分散液。磁流体通常采用强电解质溶液、顺磁性溶液和铁磁性胶体悬浮液。

磁流体分选是利用磁流体作为分选介质，在磁场或磁场和电场的联合作用下产生"加重"作用，按固体废物各组分的磁性和密度的差异，或磁性、导电性和密度的差异，使不同组分分离。当固体废弃物中各组分间的磁性差异小，而密度或导电性差异较大时，采用磁流体可以有效地进行分离。

似加重后的磁流体仍然具有液体原来的物理性质，如密度、流动性及黏滞性等。似加重后的密度称为视在密度，它可以通过改变外磁场强度、磁场梯度或电场强度来调节。视在密度高于流体密度（真密度）数倍，流体真密度一般为1400～1600kg/m³，而似加重后的流体视在密度可高达 19 000kg/m³，因此磁流体分选可以分离密度范围宽的固体废物。

磁流体分选根据分离原理与介质的不同，可分为磁流体动力分选和磁流体静力分选两种。

（1）磁流体动力分选。磁流体动力分选是在磁场（均匀磁场和非均匀磁场）与电场的联合作用下，以强电解质溶液为分选介质，按固体废物中各组分间密度、磁化率和电导率的差异使不同组分分离。磁流体动力分选的研究历史较长，技术较成熟，优点是分选介质为导电的电解质溶液，来源广、价格便宜、黏度较低，分选设备简单，处理能力较大，当处理粒度为 0.5～6mm 的固体废物时，可达50t/h，最大处理量 100～600t/h。缺点是分选介质的视在密度较小，分离精度较低。

（2）磁流体静力分选。磁流体静力分选是在非均匀磁场中，以顺磁性流体和铁磁体胶体悬浮液为分选介质，按固体废物中各组分间密度和磁化率的差异进行分离。由于不加电场，不存在电场和磁场联合作用产生的特性涡流，故称为静力分选。其优点是视在密度高，如磁铁矿微粒制成的铁磁性胶体悬浮液视在密度高达 19 000kg/m³，介质黏度较小，分离精度高。缺点是分选设备复杂、介质价格较高、回收困难及处理能力较小。

当要求分离精度高时，可采用静力分选；当固体废物中各组分间电导率差异大时，通常采用动力分选。

磁流体分选是一种重力分选和磁力分选联合作用的分选过程。各种物质在外加重介质中按密度差异分离，这与重力分选相似；在磁场中按各种物质间磁性（或电性）差异分离，这与磁选相似。这种方法不仅可以将磁性和非磁性物质分离，而且也可以将非磁性物质之间按密度差异分离。因此，磁流体分选法在固体废物处理和利用中占据特殊的地位。它不仅可以分离各种工业固体废弃物，还可以从城市垃圾中回收铝、铜、锌、铅等金属。

2）分选介质

理想的分选介质应具有磁化率高、密度大、黏度低、稳定性好、无毒、无刺激味、无色透明及价廉易得等特殊条件。

顺磁性盐溶液：顺磁性盐溶液有 30 余种，Mn 盐、Fe 盐、Ni 盐和 Co 盐的水溶液均可作为分选介质。其中有实际意义的有 $MnCl_2 \cdot 4H_2O$、$MnBr_2$、$MnSO_4$、$Mn(NO_3)_2$、$FeCl_2$、$FeSO_4$、$Fe(NO_3)_2 \cdot 2H_2O$、$NiCl_2$、$NiBr_2$、$NiSO_4$、$CoCl_2$、$CoBr_2$ 和 $CoSO_4$ 等。这些溶液的真密度为 $1400 \sim 1600 kg/m^3$，且黏度低、无毒。其中 $MnCl_2$ 溶液的视在密度可达 $11\,000 \sim 12\,000 kg/m^3$，是重悬浮液所不能比拟的。

$MnCl_2$ 和 $Mn(NO_3)_2$ 溶液基本具有上述分选介质所要求的特性条件，是较理想的分选介质。

分离固体废物（轻产物密度小于 $30\,000 kg/m^3$）时，可选用更便宜的 $FeSO_4$、$MnSO_4$ 和 $CoSO_4$ 水溶液。

铁磁性胶粒悬浮液：一般采用超细粒（100Å）磁铁矿胶粒作分散质，用油酸、煤油等非极性液体介质，并添加表面活性剂为分散剂调制成铁磁性胶粒悬浮液。一般每升该悬浮液中含 $10^7 \sim 10^{18}$ 个磁铁粒子，其真密度为 $1050 \sim 2000 kg/m^3$，在外磁场及电场作用下，可使介质加重到 $2000 kg/m^3$。这种磁流体介质黏度高，稳定性差，介质回收再生困难。

4.3.4　电力分选

电力分选简称电选，是利用生活垃圾中各种组分在高压电场中电性的差异而实现分选的方法。一般物质大致可分为电的良导体、半导体和非导体。它们在高压电场中有着不同的运动轨迹，加上机械力的共同作用，即可将它们互相分开。电场分选对各种导体、半导体和绝缘体的分离等都十分简便有效。

电选分离过程是在电晕-静电复合电场电选设备中进行的，分离过程如图 4-27 所示。废物由给料斗均匀地给入辊筒上，随着辊筒

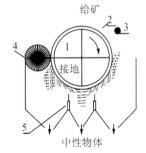

图 4-27　电选分离过程示意
1. 接地鼓筒；2. 电极丝（电晕极）；
3. 电极管；4. 毛刷；5. 分矿调节隔板

的旋转，废物颗粒进入电晕电场区。由于空间带有电荷，使导体和非导体颗粒都获得负电荷(与电晕电极电性相同)，导体颗粒一面荷电，一面又把电荷传给辊筒(接地电极)，放电速度快。因此，当废物颗粒随辊筒旋转离开电晕电场区进入静电场区时，导体颗粒的剩余电荷减少，而非导体颗粒则因放电速度慢致使剩余电荷较多。导体颗粒进入静电场后不再继续获得负电荷，但仍放电，直至放完全部负电荷，从辊筒上得到正电荷被辊筒排斥，在电力、离心力和重力分力的综合作用下，其运动轨迹偏离辊筒，在辊筒前方落下。偏向电极的静电引力作用更增大了导体颗粒的偏离程度。非导体颗粒由于有较多的剩余负电荷，被吸附在辊筒上，带到辊筒后方，被毛刷强制刷下；半导体颗粒的运动轨迹介于导体与非导体颗粒之间，成为半导体产品落下，从而完成电选分离过程。静电分选，可用于各种塑料，橡胶和纤维纸，合成皮革与胶卷，玻璃与金属的分离。

4.3.5　浮选

　　浮选是在固体废物与水调制的料浆中，加入浮选药剂，通入空气形成无数细小气泡，使欲选物质颗粒黏附在气泡上，随气泡上浮于料浆表面成为泡沫层，然后刮出回收；不浮的颗粒仍流在料浆内，通过适当方法加以处理或处置。

　　在浮选过程中，固体废物各组分对气泡黏附的选择性，是由固体颗粒、水、气泡组成的三相界面的物理化学特性所决定，其中比较重要的是物质表面的湿润性。

　　固体废物中有些物质表面的疏水性较强，容易黏附在气泡上，另一些物质表面亲水，不易黏附在气泡上。物质表面的亲水、疏水性能，可以通过浮选药剂的作用而加强。因此，在浮选工艺中正确选择和使用浮选药剂是调整物质可浮性的主要外因。根据药剂在浮选过程中的作用不同，可分为捕收剂、起泡剂和调整剂三大类。浮选是固体废物资源化的重要技术之一，可用于从焚烧炉灰渣中回收金属以及城市固体废物的塑料分选等。

　　浮选法的主要缺点是有些固体废物浮选前需要破碎到一定的细度；浮选时要消耗一定数量的浮选药剂且易造成环境污染；另外，还需要一些辅助工序，如浓缩、过滤、脱水、干燥等。在生产实践中究竟采用哪一种分选，应根据固体废物的性质，经技术经济综合比较后确定。

　　浮选机是浮选工艺过程的主要装置。目前，国内外浮选设备种类很多，图 4-28是 SF 型浮选机的结构及工作原理示意图。

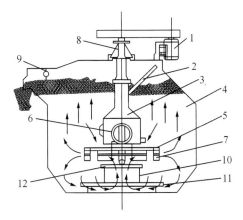

图 4-28　SF 型浮选机的结构及工作原理示意图

1. 电动机；2. 吸气管；3. 中空筒；4. 槽体；5. 提升叶轮；6. 主轴；

7. 盖板；8. 轴承体；9. 刮板；10. 导流筒；11. 假底；12. 调节环

4.3.6　其他分选方法

1. 光学分离技术

光学分离技术是利用物质表面光反射特性的不同分离物料的方法，现已用于按颜色分选玻璃的工艺中，图 4-29 为其工作原理。

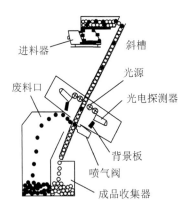

图 4-29　光学分选技术工作原理

固体废弃物经预先分级后进入料斗。由振动溜槽均匀地逐个落入高速沟槽进料皮带上，在皮带上拉开一定距离并排队前进，从皮带首端抛入光检箱受检。当颗粒通过光检测区时，受光源照射，背景板显示颗粒的颜色或色调，当欲选颗粒的颜色与背景颜色不同时，反射光经光电倍增管转换为电信号(此信号随反射光的强度变化)，电子电路分析该信号后，产生控制信号驱动高频气阀，喷射出压缩空气,将电子电路分析出的异色颗粒(即欲选颗粒)吹离原来轨道,加以收集。而颜色符合要求的颗粒仍按原来的轨道自由下落加以收集,从而实现分离。

2. 涡电流分离技术

涡电流分选也称涡流分选,与静电分选相似,也是将电导体与非电导体分离的技术,对有色金属的回收十分方便,具有广阔的应用前景。

涡电流分选原理是基于法拉第的电磁感应定律得

$$-\frac{\mathrm{d}B}{\mathrm{d}t} = \frac{V}{A} \tag{4-42}$$

式中,B——磁感应强度,T;

　　　V——电压,V;

　　　A——垂直于磁场的截面积,m^2;

　　　$\dfrac{\mathrm{d}B}{\mathrm{d}t}$——磁感应强度变化率,T/s。

工作时,在分选磁辊表面产生高频交变的强磁场,当含有非磁导体金属(如铅、铜、锌等物质)的垃圾流以一定的速度通过一个交变磁场时,会在有色金属内感应出涡电流,此涡电流本身会产生与原磁场方向相反的磁场,有色金属(如铜、铝等)会因磁场的排斥力作用沿其输送方向向前飞跃,实现与其他非金属类物质的分离,达到分选的目的。作用于金属上的推力取决于金属片块的尺寸、形状和不规整的程度。分离推力的方向与磁场方向及垃圾流的方向均呈90°。物料导电率和密度的比率值不同,其分离的难易程度也不同,比率值高的较之比率低的物料更易分离。

涡电流分离技术工作原理示意图如图4-30所示。

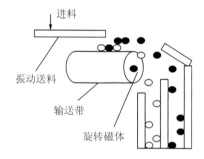

图4-30　涡电流分离技术工作原理示意图

3. 摩擦与弹跳分选

摩擦与弹跳分选是根据固体废物中各组分摩擦系数和碰撞系数的差异,在斜面上运动或与斜面碰撞弹跳时产生不同的运动速度和弹跳轨迹而实现彼此分离的处理方法。

固体废物从斜面顶端给入，沿着斜面向下运动时，其运动方式随颗粒的形状或密度不同而不同，其中纤维状废物或片状废物几乎全靠滑动，球形颗粒有滑动、滚动和弹跳三种运动方式。

当颗粒(不受干扰)在斜面上向下运动时，纤维体或片状体的滑动加速度较小；运动速度变化较小，所以它脱离斜面抛出的初速度较小；而球形颗粒由于是滑动、滚动和弹跳相结合的运动，其加速度较大，运动速度变化较快，因此它脱离斜面抛出的初速度较大。

当废物离开斜面抛出时，受空气阻力的影响，抛射轨迹并不严格沿着抛物线前进，其中纤维废物由于形状特殊，受空气阻力较大，在空气中减速很快，抛射轨迹严重的不对称(抛射开始接近抛物线，其后接近垂直落下)，故抛射较远。因此，在固体废物中，纤维状废物、片状废物与颗粒废物，因形状不同，在斜面上运动或弹跳时，产生不同的运动速度和运动轨迹，因而可以彼此分离。

摩擦与弹跳的分选设备有带式筛，斜板运输分选机及反弹道滚筒分选机等。

4. 手工拣选

从废物堆中将有用物品分拣出来，最简单、历史最悠久的方法就是手工拣选。美国第一座手工拣选厂是科拉内尔·瓦林(Colonel Waring)于 1898 年为纽约城建立的。该厂对收集到的 116 000 人所产生的废物进行手工拣选，在两年半的时间内回收了约 37% 的物品。

手工拣选有两个主要功能：第一，可以回收任何无需加工的有价值的物品，一般是硬纸板、成捆报纸、大块金属(混凝土钢筋等)；第二，可以清除所有可能引起处理系统发生危险的物品，如垃圾中可能引起爆炸及不宜进破碎机破碎的物品。

对于手工拣选，可以根据颜色、反射率和不透明度等性质来识别各种物料，制定选别秩序；可以凭感觉来检查物料的密度，手工分类拣出物料。手工拣选通常在第一级机械处理装置(一般是破碎机)的给料皮带输送机上进行。输送机的皮带将物料均匀地送入破碎机，拣选者就站在皮带的两侧，将需要拣出的物料拣出。经验表明，一名拣选工人每小时约可拣出 0.5t 物料。供拣选的给料皮带宽度是由拣选人员的工作位置决定的，如果是单侧拣选，皮带宽应不超过 60cm；如果是两侧拣选，宽度可定为 90～120cm。皮带运动速度可根据拣选工人的数量决定，一般不大于 9m/min。

手工拣选最好在室外白天自然光下进行，因为人工照明尤其是荧光灯照明，由于光谱较窄，使拣选工人难以识别各种物料的颜色，易产生误分选。如果不可能在室外进行，应该利用大的天窗采光。

第5章　固体废物固化/稳定化技术

由于固化/稳定化技术在对有毒性或强反应性等危险废物进行处理，对其他处理过程所产生的残渣处理，以及在处理危险废物及土壤去污等方面具有的特殊功能，使其得到广泛应用。固化/稳定化技术种类繁多，如水泥固化技术、石灰固化技术、塑性材料包容技术、自胶结固化、熔融固化技术、高温烧结技术、土壤聚合物固化技术、化学稳定化材料技术等。界定固化/稳定化技术的概念、区别与联系，了解各种固化/稳定化技术的定义、原理、特点及应用范围以及产物性能的评价方法，对固体废物材料处理与处置具有一定的指导作用。

5.1　固化/稳定化技术概述

固化技术，最早在20世纪50年代多用于处理放射性废物，例如，美国在处理低水平放射性液体废物时，先用硅石等矿物进行吸附，或者先用大量的普通水泥将其固化，然后再运送至指定填埋处置场进行处置。进入70年代后，固体废物(特别是危险废物)污染环境的问题日益严重，作为废物最终处置的预处理技术，固化技术在一些工业发达国家首先得到研究和应用，并先后开发了以脲甲醛和沥青等高分子有机物为基材的固化技术，此类固化技术的优点是与废物的相容性更高，增容比相对较小，而且固化体的质量较小。向水泥中添加硅酸盐技术的应用，使水泥固化产生了更好的效果。以有机聚合物为基材的塑料固化和利用水泥、粉煤灰、石灰及黏土混合处理废物的技术也得到了广泛的应用。1990年至今，废物固化/稳定化技术发展已经进入工业化应用阶段。

5.1.1　固化技术与稳定化技术的区别与联系

1. 固化技术与稳定化技术的界定

(1) 固化技术。固化技术是指在危险废物中添加固化剂，使其转变为不可流动固体或形成紧密固体的技术过程。

(2) 稳定化技术。稳定化技术是指将有毒有害污染物转变为低溶解性、低迁移性及低毒性的物质，以减少有害物污染潜力的技术过程。

(3) 包容技术。包容技术是指用稳定剂/固化剂凝聚，将有毒物质或危险废物颗粒包容或覆盖的技术过程(蒋建国，2013)。

2. 固化/稳定化技术的机理

固化/稳定化技术的机理实质上是利用物理方法和化学方法来处理固体废物的过程。主要包括化学反应原理、包容原理、吸附原理、氧化还原解毒原理和超临界流体原理等。在运用物理方法处理污染物时，固化技术通常是把污染物直接掺入到惰性基材（如水泥等）中，形成结构完整的整块密实固体，这种固体能以方便的尺寸大小进行运输，而无需任何辅助容器；或将有害物质包裹在具有一定强度和抗渗透性的固化基材中。物理稳定化是将污泥或半固体物质与一种疏松物料（如粉煤灰）混合，生成粗颗粒有土壤状坚实度的固体，这种固体可以用运输机械送至处置场。在运用化学方法处理污染物时，通常是将污染物通过化学转变，引入到某种稳定固体物质的晶格中，使有毒物质变成不溶性化合物，使之在稳定的晶格内固定不动。

3. 固化技术与稳定化技术的联系与区别

由于在处理污染物的过程中，运用物理方法与化学方法是相互联系的，其目的都是降低废物的毒性和可迁移性，所以，固化和稳定化技术在处理污染物时通常无法截然分开，固化的过程会有稳定化的作用发生，稳定化的过程往往也具有固化的作用。在固化和稳定化处理过程中，往往也发生包容化的作用。

尽管固化与稳定化之间有着紧密的联系，但它们之间还是有区别。稳定化过程是将污染物全部或部分固定于作为支持介质、添加剂或其他形式的添加剂上的方法。固化过程是利用添加剂改变废物的工程特性（如渗透性、可压缩性和强度等）的过程。固化的目的是为了实现稳定化，因此也可以将固化理解为稳定化的一部分，在习惯中因为叙述方便往往统称为固化。

5.1.2　固化/稳定化技术的分类及其应用

1. 固化/稳定化技术的分类

根据固化基材及固化过程，常用的固化/稳定化技术主要包括下列几种：水泥固化技术、石灰固化技术、塑性材料包容技术、自胶结固化技术、熔融固化（玻璃固化）技术、高温烧结技术、土壤聚合物固化技术和化学稳定化技术等。

2. 固化/稳定化技术的应用

固化/稳定化技术已用于许多废物的处理中，包括金属表面加工废物、电镀及铅冶炼酸性废物、尾矿、废水处理污泥、焚烧飞灰、食品生产污泥和烟道气处理污泥等。固化/稳定化技术在对具有毒性或强反应性等危险性质的废物处理、对其他处理过程中产生的残渣处理以及污染土壤恢复等方面具有独特的功能。

(1) 对有毒性或强反应性等危险废物进行处理,使得满足填埋处置的要求。例如,在处置液态或污泥态的危险废物时,由于液态物质的迁移特性,在填埋处置以前,必须先经过稳定化的过程。使用液体吸收剂是不可以的,因为当填埋场处于足够大的外加负荷时,被吸收的液体很容易重新释放出来。所以这些液体废物必须使用物理或化学方法用稳定剂固定,使得即使在很大的压力下,或者在降水的淋溶下不至于重新形成污染。

(2) 对其他处理过程中所产生的残渣处理。例如,对焚烧产生飞灰的无害化处理。焚烧过程可以有效地破坏有机毒性物质,而且具有很大的减容效果。与此同时,其残渣中也必然会浓集某些化学成分,甚至浓集放射性物质。又比如,在锌铅的冶炼过程中,会产生含有相当高浓度的砷废渣,这些废渣大量堆积,必然形成地下水的严重污染,此时对废渣进行稳定化处理是非常必要的。

(3) 对土壤进行去污修复。当大量土壤被有机或者无机废物污染时,可以借助稳定化技术进行污染物生物可利用性(迁移性)控制,或其他方式使土壤得以修复。与其他方法(如封闭与隔离)相比,稳定化具有相对永久性的作用,对于大量土地遭受较低程度的污染时,尤其有效。因为稳定化技术是通过减小污染物传输表面积或降低其溶解度的方法防止污染物的扩散,或者利用化学方法将污染物改变为低毒或无毒的形式而达到目的的。所以,在污染场地土壤治理中稳定化技术具有非常重要的作用。例如,美国在 1980~2005 年,对 863 个污染场地的治理工程中,采用固化/稳定化技术的有 205 个,占全部修复工程的 24%。

5.1.3　固化/稳定化技术的适应性

固化技术最早是用来处理放射性污泥和蒸发浓缩液的,最近几十年来固化技术得到迅速发展,被用来处理电镀污泥、铬渣等危险废物。但是,危险废物种类繁多,并非所有存在的危险废物都适于用固化处理。日本法规规定应用固化/稳定化技术固化处理的危险废物包括:含汞燃烧残渣,含汞飞灰,含汞污泥,含 Cd、Pb、Cr^{6+}、As、PCBs 的污泥,含氰化物的污泥,其中特别适合固化含重金属的废物。表 5-1 所列为美国 EPA 对固化/稳定化技术适于处理的危险废物所做的评估结果。表 5-2 为不同种类废物对不同固化/稳定化技术的适应性,可供参考(蒋建国,2013)。

表 5-1　美国 EPA 对固化/稳定化技术适于处理的危险废物所做的评估结果

废物编号	废物特性及来源	固化/稳定化的污染物
K048-52	炼油厂油泥及副油渣	铬、铅
K061	电炉炼钢产生的灰渣及污泥	铬、铅、镉
K046	铅基引爆剂生产产生水处理污泥	铅

废物编号	废物特性及来源	固化/稳定化的污染物
K006	电镀污泥	镉、铬、铅、镍、银
K012, F019	金属表面处理产生的重金属污泥	铬
K022	用异丙苯制造酚及丙酮产生的蒸馏渣	铬、镍
K001	用木焦油、五氯苯酚处理木材及其废水处理产生的污泥	铬

表 5-2 不同种类的废物对不同固化/稳定化技术的适应性

废物成分		处理技术					
		水泥固化	石灰等材料固化	热塑性微包容法	大型包容法	熔融固化法	化学稳定化
有机物	有机溶剂和油	影响凝固,有机气体挥发	影响凝固,有机气体挥发	加热时有机气体会逸出	先用固体基料吸附	可适应	不适应
	固态有机物(如塑料、树脂、沥青)	可适应,能提高固化体的耐久性	可适应,能提高固化体的耐久性	有可能作为凝结剂来使用	可适应,可作为包容材料使用	可适应	不适应
无机物	酸性废物	水泥可中和酸	可适应,能中和酸	应先进行中和处理	应先进行中和处理	不适应	可适应
	氧化剂	可适应	可适应	会引起基料的破坏甚至燃烧	会破坏包容材料	不适应	可适应
	硫酸盐	影响凝固,除非使用特殊材料,否则引起表面剥落	可适应	会发生脱水反应和再水合反应而引起泄漏	可适应	可适应	可适应
	卤化物	很容易从水泥中浸出,妨碍凝固	妨碍凝固,会从水泥中浸出	会发生脱水反应和再水合反应	可适应	可适应	可适应,通过氧化还原反应解毒
	重金属盐	可适应	可适应	可适应	可适应	可适应	可适应
	放射性废物	可适应	可适应	可适应	可适应	可适应	不适应

从表 5-1、表 5-2 中可以看出,即使技术水平发展程度很高的国家,在生产中采用清洁生产工艺,减少废物产生,在废物管理的过程中积极开展资源化,仍然会产生各种有毒危险废物。特别是废水废气治理过程中产生的浓集了种类繁多的污染物的半固体状残渣、污泥和浓缩液,虽然没有利用价值,但是具有较高危险性必须加以无害化处理,才能做到无害化处置。尽管处理不同种类危险废物的

方法已经研究和应用的有多种，但是时至今日尚未研究出一种适于处理任何类型危险废物的最佳固化/稳定化方法。目前所采用的各种固化/稳定化方法往往只能适用于处理一种或几种类型的废物。

5.2　水泥固化技术

5.2.1　水泥固化的基本理论

1. 水泥固化技术的界定

水泥固化技术是以水泥作为基材利用水泥水化反应(或水合反应)处理污染物的固化技术。水泥固化工艺较为简单，通常是把有害固体废物、水泥和其他添加剂一起与水混合，经过一定的养护时间而形成坚硬的固化体。水泥是最常用的污染物稳定剂。从经济性和技术可行性来说，以水泥作为固化材料对污泥进行固化处理具有更广阔的应用前景，美国 EPA 将水泥固化称为处理有毒有害废物的最佳技术。

2. 水泥固化基材与添加剂

水泥是一种无机胶结材料，由大约 4 份石灰质原料与 1 份黏土质原料制成，其主要成分为 SiO_2、CaO、Al_2O_3 和 Fe_2O_3，水化反应后可形成坚硬的水泥石块，可以把分散的固体添料(如砂石)牢固地黏结为一个整体。水泥的种类繁多，常用的有普通硅酸盐水泥、火山灰质硅酸盐水泥、矿渣硅酸盐水泥、矾土水泥及沸石水泥等。用于水泥固化的水泥有一定的标准规格要求。英国在固化中采用的水泥标准规格(牛晓庆等，2014)如下：

(1) 当用式(5-1)计算时，石灰饱和系数(lime saturation factor，LSF)应不大于 1.02，不小于 0.66。

$$LSF = \frac{\omega_{CaO} - 0.7\omega_{SO_3}}{2.8\omega_{SiO_2} + 1.2\omega_{Al_2O_3} + 0.65\omega_{Fe_2O_3}} \tag{5-1}$$

式中，ω_{CaO}、ω_{SO_3}、$\omega_{S_iO_2}$、$\omega_{Al_2O_3}$、$\omega_{Fe_2O_3}$ 表示各氧化物在水泥中的质量分数，%。

(2) 不溶性残渣 (在稀酸中) 不应超过 1.5%。

(3) 水泥中氧化镁的含量不应超过 4%。

(4) 当水泥中铝酸三钙的质量分数含量小于 7% 时，水泥中总硫(以 SO_3 计)的质量分数应小于 2.5%；当水泥中铝酸三钙的质量分数大于 7% 时，水泥中总硫(以 SO_3 计)的质量分数应小于 3%。此处铝酸三钙的数值，是以($2.65\omega_{Al_2O_3} - 1.67\omega_{Fe_2O_3}$)表示的。

(5) 燃烧损失不应超过 3%。

废物被掺入水泥的基质中，在一定条件下，废物经过物理的、化学的作用进一步减少它们在废物-水泥基质中的迁移率。人们还经常把少量的飞灰、硅酸钠、膨润土或专利产品等活性剂加入水泥中以增进反应过程，依靠所加药剂使粒状的像土壤的物料变成了黏合的块，从而使大量的废物稳定化/固化。以水泥为基础的稳定化/固化技术已经用来处置电镀污泥，这种污泥包含各种金属，如 Cd、Cr、Cu、Pb、Ni 和 Zn。水泥也用来处理复杂的污泥，如多氯联苯、油和油泥，含有氯乙烯和二氯乙烷的废物，多种树脂，被稳定化/固化的塑料，石棉，硫化物以及其他物料。

由于废物组成的特殊性，水泥固化过程中常常会遇到混合不均、凝固过早或过晚、操作难以控制等困难，同时所得固化产品的浸出率高、强度较低。为了改善固化条件，提高固化体的质量，有时还掺入适宜的添加剂，常用的添加剂有吸附剂、缓凝剂、促凝剂和减水剂等。添加剂分为有机和无机两大类，无机添加剂有蛭石、沸石、多种黏土矿物、水玻璃、无机缓凝剂、无机速凝剂及骨料等，有机添加剂有硬脂酸丁酯、δ-糖酸内酯及柠檬酸等。

火山灰质硅酸盐水泥是含有 20%～50% 磨细的火山灰质材料的硅酸盐水泥，与普通水泥相比，它的成本低廉，早期硬度低，硬化时发热量少，抗水性能好。

3. 水泥固化的化学反应

水泥固化所涉及的水合反应主要有以下几种：

(1) 硅酸三钙的水合反应

$$3CaO \cdot SiO_2 + xH_2O \longrightarrow 2CaO \cdot SiO_2 \cdot yH_2O + Ca(OH)_2 \longrightarrow$$
$$CaO \cdot SiO_2 \cdot mH_2O + 2Ca(OH)_2 \tag{5-2a}$$

$$2(3CaO \cdot SiO_2) + xH_2O \longrightarrow 3CaO \cdot SiO_2 \cdot yH_2O + 3Ca(OH)_2 \longrightarrow$$
$$2(CaO \cdot SiO_2 \cdot mH_2O) + 4Ca(OH)_2 \tag{5-2b}$$

(2) 硅酸二钙的水合反应

$$2CaO \cdot SiO_2 + xH_2O \longrightarrow 2CaO \cdot SiO_2 \cdot xH_2O \longrightarrow$$
$$CaO \cdot SiO_2 \cdot mH_2O + Ca(OH)_2 \tag{5-3a}$$

$$2(2CaO \cdot SiO_2) + xH_2O \longrightarrow 3CaO \cdot 2SiO_2 \cdot yH_2O + Ca(OH)_2 \longrightarrow$$
$$2(CaO \cdot SiO_2 \cdot mH_2O) + 2Ca(OH)_2 \tag{5-3b}$$

(3) 铝酸三钙的水合反应

$$3CaO \cdot Al_2O_3 + xH_2O \longrightarrow 3CaO \cdot Al_2O_3 \cdot xH_2O \tag{5-4a}$$

如有氧化钙存在，则变为

$$3CaO \cdot Al_2O_3 + xH_2O + Ca(OH)_2 \longrightarrow 4CaO \cdot Al_2O_3 \cdot mH_2O \tag{5-4b}$$

(4) 铝酸四钙的水合反应

$$4CaO \cdot Al_2O_3 + Fe_2O_3 + xH_2O \longrightarrow$$
$$3CaO \cdot Al_2O_3 \cdot mH_2O + CaO \cdot Fe_2O_3 \cdot nH_2O \tag{5-5}$$

在普通硅酸盐水泥水化过程中，最终生成硅铝酸盐胶体的这一连串反应是一个速率很慢的过程，所以，为保证固化体得到足够的强度，需要在有足够水分的条件下，维持很长的时间对水化的混凝土的保养。

对于普通硅酸盐水泥，进行最为迅速的反应是

$$3CaO \cdot Al_2O_3 + 6H_2O \longrightarrow 3CaO \cdot Al_2O_3 \cdot 6H_2O + 热量 \tag{5-6}$$

该反应确定了普通硅酸盐水泥的初始状态。

5.2.2　影响水泥固化因素的控制

影响水泥固化的因素很多，为在各种组分之间得到良好的匹配性能，在固化操作中需要加以严格控制。

1. 控制 pH

因为大部分金属离子的溶解度与 pH 有关，对于金属离子的固定，pH 有显著的影响。当 pH 较高时，许多金属离子形成氢氧化物沉淀，水中的 CO_3^{2-} 浓度也高，有利于生成碳酸盐沉淀。应该注意的是，pH 过高，会形成带负电荷的羟基络合物，溶解度反而升高。例如，pH<9 时，铜主要以 $Cu(OH)_2$ 沉淀的形式存在，当 pH>9 时，则形成 $Cu(OH)_3^-$ 和 $Cu(OH)_4^{2-}$ 络合物，溶解度增加。许多金属离子都有这种性质，如 Pb 当 pH>9.3 时，Zn 当 pH>9.2 时，Cd 当 pH>11.1 时，Ni 当 pH>10.2 时，都会形成金属络合物，使溶解度增加。

2. 控制水、水泥和废物的配合比

水分含量过小，无法保证水泥的充分水合作用，水分过大，会出现泌水现象，影响固化块的强度。水泥与废物之间的量比应用试验方法确定，主要是因为在废物中往往存在妨碍水合作用的成分，它们的干扰程度是难以估计的。

3. 控制凝固时间

为确保水泥废物混合浆料能够在混合以后有足够的时间进行输送、装桶或者浇注，必须适当控制初凝和终凝的时间。通常设置初凝时间大于 2h，终凝时间在 48h 以内。如果不能满足上述条件，则通过加入促凝剂（偏铝酸钠、氯化钙、氢氧化铁等无机盐）、缓凝剂（有机物、泥沙和硼酸钠等）来完成。

4. 控制其他添加剂

为使固化体达到良好的性能，还经常加入其他成分。例如，过多的硫酸盐会由于生成水化硫酸铝钙而导致固化体的膨胀和破裂。又如，加入适当数量的沸石或蛭石，可消耗一定的硫酸或硫酸盐。为减小有害物质的浸出速

率，需要加入某些添加剂，如加入少量硫化物以有效地固定重金属离子等。

5. 控制固化块的成型工艺

固化块的成型工艺其主要目的是达到预定的机械强度，保证固化体后续装卸和运输等过程中的完整性。并非所有的情况下均要求固化块达到一定的强度，例如，对最终的稳定化产物进行填埋或贮存时，就无须提出强度要求。但当准备利用废物处理后的固化块作为建筑材料时，达到预定强度的要求就变得十分重要，通常需要达到 10MPa 以上的指标。

5.2.3　水泥固化工艺方法优缺点分析

水泥固化工艺常用的方法有外部加入水泥法、容器内部混合法及注入法。这些混合方法的经验大部分来自核废物的处理经验，近年来这些方法逐渐应用于危险废物的处理过程。混合方法的确定需要考虑废物的具体特性。

1. 外部加入水泥法

将废物、水泥、添加剂和水在单独的混合器中混合，经过充分搅拌后注入处置容器中(图 5-1)。该法的优点是需要设备较少，可以充分利用处置容器的容积；缺点是搅拌混合以后的混合器需要洗涤，不但耗费人力，还会产生一定数量的洗涤废水。

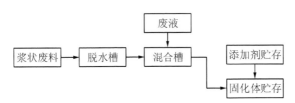

图 5-1　外部加入水泥的方法

2. 容器内混合法

直接在最终处置使用的容器内进行混合，然后用可移动的搅拌装置混合(图 5-2)。其优点是不产生二次污染物，缺点是由于处置所用的容器体积有限(通常所用的为 200L 的桶)，不但充分搅拌困难，而且势必留下一定的无效空间，大规模应用时，操作的控制较为困难。该法适于处置危害性大，但数量不太多的废物，如放射性废物。

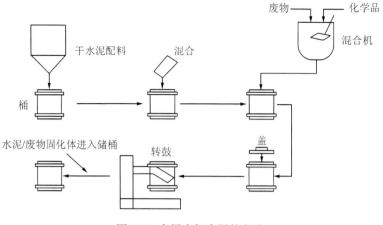

图 5-2　在桶中加水泥的方法

3. 注入法

对于原来的粒度较大，或粒度十分不均，不便进行搅拌的固体废物，可以先把废物放入桶内，然后再将制备好的水泥浆料注入，如果需要处理液态废物，也可以同时将废液注入。为了混合均匀，可以将容器密闭以后放置在以滚动或摆动方式运动的台架上。其缺点是在物料的拌和过程中有时会产生气体或放热，从而提高容器的压力。此外，为了达到混匀的效果，容器不能完全充满。

由于水泥固化具有上述缺点，近年来，在一些方面开展了研究并加以改进。例如，用纤维和聚合物等增加水泥耐久性的研究，用天然胶乳聚合物改性普通水泥以处理重金属废物，提高了水泥浆颗粒和废物间的键合力，聚合物同时填充了固化块中小的孔隙和毛细管，降低了重金属的浸出；用改性硫水泥处理焚烧炉灰，提高了固化体的抗压强度和抗拉强度，并且增加了固化体抵抗酸和盐（如硫酸盐）侵蚀的能力等。

5.3　石灰固化技术

5.3.1　石灰固化技术的界定

石灰固化是指以石灰、水泥窑灰以及熔矿炉炉渣等具有波索莱（pozzolanic reaction）反应的物质为固化基材而进行的废物固化/稳定化的操作。其操作方法是把石灰、添加剂、废物与水混合，石灰和活性硅酸盐料与水反应可生成坚硬的物质，从而达到包容废物的目的。

5.3.2　石灰固化的机理

1. 在污泥中加入氢氧化钙(熟石灰)使污泥得到稳定的机理

常用的技术是在污泥中加入氢氧化钙(熟石灰)的方法使污泥得到稳定。在有水的条件下,石灰中的钙与废物中的硅铝酸根发生化学反应生成硅酸钙、铝酸钙或硅铝酸钙等凝胶状水化物,将污泥中的重金属成分吸附或包覆于所形成的胶状微晶中。与在其他稳定化过程中一样,若同时向石灰和废物中加入少量添加剂,可以获得额外的稳定效果(如存在可溶性钡时加入硫酸根)。使用石灰作为固化剂,具有提高 pH 的作用,此种方法也基本上应用于处理重金属污泥等无机污染物。

2. 石灰-凝硬性物料反应机理

将石灰与凝硬性物料结合会产生能在化学及物理上将废物包裹起来的黏结性物质。天然和人造材料都可以用,包括火山灰和人造凝硬性物料。人造材料如烧过的黏土、页岩和废油页岩、烧结过的纱网、烧结过的砂浆和粉煤灰等。化学固定法中最常用的凝硬性物料是粉煤灰和水泥窑灰,这两种物料本身就是废料,因此这种办法具有共同处置的明显优点。对石灰-凝硬性物料反应机理的推测认为:凝硬性物料经历着与沸石类化合物相似的反应,即它们的碱离子成分相互交换。另一种解释认为主要的凝硬性反应是由于像水泥的水合作用那样,生成了称为硅酸二钙的新的水合物。

表 5-3 所列结果说明了石灰添加量对用粉煤灰将纤维质-气体脱硫污泥进行物理稳定的影响。石灰浓度较高时,最后的固体物强度也较高。在这个实例中,粉煤灰既用作疏松材料又作为凝硬性材料使用。正如以水泥为基质的方法一样,过量的水是不需要的。为了得到机械强度高的固体,石灰加入量应依据废物的种类及火山灰水泥的化学成分而定,可高达 30%。

表 5-3　石灰添加量对用粉煤灰将纤维质-气体脱硫污泥进行物理稳定的影响

添加剂	添加量	灰/水泥质量比	无侧限抗压强度/(kgf/cm²)
石灰	0	1:1	0.04
石灰	1	1:1	0.12
石灰	3	1:1	0.30
石灰	5	1:1	0.46
石灰	5	1:2	0.18

3. 石灰固化技术的优缺点

石灰固化技术具有操作简单、处理费用低等优点，但石灰固化处理所能提供的结构强度不如水泥固化，因而较少单独使用，并且，石灰固化体的增容比大，固化体易受酸性介质侵蚀，需对固化体表面进行涂覆。

5.4　塑性材料包容技术

塑性材料包容技术是以有机性材料为基材，对污染物进行固化/稳定化处理的技术，根据使用材料的性能不同可以把该技术划分为热固性塑料包容技术和热塑性包容技术两种。

5.4.1　热固性塑料包容技术

1. 热固性塑料

热固性塑料是指在加热时会从液体变成固体并硬化的材料。它与一般物质的不同之处在于，这种材料即使以后再次加热也不会重新液化或软化。其实际上是一种由小分子变成大分子的交联聚合过程。常用的热固性材料主要有脲甲醛、聚酯、聚丁二烯、酚醛树脂及环氧树脂等。

2. 热固性塑料包容技术的机理

热固性塑料包容技术的机理，是用热固性有机单体（如脲醛和已经过粉碎处理的废物）充分混合，在助絮剂和催化剂的作用下产生聚合以形成海绵状的聚合物质，从而在每个废物颗粒的周围形成一层不透水的保护膜。但在用此方法处理时，经常有一部分液体废物遗留下来，因此在进行最终处置前还需要进行一次干化。由于在绝大多数过程中废物与包封材料之间不进行化学反应，所以包封的效果分别取决于废物自身的形态（颗粒度、含水量等）以及进行聚合的条件。

3. 热固性塑料包容技术优缺点分析

该法与其他方法相比，主要优点是大部分引入较低密度的物质，所需要的添加剂数量也较小。热固性塑料包封法在过去曾是固化低水平有机放射性废物（如放射性离子交换树脂）的重要方法之一，同时也可用于稳定非蒸发性的、液体状态的有机危险废物。由于需要对所有废物颗粒进行包封，在适当选择包容物质的条件下，可以达到十分理想的包容效果。此方法的缺点是操作过程复杂，热固性材料自身价格高昂。由于操作中有机物的挥发，容易引起燃烧起火，所以通常不能在现场大规模应用。可以认为该法只能处理小量高危害性废物，如剧毒废物、医院或研究单位产生的小量放射性废物等。然而，仍然有人认为，该法在未来可能在对有机物污染土地的稳定化处理方面，有大规模应用的前途。

5.4.2　热塑性包容技术

1. 热塑性材料及热塑性包容机理

热塑性包容技术是指用熔融的热塑性物质在高温下与污染物混合，以达到对其稳定化的目的。在冷却以后，废物被固化的热塑性物质所包容，包容后的废物可以在经过一定的包装后进行处置。常用的热塑性物质有沥青、石蜡、聚乙烯和聚丙烯等。在有些国家，该法被用来处理危险废物和放射性废物的混合废物，处理后的废物按照放射性废物的标准处置。

2. 热塑性包容技术的优缺点分析

该法的优点是在操作时，通常是先将废物干燥脱水，然后将聚合物与废物在适当的高温下混合，并在升温的条件下将水分蒸发掉。该法可以使用间歇式工艺，也可以使用连续操作的设备。与水泥等无机材料的固化工艺相比，除污染物的浸出率低得多外，由于需要的包容材料少，又在高温下蒸发了大量的水分，其增容比较低。

该法的主要缺点是在高温下进行操作会带来很多不方便之处，而且较耗费能量；操作时会产生大量的挥发性物质，其中有些是有害的物质。另外，有时废物中含有影响稳定剂的热塑性物质，或者某些溶剂，会最终的稳定效果。

3. 沥青固化技术

1）沥青及沥青固化技术

沥青具有化学惰性，不溶于水，具有一定的可塑性和弹性，对于废物具有典型的包容效果。沥青的主要来源是天然的沥青矿和原油炼制。我国目前所使用的大部分沥青来自于石油蒸馏的残渣。石油沥青是脂肪烃和芳香烃的混合物，其化学成分很复杂，包括沥青质、油分、游离碳、胶质、沥青酸和石蜡等。从固化的要求出发，较理想的沥青组分是较高含量的沥青质和胶质以及较低含量的石蜡性物质。如果石蜡质过高，则容易在环境应力下产生开裂。可以用于危险废物固化的沥青，是直馏沥青、氧化沥青、乳化沥青等。我国曾用于放射性废物固化的沥青，是来自于石油提炼的 60 号沥青，其基本成分是含有胶质和油分各 40%、沥青质 10%～12% 以及 8%～10% 的石蜡。

沥青固化技术是具有代表性的热塑性材料包容技术。在 20 世纪 60 年代末所出现的沥青固化，因为处理价格低廉，被大规模应用于处理放射性的废物。沥青固化是以沥青类材料作为固化剂，与废物在一定的温度下均匀混合，产生皂化反应，使有害物质包容在沥青中形成固化体，从而得到稳定。由于沥青属于憎水物质，完整的沥青固化体具有优良的防水性能。沥青还具有良好的黏结性、化学稳定性和一定的辐射稳定性，而且对于大多数酸和碱有较高的耐腐蚀性，所以长期以来被用作低水平放射性废物的主要固化材料之一。它一般被用来处理放射性蒸发残液、废水化学处理产生的污泥、焚烧炉产生的灰分以及毒性较高的电镀污泥和砷渣等危险废物。

　　2）沥青固化的工艺

　　沥青固化的工艺主要包括三个部分（图5-3），即固体废物的预处理、废物与沥青的热混合以及二次蒸汽的净化处理。其中关键的部分是热混合环节。对于干燥的废物，可以将加热的沥青与废物直接搅拌混合；而对于含有较多水分的废物，则通常还需要在混合的同时脱去水分。混合的温度应该控制在沥青的熔点和闪点之间，为150～230℃，温度过高时容易产生火灾。在不加搅拌的情况下加热，极易引起局部过热并发生燃烧事故。热混合通常是在专用的、带有搅拌装置并同时具有蒸发功能的容器中进行。在早期，大部分固化过程使用的是间歇式操作的锅式蒸发器。它实际上是一种带有搅拌器的反应釜。虽然锅式蒸发器具有结构简单的优点，但由于是间歇操作，不但生产能力低下，而且物料需要在蒸发器中停留很长时间，易导致沥青老化。结构的形式给尾气的收集和净化也带来困难。

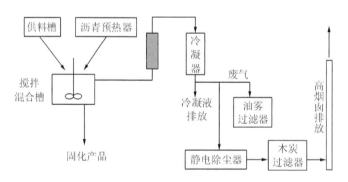

图 5-3　高温混合蒸发沥青固化流程示意图

　　在20世纪70年代以后，逐渐采用连续式操作设备。对于水分含量很小或完全干燥的固体废物，可以采用螺杆挤压机与沥青混合。这种机械是在一个圆筒形结构中安装一条长螺杆，通过螺杆的螺旋状旋转同时达到搅拌物料和推送物料前进的双重作用。由于物料在装置中的停留时间仅为数分钟，所以整个装置中的滞留物料量很少，装置的体积也很小。据报道，以此种设备生产的固化体，其有害物质的浸出率比用间歇式蒸发器低得多。

当固体废物中含有大量水分时，大多采用带有搅拌装置的薄膜混合蒸发设备。它是一种立式的、带有搅拌装置的圆柱形结构，其外壁同时起到加热物料的热交换器作用。搅拌器是设在柱中心的一组紧贴着圆柱体外壁旋转的刮板。当刮板运动时，沥青与废物的混合物将会在搅拌下形成液体膜，使水分和挥发分不断蒸发。与此同时，物料不断以螺旋形的路径下落，直到从蒸发器的下部流出，进入专门的容器并冷却下来，随后进行处置。

3）沥青固化与水泥固化技术比较

将沥青固化与水泥固化技术相比较，二者可以处理的废物对象基本上相同，如都可以处理浓缩废液或污泥、焚烧炉的残渣、废离子交换树脂等。当废物中含有大量水分时，由于沥青固化不具有水泥的水化过程和吸水性，所以有时候需要对废物预先脱水或浓缩。另外，沥青固化的废物与固化基材之间的质量比通常在 1∶1～2∶1，所以固化产物的增容较小。因为物料需要在高温下操作，所以除去安全性较差外，设备的投资费用与运行费用也较水泥固化法高。

5.5　自胶结固化技术

5.5.1　自胶结固化技术机理

自胶结固化是利用废物自身的胶结特性达到固化目的的方法。该技术主要用来处理含有大量硫酸钙和亚硫酸钙的废物，如磷石膏及烟道气脱硫废渣等。废物中二水合石膏的含量最好高于80％。

废物中所含有的 $CaSO_4$ 与 $CaSO_3$ 均以二水化物的形式存在，其形式为 $CaSO_4 \cdot 2H_2O$ 与 $CaSO_3 \cdot 2H_2O$。将它们加热到 107～170℃，即达到脱水温度。此时将逐渐生成 $CaSO_4 \cdot 0.5H_2O$ 和 $CaSO_3 \cdot 0.5H_2O$。这两种物质在遇到水以后，会重新恢复为二水化物，并迅速凝固和硬化。将含有大量硫酸钙和亚硫酸钙的废物在控制的温度下煅烧，然后与特制的添加剂和填料混合成为稀浆，经过凝结硬化过程即可形成自胶结固化体。这种固化体具有抗渗透性高、抗微生物降解和污染物浸出率低的特点。

5.5.2　自胶结固化技术优缺点分析

自胶结固化法的主要优点是工艺简单，不需要加入大量添加剂。该法已经在美国大规模应用。美国泥渣固化技术公司利用自胶结固化原理开发了一种名为 Terra-Crete 的技术，用以处理烟道气脱硫的泥渣。其工艺流程是：首先将泥渣送入沉降槽，进行沉淀后再将其送入真空过滤器脱水。得到的滤饼分为两路处理：一路送到混合器，另一路送到煅烧器进行煅烧，经过干燥脱水后转化为胶结剂，并被送到贮槽贮存。最后将煅烧产品、添加剂及粉煤灰一并送到混合器中混合，形成黏土状物质。添加剂与煅烧产品在物料总重中的比例应大于10％。固化产物可以送到填埋场处置。这种方法只限于含有大量硫酸钙的废物，应用面较为狭窄。此外还要求具有熟练的操作和比较复杂的设备，煅烧泥渣需要消耗一定的热量。

5.6　熔融固化技术

5.6.1　熔融固化技术界定及种类

1. 熔融固化技术

熔融固化技术也称玻璃固化技术，是以玻璃原料为固化剂，在高温（1000～1200℃）下把固态污染物（如污染土壤、尾矿渣和放射性废料等）熔化为玻璃状或玻璃-陶瓷状物质，经退火后即可转化为稳定的玻璃固化体。污染物经过玻璃化作用后，其中有机污染物因热解而被摧毁，或转化为气体逸出，而其中的放射性物质和重金属元素则被牢固地束缚于已熔化的玻璃体内。

2. 熔融固化的技术种类

根据熔融固化技术处理场所的不同，可把它分为两类：原位熔融固化技术（in-situ vitrification，ISV）和异位熔融固化技术（ex-situ vitrification，ESV）。根据使用热源的不同，异位熔融固化技术又可分为燃料热源熔融固化技术与电热源熔融固化技术，在电热源熔融固化技术中又以高温等离子体熔融固化技术受到广泛关注和研究。从原理上来看，异位熔融固化处理技术与原位熔融固化处理技术相似，其区别仅在于异位熔融固化处理时是把固体废弃物移运到别处，并放到一个密封的熔炉中进行加热处理。

5.6.2　熔融固化技术的应用

1. 原位熔融固化技术的应用

原位熔融固化技术（也称原位玻璃化处理技术）通常应用于被有机物污染的土地的原位修复，采用电能来产热以熔化污染土，冷却后形成化学惰性的、非扩散的坚硬玻璃体技术。

ISV系统包括电力系统、挥发气体收集系统、逸出气体冷却系统、逸出气体处理系统、控制站和石墨电极。其技术原理是：把4个排列成方形的石墨电极（直径4～5cm）插入污染土中，让电流（25kW，12.5～13.8kV）流经两极间的土体，在高温(1600～2000℃)的作用下，两极间的土被熔化。电极间距一般为 10m (最大间距 12m)插入土深最大深度 6.6m，电极下端 30cm 裸露，处理速度一般为 4～6t/h，耗电量为每吨土 800～1000kW·h。

2．异位熔融固化技术的应用

1) 燃料源熔融固化技术的应用

以燃料作为热源，将固体废物投入燃烧器中，加热至 1300～1400℃，有机物热分解、燃烧、气化，熔融的无机物转化为无害的玻璃质熔渣，其中低沸点重金属类物质转移到气体中，残余物质则被固定在玻璃质的基体中。熔融开始时，表面上部的熔渣以皮膜状流动，因此称表面熔融或薄膜熔融，其工艺流程如图 5-4 所示。由于炉内温度要求高，燃料消耗量大，故应考虑设置热能回收设施，以获得较高的经济效益。低沸点重金属类以及碱式盐类，由于在炉内可挥发成气体，所以要将其返送到焚烧炉设备的废气处理线或设置独立的收集系统。

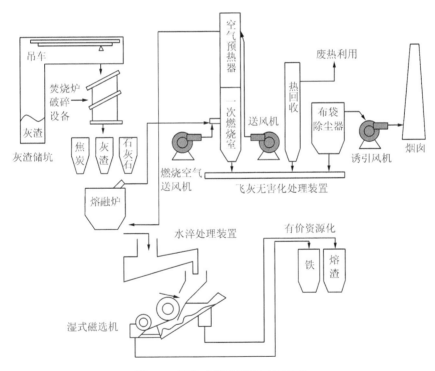

图 5-4　燃烧式熔融系统工艺流程

2) 电热源熔融固化技术的应用

在玻璃熔炉中利用电极加热熔融玻璃(1000～1300℃)作供热介质，将废物及空气导入熔融玻璃表面或内部，使废物在高温下分解并反应，废气流入后处理体系，残渣被玻璃包裹并移出体系。

图 5-5 是电热式熔融系统的工艺流程。从熔融玻璃上面熔炉的一侧与燃烧气体一同加入废物。可用喷射器加入液态或气态废物，用螺旋输送机输入细碎固体物质和污泥，用冲压式加料器输送废物。熔融玻璃的辐射热和接触热提供了玻璃池上面燃烧有机废物所需的热量。设在熔炉壁相对方向的不同高度处的空气进口，在玻璃池上面形成了有利于混合的涡流，并提供了用于燃烧的氧气。废气从熔炉的另一侧排放。

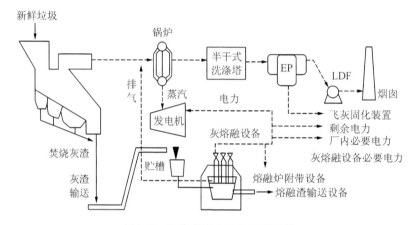

图 5-5　电熔式熔融系统工艺流程

根据玻璃的化学性质和废物组分，燃烧产生的固体以及惰性废料将被熔化并熔解到玻璃基体中，难熔的或者通过化学作用不能与玻璃基体黏合的废料被密封在玻璃体中。玻璃与废物的混合物被连续或分批排出，固化成坚硬的、能够抗浸出的玻璃状的废物体。

3. 熔融固化技术的优缺点分析

利用熔融固化技术处理固态污染物的优点主要是：减容率高，固态污染物质经过玻璃化技术处理后体积变小，处置更为方便；玻璃化产物化学性质稳定，抗酸淋滤作用强，重金属浸出低（铝和铬除外），能有效阻止其中污染物对环境的危害；玻璃化产物可作为建筑材料被用于地基、路基等建筑行业。熔融固化技术已受到广泛的关注，并已在日本和欧洲少量使用。

但采用高温熔融工艺需要消耗大量的能源，同时由于其中的铂、锡、锌等易挥发重金属元素需进行严格的后续烟气处理，故处理成本很高。

5.7　高温烧结技术

5.7.1　烧结原理

烧结是运用较熔融法低的能量，在高温下(不高于熔点)，固体颗粒相互键联，晶粒长大，空隙(气孔)和晶界渐趋减少，通过物质的传递，其总体积收缩，密度增加，最后成为具有某种显微结构的致密多晶烧结体，这种现象称为烧结。烧结温度通常发生在主要成分绝对熔融温度的 $1/2 \sim 2/3$。按粉末原料的组成分类，烧结可分为粉末固相烧结和粉末液相烧结；按烧结气氛分类，烧结可分为粉末气氛烧结和粉末真空烧结；为了加速烧结过程的进行，发展了粉末活化烧结。

烧结法不同于玻璃化，它是在固化体中的晶相边界发生部分熔融，而不是类似玻璃化的无定形玻璃态结构。烧结开始于坯料颗粒间的空隙排除，使相应的相邻粒子结合成紧密体。但烧结过程必须具备两个基本条件：①应该存在物质迁移的机理；②必须有一种能量(热能)促进和维持物质迁移。

将烧结技术应用于固体废物的处理，是将废物经过分拣、粉碎等处理，再加入添加剂，与废物一起搅拌均匀，经高温烧结、化学反应，然后用特殊的模具定形还原成新型高强度合成材料。该技术可以处理工业固体废渣，包括粉煤灰、尾矿、磷渣、废砂、炉渣、赤泥、硫酸渣和污泥等，配以磷酸为主或水玻璃为主的两个不同体系的添加剂，根据主原料中含硅、铝、铁和钙氧化物的多少进行配比，经混合、浇注、固化、干燥及烧结等工序而得。该项技术不堆、不埋、不烧，可杜绝废物净化处理过程中或处理后的二次污染问题。它不仅能使经过处理的废物达到无污染的程度，而且能使经过处理后的产品创造出新的利用价值，变废为宝，生产出多种尺寸规格、多种颜色的废物砖。

5.7.2　影响烧结的因素

一般可将影响粉末体烧结的主要因素归为两大类：粉体特性，包括粉末颗粒的粒径大小、分布及组成成分；烧结操作条件，包括试体成形压力、烧结温度、烧结时间、烧结气氛、添加剂种类、升温及降温速率等。

(1)化学组成。试体的化学组成决定了烧结的起始温度。一般硅铝类物质需要较高的烧结温度，而碱金属化合物等一般熔融温度较低，作为烧结试体中的助熔剂可降低烧结温度。

(2)粒径分布。试体中颗粒越细，单位体积颗粒具有的比表面积越大，其烧结驱动力也越大，粒径分布越广，烧结体的收缩率就越稳定且孔隙越小，能得到越均匀的晶相分布。

(3)成形压力。成形压力越大，颗粒间的堆积越紧密，烧结体的孔隙率就越小，从而烧结体的致密化程度就越高，但若成形压力超过塑性变形限度，就会发生脆性断裂。

（4）烧结温度。按照烧结温度高低划分：烧结温度在1100℃以下为低温烧结；烧结温度在1100～1250℃为中温烧结；烧结温度在1250～1450℃为高温烧结；烧结温度在1450℃以上为超高温烧结。烧结温度越高，颗粒内部原子的动能就越大，移动性越强，但若温度过高，则会发生过烧的现象，产生过多的玻璃化物质从而导致其抗压强度下降。

（5）烧结时间。在相同烧结温度下，延长时间可使试体内部原子有较长的移动距离，达到较好的烧结效果，但时间过长对烧结体强度并没有太大的改善效果。

（6）烧结气氛。烧结气氛对试体中部分化学成分有显著影响，如硫化物与铁化物等。通常可通过烧结气氛的控制得到较稳定的烧结体。

5.7.3　烧结窑炉类型

烧结的设备比熔融固化法简单，比常温无机材料固化要复杂。典型的烧结过程包括破碎、混合、挤压、入炉、烧结和尾气处理等。

烧结窑炉有间歇式窑炉，也有连续式窑炉。前者为周期性、适合小批量或特殊烧成方法，后者用于大规模生产与相对低的烧成条件。使用最广泛的是电加热炉。烧结温度与所需气氛确定窑炉方式的选择。

5.7.4　烧结技术

1．常压烧结

常压烧结即对材料不进行加压而使其在大气压力下烧结，是目前应用最普遍的一种烧结方法。它包括了在空气条件下的常压烧结和某种特殊气体气氛条件下的常压烧结。在无外加动力下材料开始烧结，温度一般达到材料熔点的0.5～0.8即可。在此温度下固相烧结能引起足够的原子扩散，液相烧结可促使液相形成或由化学反应产生液相促进扩散和黏滞流动的发生。常压烧结中准确制定烧成曲线至关重要，合适的升温制度方能保证制品减少开裂与结构缺陷现象，提高成品率。

2．热压烧结与热等静压烧结

热压烧结指在烧成过程中施加一定的压力（10～40MPa），促使材料加速流动、重排与致密化。采用热压烧结方法一般比常压烧结温度低100℃，主要根据不同制品及有无液相生成而异。热压烧结采用预成型或将粉料直接装在模内，工艺方法较简单。该烧结法制品密度高，理论密度可达 99%，制品性能优良。不过此烧结法不易生产形状复杂制品，烧结生产规模较小，成本高。

热等静压烧结是一种集高温、高压于一体的工艺生产技术，加热温度通常为 1000~2000℃，通过以密闭容器中的高压惰性气体或氮气为传压介质，工作压力可达 200MPa。在高温高压的共同作用下，被加工件的各方向均衡受压。故加工产品的致密度高、均匀性好、性能优异。同时该技术具有生产周期短、工序少、能耗低和材料损耗小等特点。

连续热压烧结生产效率高，但设备与模具费用较高，又不利于过高过厚制品的烧制。热等静压烧结可克服上述弊病，适合形状复杂制品的生产。

3. 反应烧结

通过添加物的作用，使反应与烧结同时进行的一种烧结方法。此种烧结的优点是工艺简单，制品可稍微加工或不加工，也可制备形状复杂的制品。缺点是制品中最终有残余未反应的物质，结构不易控制，太厚的制品不易完全反应烧结。

4. 液相烧结

液相烧结是有液相参与的烧结过程，指烧结温度超过粉料中易熔组分或低共熔混合物的熔点，在出现一定数量液相的情况下通过物质传递而完成体积收缩和致密化的过程。一般多组分物质的烧结大多属于液相烧结。采用低熔点助剂促进材料烧结，助剂的加入一般不会影响材料的性能或反而为某种功能产生良好影响。

5. 微波烧结法

微波烧结法系采用微波能直接加热进行烧结的方法。目前已有内容积 1m³，烧成温度可达 1650℃ 的微波烧结炉。如果使用控制气氛石墨辅助加热炉，温度可高达 2000℃ 以上。近年还出现了微波连续加热 15m 长的隧道炉装置。

6. 放电等离子烧结法

放电等离子(spark plasma sintering，SPS)烧结法与热压(hot press，HP)有相似之处，但加热方式完全不同，它是一种利用通-断直流脉冲电流直接通电烧结的加压烧结法。通-断式直流脉冲电流的主要作用是产生放电等离子体、放电冲击压力、焦耳热和电场扩散。在 SPS 烧结过程中，电极通入直流脉冲电流时瞬间产生的放电等离子体，使烧结体内部各个颗粒均匀的自身产生焦耳热并使颗粒表面活化。与自身加热反应合成法（self-propagation high-temperature synthesis，SHS)和微波烧结法类似，SPS 是有效利用粉末内部的自身发热作用进行烧结。SPS 烧结过程可以看作是颗粒放电、导电加热和加压综合作用的结果。除加热和加压这两个促进烧结的因素外，在 SPS 技术中，颗粒间的有效放电可产生局部高温，使表面局部熔化、表面物质剥落；高温等离子的溅射和放电冲击清除了粉末颗粒表面杂质(如去处表面氧化物等)和吸附的气体；电场的作用是加快扩散。实验已证明此种方法烧结快速，能使材料形成高致密细晶结构，预计对纳米级材料烧结更适合。但迄今为止仍处于研究开发阶段，许多问题仍需深入探讨。

7. 自蔓延烧结法

通过材料自身快速化学放热反应时制成致密材料制品，此方法节能并可减少费用。有报道称，可用此法合成 200 多种化合物，如碳化物、氮化物、氧化物、金属间化合物与复合材料等。

8. 气相沉积法

气相沉积法分物理气相法与化学气相法两类，物理法中最主要的有溅射和蒸发沉积法两种。溅射法是在真空中将电子轰击到一平整靶材上，将靶材原子激发后涂覆在样品基板上。虽然涂覆速度慢且仅用于薄涂层，但能够控制纯度且底材不需要加热。化学气相沉积法是在底材加热的同时，引入反应气体或气体混合物，经过高温下分解或发生反应生成的产物沉积在底材上，形成致密材料。此法的优点是能够生产出高致密细晶结构，材料的透光性及力学性比其他烧结工艺获得的制品更佳。

5.8　土壤聚合物固化技术

5.8.1　概述

19 世纪 70 年代，法国 Davidovits 教授在研究古建筑材料时发现，耐久性的古建筑物中存在网络状的硅铝氧化合物，这类化合物与土壤中化合物的结构相似，因此将其称为土壤聚合物。

Davidovits 教授受有机高分子聚合反应及人工合成沸石分子筛等无机反应的启发，在一定的温度和压力的水热条件下，首先合成了土壤聚合物，由他组建的法国土壤聚合物研究所(Geopolymer Institute)在土壤聚合物的研究及应用领域作出了开拓性的贡献。Davidovits 教授认为，古代金字塔并不是像过去人们认为的那样建成的，那些石块是现场浇筑而成的类硅酸盐岩石，这个理论得到了广泛的支持和接受，也在混凝土界引起了激烈的争论(蒋建国，2013)。

经过二十多年的发展，土壤聚合物在原料和物化性能等方面都有了很大的进步。最初的土壤聚合物制品必须在一定温度（50～180℃）下养护，甚至需要压蒸工艺，所用原材也比较单一。随着研究的进展，土壤聚合物在常温下也能实现快硬高强的优异性能，所用原材料也大为丰富，各种工业废渣在土壤聚合物中都广为应用，如矿渣、粉煤灰和硅灰等；各种天然黏土矿物以及火山灰材料在土壤聚合物中也有广泛的应用。土壤聚合物碱激活剂也由单一的碱金属、碱土金属氢氧化物扩展到氧化物、卤化物和有机组分等。土壤聚合物的增韧、增强添加物以及制备工艺手段日趋进步，材料性能大幅度提高。

5.8.2　土壤聚合物的合成

1. 原理

Davidovits 教授将土壤聚合物终产物的结构形态分为三个类别：单硅铝土壤聚合物 [poly(sialate)]，重复单元为 [—Si—O—Al—O—]；双硅铝土壤聚合物 [poly(sialate-siloxo)]，重复单元为 [—Si—O—Al—O—Si—O]；三硅铝土壤聚合物 [poly(sialate-disiloxo)]，重复单元为 [—Si—O—Al—Si—O—Si—O—]。

土壤聚合物所用原料的主要成分为：含硅铝键的高岭土（或长石和辉沸石）、碱或碱盐、工业废渣（包括矿渣、粉煤灰及硅灰等）和碱金属硅酸盐（包括硅酸钠及硅酸钾等）。

高岭土在 500～900℃下煅烧，发生如下反应

$$2[Si_2O_5 \cdot Al_2(OH)_4] \xrightarrow{500 \sim 900℃} 2(Si_2O_5 \cdot Al_2O_2)_n + 4H_2O \quad (5-7)$$

该反应使 Al 的配位数从 6 配位转化为 4 或 5 配位，高岭土结构转化为偏高岭结构，偏高岭结构为无定形结构，有较高的火山灰活性。在碱或碱盐的作用下，偏高岭等矿物发生硅铝键的解聚，在碱性环境中再聚合为网络状硅铝化合物。

土壤聚合物聚合反应后的生成物是一种无定形的硅铝酸盐化合物，碱金属或碱土金属阳离子起电子平衡的作用。

2. 影响因素

Si/Al 和 M_2O/SiO 都是影响土聚反应的关键性因素，M 为碱金属。

碱激活剂的种类对土聚反应也有影响。土聚反应必须在较强的碱性环境中才能进行，KOH 激活剂较 NaOH 激活剂对土聚物早期强度影响大。

碱激活剂含量明显影响土聚物的强度，但有最佳掺量值，过量的碱激活剂可导致土聚物强度降低。

含水量对土壤聚合物的合成也有较大影响。含水量太低，不利于压制成型和反应进行，含水量太高会稀释反应混合物。

5.8.3 土壤聚合物的特点

土壤聚合物水泥的物化性能大大优于普通硅酸盐水泥，具有如下特点。

(1) 成本低廉。由于土壤聚合物成本低，并且以垃圾焚烧产生的飞灰废物作为原料，在我国生活垃圾焚烧规模越来越大，焚烧飞灰的产生日渐增多的情况下，进行土壤聚合物的研究和应用将具有很好的商业潜力。

(2) 耐久性好。与硅酸盐水泥相比，土壤聚合物能经受环境的影响，耐久性能远远优于硅酸盐水泥。土壤聚合物能长期经受辐射及水热作用而不老化。土壤聚合物还具有耐高温和不燃烧的特点，熔点约为 1250℃，在高温下能保持较高的结构稳定性。

(3) 耐腐蚀性强。土壤聚合物能经受硫酸和盐酸的侵蚀，在各种酸溶液或碱溶液以及各种有机溶剂中都表现了良好的稳定性。例如，在 5% 的硫酸溶液中，波特兰水泥的溶解率达到 95%，而土壤聚合物的溶解率仅为 7%。

(4) 强度高，低渗透性，工程性能优良。土壤聚合物具备较高的力学强度，与有机高分子材料及无机材料相比都显示了一定的优越性；土壤聚合物胶凝材料具有和硅酸盐水泥相媲美的施工性能及工程性能，能方便地成型出各种形状的制品。表 5-4 为土壤聚合物与几种常见工程材料力学性能的比较。另外，土壤聚合物的最终产物在高温下可形成类沸石矿物，形成致密的微晶体结构，其渗透率大约为 10^{-9} cm/s，渗透性很低。

表 5-4　土壤聚合物与几种常见工程材料力学性能的比较

性能	土壤聚合物	普通水泥	陶瓷	铝合金	聚酰亚胺（热固性）
密度/（g/cm³）	2.2~2.7	2.3	3.0	2.7	1.36~1.43
弹性模量/GPa	50	20	200	70	—
抗拉强度/MPa	30~190	1.6~3.3	100	30	71~118
抗弯强度/MPa	40~210	5~10	150~200	150~400	131~193
断裂功/（J/m²）	50~1 500	20	300	10 000	

(5) 具有良好的环保应用前景。生产土壤聚合物相对硅酸盐水泥能减少 50%~80% 的 CO_2 排放，且可用于含重金属的废物及核废料的同化。研究表明，当用土壤聚合物处理尾矿时，其主要重金属 As、Fe、Zn、Cu、Ni 和 Ti 的浸出浓度可以从未处理前的 42mg/L、9726mg/L、1858mg/L、510mg/L、5mg/L 及 20mg/L 分别降到处理后的 2mg/L、123mg/L、1115mg/L、4mg/L、3mg/L 及 7mg/L；当用土壤聚合物处理污泥时，其主要重金属 Mg、Cr、Zn、Mn、Co、Ti 和 V 的浸出浓度可以从未处理前的 1024mg/L、55mg/L、384mg/L、64mg/L、

84mg/L、6mg/L 和 9mg/L 分别降到处理后的 512mg/L、7mg/L、7mg/L、6mg/L、9mg/L、3mg/L 和 1mg/L。

5.9　化学稳定化处理技术

5.9.1　概述

　　废物经固化处理后，其体积都有不同程度的增大，这与废物的减量化处理和废物的减容处理是相悖的，并且随着对固化体稳定性和浸出率要求的逐步提高，在处理废物时会需要更多的凝结剂，这就使稳定化/固化技术的费用增加。废物的长期稳定性问题，很多研究都证明了稳定化/固化技术稳定废物成分的主要机理是废物和凝结剂间的化学键合力、凝结剂对废物的物理包容及凝结剂水合产物对废物的吸附作用。近来，有学者认为，物理包容是普通水泥/粉煤灰系统稳定化/固化电镀污泥的主要机理。然而确切的包容机理和对固化体在不同化学环境中的长期行为的认识还不够，特别是包容机理，当包容体破裂后，废物会重新进入环境，造成不可预见的影响；对于固化体中微观化学变化也没有找到合适的监测方法；对固化试样的长期化学浸出行为和物理完整性还没有得到客观的评价。上述问题都会影响常规稳定化/固化技术在未来废物处理中的进一步应用。相对于传统的稳定化/固化技术来说，熔融固化和高温烧结等技术在处理不同种类的危险废物时都能取得很好的效果，但其设施建设投资和处理成本昂贵，往往达到传统稳定化/固化技术的数十倍其至上百倍，也不适合于一般危险废物的大规模处理。

　　为此，近年来国际上提出了针对不同污染物种类的危险废物选择不同种类的稳定化药剂进行化学稳定化处理的概念，并成为危险废物无害化处理领域的研究热点。

　　用化学稳定化技术处理危险废物，可以在实现废物无害化的同时，达到废物少增容或不增容，从而提高危险废物处理处置系统的总体效果和经济性。同时，可以通过改进化学药剂的构造和性能，使之与废物中危险成分之间的化学作用得到强化，进而提高稳定化产物的长期稳定性，减少最终处置过程中稳定化产物对环境的二次污染。

　　这一类技术的开发与研究将为危险废物稳定化/固化处理开辟新的技术领域，对整个危险废物处理系统的环境效益和经济效益产生重要的影响。

　　化学稳定化技术以处理含重金属的危险废物为主，如焚烧飞灰、电镀污泥和重金属污染土壤等，当然，化学稳定化技术在处理含有机物的危险废物时也能取得很好的效果。例如，利用氧化还原的原理处理危险废物中的有机物，使其实现解毒的目的。

　　到目前为止，基于不同的原理已发展了许多化学稳定化技术，这种技术主要包括：基于 pH 控制原理的化学稳定化技术、基于氧化/还原电势控制原理的化学稳定化技术、基于沉淀原理的化学稳定化技术、基于吸附原理的化学稳定化技术以及基于离子交换原理的化学稳定化技术等，其中，前三类技术特别是基于氧化/还原电势控制原理和基于沉淀原理的化学稳定化技术是危险废物稳定化处理中最重要的应用方向。

5.9.2　化学稳定化技术

1. pH 控制技术

　　pH 控制技术是一种最普遍、最简单的技术。废物中加入碱性药剂，将 pH 调整至重金属离子具有最小溶解度的范围，从而实现其稳定化的过程。常用的 pH 调整剂有强碱类药剂，如石灰 [CaO 或 Ca(OH)$_2$]、苏打(Na_2CO_3)和氢氧化钠(NaOH)等。大部分固化基材也都是碱性物质，它们在固化废物的同时，也有调整 pH 的作用，如普通水泥、石灰窑灰渣和硅酸钠等。另外，石灰及一些类型的黏土可用作 pH 缓冲材料。

2. 氧化/还原解毒技术

　　(1) 技术原理。某些金属元素不同价态的离子具有不同的毒性，因此为了使某些重金属离子更易沉淀且毒性最小，常常需要将其还原或氧化为最有利的价态，最典型的是把(Cr^{6+})还原为(Cr^{3+})、(As^{3+})氧化为(As^{5+})，而对于氰化物和一些有机物，可以采用强氧化剂进行氧化处理，或强氧化剂结合 UV、臭氧、催化剂和加热等方式进行处理，达到解毒的目的。常用的还原剂有硫酸亚铁、硫代硫酸钠、亚硫酸氢钠和二氧化硫等，常用的氧化剂有臭氧、过氧化氢和氯气等。

　　化学氧化/还原技术可以用于通过离子价态的转变将有毒物质转变为无毒物质或毒性较低的物质，而且还会降低填埋处理的废物量。但这种技术是受到元素离子特性限制的，因此使用时应考虑到这一点。化学氧化/还原技术可用于重金属污泥的处理。

　　选择最合适的氧化/还原剂以及它们的最佳剂量要通过实验室容器及试验的研究来决定。除了需决定合适的化学品及最佳化学剂量外，其他作为总设计依据的需要而决定的重要参数有最佳 pH 和沉淀的产生量。

　　(2) 氧化法。氰化物是一种常见的危险废物，因此需在填埋前对其进行预处理。一方面如果可以用简单的方法将氰化物转化成无毒物质，这样不仅可以对重金属进行资源回收；另一方面还会减少需要填埋处理的废物的量。世界银行第

93 号技术报告中指出，氰化物污泥可方便地用化学氧化法处理。氰化物废物大都来自电镀车间的电镀槽漂洗污泥，通常含有有毒重金属。常用的处理方法是在碱性溶液中用氯或次氯酸盐氧化，其反应可用式(5-8)表示为

$$CN^- + Cl_2 \longrightarrow CNCl + Cl^- \tag{5-8a}$$

$$CNCl + 2OH \longrightarrow CNO^- + Cl^- + H_2O \tag{5-8b}$$

式(5-8a)反应产生的 CNCl 的毒性比氰化物强，必须在强碱性条件下(pH>10)使之迅速转化为氰酸盐，见式(5-8b)。

上述反应生成的氰酸盐被过量氯进一步氧化

$$2CNO^- + 3Cl_2 + 4OH^- \longrightarrow 2CO_2 + N_2 + 6Cl + 2H_2O \tag{5-8c}$$

由上述的反应式可以提供计算所需要氯量的方法。但是由于在废物中还含有相当数量的其他物质，例如金属和还原剂等，它们会消耗一定数量的氯。当氰化物以铁或镍的络合物的形式存在时，对氰化物的破坏就有一定的困难。亚铁氰酸盐$\{[Fe(CN)_6]^{4-}\}$会转化为铁氰酸盐，此时，氧化的效率很低。当存在镍时情况要好一些，如可以增加 20% 氯的投量解决。

砷渣是一种毒性较大的物质，在对此进行处理时，可以采用氧化法把三价砷氧化为五价砷，然后利用沉淀的方法使其解毒，也可以结合固化法对此进行处理，常采用的氧化剂有过氧化氢和MnO_2。

用 H_2O_2 氧化处理砷渣的反应如式(5-9)所示

$$As(OH)_3 + H_2O_2 \longrightarrow HAsO_4^{2-} + 2H^+ + H_2O \tag{5-9a}$$

$$AsO(OH)_2^- + H_2O_2 \longrightarrow HAsO_4^{2-} + H^+ + H_2O \tag{5-9b}$$

用MnO_2氧化处理砷渣的反应如式(5-10)所示

$$H_3AsO_3 + MnO_2 \longrightarrow HAsO_4^{2-} + Mn^{2+} + H_2O \tag{5-10a}$$

$$H_3AsO_3 + 2MnOOH + 2H^+ \longrightarrow HAsO_4^{2-} + 2Mn^{2+} + 3H_2O \tag{5-10b}$$

另外，对于一些被有机物污染的土壤，用过氧化氢进行现场处理可以取得很好的效果。实验证实，当土壤被五氯酚污染时，利用过氧化氢作为氧化剂，可以使 99.9% 的五氯酚得到降解。此外，在五氯酚分解以后，总有机碳也可以有效地去除。这说明羟基与降解产物之间的作用要比它和酚类化合物之间的作用容易发生得多。这可能是由于降解产物的结构处于较低氧化态，并具有较高的水溶性。

还原法。铬酸是一种广泛用于金属表面处理及镀铬过程的有腐蚀性的极毒物质。铬酸在化学上可被还原成毒性较低的三价铬状态。许多种化学品均能作为有效的还原剂，其中包括：二氧化硫(SO_2)、亚硫酸盐类(SO_3^{2-})、酸式亚硫酸盐类(HSO_3^-)以及亚铁盐类(Fe^{2+})。其典型的还原过程如式(5-11)所示

$$2Na_2CrO_4 + 6FeSO_4 + 8H_2SO_4 \longrightarrow$$

$$Cr_2(SO_4)_3 + 3Fe_2(SO_4)_3 + 2Na_2SO_4 + 8H_2O \tag{5-11a}$$

此反应在 pH 为 2.5～3.0 进行,可溶性铬通过碱性沉淀法除去,见式(5-11b)。

$$Cr_2(SO_4)_3 + 3Ca(OH)_2 \rightarrow 2Cr(OH)_3 + 3CaSO_4 \tag{5-11b}$$

Cr^{6+} 经化学还原后再进行碱性沉淀会产生大量残渣。按 $Cr(OH)_3$ 的化学计量计算,每处理 1kg Cr^{6+},预计会产生 2kg 污泥。Cr^{3+} 不用石灰而用氢氧化钠沉淀时产生的污泥较少。

3. 沉淀技术

化学沉淀法是向废物中投加某种化学物质,使之与废物中的一些离子发生反应,生成难溶的沉淀物,利用沉淀技术对危险废物进行稳定化处理是目前应用相当广泛的一项技术,适用于溶解度很低的化合物稳定化处理。常用的沉淀技术包括氢氧化物沉淀、硫化物沉淀、硅酸盐沉淀、磷酸盐沉淀、共沉淀、无机络合物沉淀和有机络合物沉淀等。

4. 吸附技术

当气体或液体与固体接触时,在固体表面上某些成分被富集的过程称为吸附。作为处理重金属废物常用的吸附剂有:活性炭、黏土、金属氧化物(氧化铁、氧化镁、氧化铝等)、天然材料(锯末、沙、泥炭等)及人工材料(飞灰、活性氧化铝、有机聚合物等)。研究发现,一种吸附剂往往只对某一种或某几种污染物具有优良的吸附性能,而对其他污染成分则效果不佳。例如,活性炭对吸附有机物最有效,活性氧化铝对镍离子的吸附能力较强,而其他吸附剂对这种金属离子却表现出无能为力的现象。

5. 离子交换技术

离子交换的实质是不溶性离子化合物(离子交换剂)上的交换离子与溶液中的其他同性离子的交换反应,是一种特殊的吸附过程。最常见的离子交换剂是有机离子交换树脂、天然或人工合成的沸石及硅胶等。用有机树脂和其他的人工合成材料去除水中的重金属离子通常是非常昂贵的,而且和吸附一样,这种方法一般只适用于给水和废水处理。另外,还需注意的是,离子交换与吸附都是可逆的过程,如果逆反应发生的条件得到满足,污染物将会重新逸出。

可以大规模应用的重金属稳定化的方法是比较有限的,但由于重金属在危险废物中存在形态千差万别,具体到某一种废物,根据所需达到的处理效果,处理方法和实施工艺进行选择适当的方法是很值得研究的。

5.10 固化/稳定化产物性能的评价方法

5.10.1 概述

为了评价废物稳定化的效果，各国的环保部门都制定了一系列的测试方法。很明显，人们不可能找到一个理想的，适用于一切废物的测试技术。每种测试得到的结果都只能说明某种技术对于特定废物的某一些污染特性的稳定效果。

测试技术的选择以及对测试结果采用何种解释取决于对废物进行稳定化处理的具体目的。例如，废物处置场的环境恢复，是稳定化技术应用的一个重要方面。为对场地进行去污处理或将有害物质固定，选择哪种药剂，使用多少数量药剂，都与场地的计划用途有关，可能需要对此作出风险评价。例如，废物对地下水潜在危险的计算结果，可能与处理后废物砷的浸出速率有密切关系，此时就应该对可浸出的砷含量进行测定。

为了达到无害化的目的，要求固化/稳定化的产物必须具备一定的性能，这些性能包括：①抗浸出性；②抗干-湿性、抗冻融性；③耐腐蚀性、不燃性；④抗渗透性（固化产物）；⑤足够的机械强度（固化产物）。

对于上述各项要求，需要有相应的手段检验。我国对于固化/稳定化技术早已开展了科学研究工作，并且已在工程中实施，目前也已制定针对稳定化废物质量进行控制的标准和测试方法。作为比较，此节同时归纳了国外目前使用的几种测试方法。

5.10.2 固化/稳定化处理效果的评价指标

固化/稳定化处理的基本要求是：①所得到的产品应该是一种密实的、具有一定几何形状和较好的物理性质、化学性质稳定的固体；②处理过程必须简单、费用低廉，应有有效措施减少有毒有害物质的逸出，避免工作场所和环境的污染；③产品中有毒有害物质的水分或其他指定浸提剂所浸析出的量不能超过容许水平（或浸出毒性标准）；④对于固化放射性废物的固化产品，还应有较好的导热性和热稳定性，以便用适当的冷却方法就可以防止放射性衰变热使固化体温度升高，避免产生自熔化现象，同时还要求产品具有较好的耐辐照稳定性。

以上要求大多是原则性的，实际上没有一种固化/稳定化方法和产品可以完全满足这些要求，但如其综合比较效果尚优，在实际中就可得到应用和发展。

通常采用下述物理、化学指标鉴定固化/稳定化产品的好坏程度。

1. 浸出率

将有毒危险废物转变为固体形式的基本目的，是为了减少它在贮存或填埋处置过程中污染环境的潜在危险性。污染扩散的主要途径是有毒有害物质溶解进入地表或地下水环境中。因此，固化体在浸泡时的溶解性能，即浸出率，是鉴别固化体产品性能最重要的一项指标。

2. 增容比

增容比定义为固化/稳定化处理后固化体体积与被固化危险废物的体积比，即

$$C_R = \frac{V_2}{V_1} \tag{5-12}$$

式中，C_R——增容比；

　　　V_1——固化前危险废物体积，m^3；

　　　V_2——固化后产品的体积，m^3。

增容比是鉴别固化方法好坏和衡量最终处置成本的一项重要指标。它的大小实际上取决于能掺入固化体中的盐量和可接受的有毒有害物质的水平。因此，也常用掺入盐量的百分数来鉴别固化效果。对于放射性废物，还受辐照稳定性和热稳定性的限制。

3. 抗压强度

为使危险废物能安全贮存，其必须具有起码的抗压强度，否则会出现破碎和散裂，从而增加暴露的表面积和污染环境的可能性。

5.10.3　固体废物的浸出机理

在现场条件下，稳定固化废物中有害组分的浸出决定于废物形式的内在性质以及该地的水文条件和地球化学性质。虽然在实验室中可以利用物理和化学试验方法确定废物形式的内在性质，但是实验室环境下的控制条件与变化的现场是不等价的。实验室数据在最好情况下也只能模拟现场形式处于理想静态（条件位于某时的一个点）或情况最复杂的现场条件下的情况。现在，浸出试验可以用来比较各种固化/稳定化过程的效果，但是还不能证明它们可以确定废物的长期浸出行为。

现场中多孔介质的浸出可以以溶解迁移方程为模型，这个模型与下列因素有关：①废物和浸出介质的化学组成；②废物以及周围材料的物理和工程性质（如粒径、孔隙率和水力传导率）；③废物中的水力梯度。

第一个因素包括浸出流体与废物之间的化学反应及其动力学，正是这些化学反应将不迁移的污染物转化为可迁移的污染物。后两个因素用来确定流体以及可迁移污染物在废物中的运动。

废物的物理和工程性质以及水力梯度确定了浸出溶液与固化体的接触形式。水力梯度与有效孔隙率以及导水率一起决定了浸出溶液通过稳定固化体的迁移速率和迁移量。例如，如果固化体与周围物质相比渗透性较差（即水力传导率较低），那么浸出溶液就会从固化体周围流过。当完整无损的稳定固化体放置在水力传导率比其高出 100 倍（即 $10^{-6} \sim 10^{-4}$ cm/s）的介质中时就会发生这种情况。在这样的情况下，浸泡溶液和稳定固化体的接触就大部分发生在固化体的几何表面上。然而，由于物理和化学老化的作用，固化体的导水率会随着时间增加，通过固化体的液流量也会增加。因此，在长期运行情况下，浸出溶液与固化体的接触就会发生在稳定固化体中的颗粒表面。

废物和浸出溶液的化学组成决定了使固化体中污染物迁移或不迁移的化学反应的类型和动力学特性。使固化体中吸附或沉淀的污染物发生迁移的反应包括溶解和解析。在非平衡条件下，这些反应与沉降和吸附等反应并行。一般当稳定固化体与浸出溶液接触时就会形成不平衡条件，造成污染物向浸取溶液的净迁移或浸出。

影响废物中污染物分子扩散的化学动力学因素主要有：①颗粒表面孔隙溶液废物的积累；②颗粒表面孔隙溶液中反应组分的浓度（如 H^+ 和络合剂）；③浸出孔隙溶液或固化体中废物或反应组分的总体化学扩散；④浸泡溶液和固化体的极性；⑤氧化/还原条件以及并行反应动力学特性。

因为实验室浸出试验经常利用标准水溶液（中性溶液、缓冲溶液或者稀酸溶液）而不是现场溶液，因此，实验室结果不能直接代表现场浸出情况。如前所述，利用标准溶液进行的实验室浸出试验在相似的试验条件下并且采用相似的浸取溶液时可以比较废物组分的相对浸出率。

在多孔介质中，污染物的迁移（或浸出）动力学特性取决于废物和浸出溶液的物理和化学性质，并由对流机理以及弥散/扩散机理所控制。对流是指由水力梯度引起的水力流动而造成的高溶解性污染物的迁移。弥散是指机械混合造成孔隙溶液中污染物质的迁移以及分子扩散（层流中相邻流层的物质迁移）。由于大部分稳定固化废物的渗透率很低，所以其吸收的或化学固定的组分的迁移速率一般被认为是由固化体中颗粒表面的分子扩散控制，而不是对流或弥散。

颗粒与孔隙溶液交界面处化学势的形成是水溶液或固化体中污染物组分迁移的推动力，这种迁移是由扩散控制的。这种不平衡条件主要由浸取溶液的化学组成和速率决定。

一般来说，对于稳定化方法进行选择的首要依据是最大限度地减小污染物从废物迁移到环境中的速率。当降水渗过稳定固化体时，污染物将首先进入水中，并溶解其中的某些组分，形成渗滤液，随后将这些组分带入地下水进入环境。对于固化体提出抗渗透性要求的目的，是减少进入固化体的水分。而更重要的是减小有害组分从固化体进入浸出液的速率,该性能是通过浸出实验确定的。很明显,要达到这个目的,需要通过两种途径:减小固化体被水浸泡后污染物在水相中的浓度,以及减小污染物在地质介质中的迁移速度。

目前应用的判断污染物通过地质介质向地下水,进而向环境中迁移的速率的方法可大致分为静态和动态两种。它们都是根据可溶性污染物在固-液两相之间的分配规律而定的。静态方法直接测定在固液平衡状态下液相中的污染物浓度,而动态方法则是使用试验柱来测定污染物的迁移速率。

事实上,静态下污染物在两相的分配情况与可溶性污染物在地质介质中的迁移速度是相互关联的。可溶性污染物在地质介质中的迁移可以用一个多维方程来描述。对于污染物在大面积土壤中由于水分的垂直渗透而导致的迁移,可以简化为一维动力弥散方程,即

$$D_x \frac{\partial^2 C}{\partial x^2} - V_x \frac{\partial C}{\partial x} - \lambda R_d C = R_d \frac{\partial C}{\partial t} \tag{5-13}$$

式中,D_x——水流方向的弥散系数,m^2/s;

  R_d——滞留因子,其物理意义为水在某多孔介质中迁移速率与给定污染物迁移速率之比;

  C——溶液中污染物的浓度,mg/L;

  t——时间,s;

  V_x——水流速度,m/s;

  λ——衰变常数。

式(5-13)中的 R_d 值是通过试验方法,根据水和污染物在试验柱上的穿透时间比而确定的。对于重金属等非降解类型的污染物,衰变常数可取为零。

静态试验是将固体废物与水在一定条件下平衡足够时间以后,分别测定固相和液相中污染物含量的过程。在单位质量固体与单位体积液相中,污染物含量的比值称为分配系数,它是衡量固体废物中污染物向水中迁移速率的重要参数,可按下式计算得

$$K_d = \frac{\dfrac{(C_0 - C)}{m}}{\dfrac{C}{V}} \tag{5-14}$$

式中,K_d——分配系数;

  C_0——溶液中污染物初始浓度,mg/L;

  C——溶液中污染物平衡浓度,mg/L;

  V——溶液体积,mL;

  m——固相物质的质量,g。

在分配系数与滞留常数之间存在着如下的数值关系:

$$R_{\mathrm{d}} = 1 + \frac{\rho}{\eta_{\mathrm{e}}} K_{\mathrm{d}} \tag{5-15}$$

式中，ρ——柱中固相的装填密度，$\mathrm{g/cm^3}$；

η_{e}——介质的有效空隙率。

国内外的研究工作者对于多种污染物在不同地质介质与水之间的分配情况进行了大量的研究工作，积累了相当完全的分配系数与滞留常数的数据。对于这些数据进行必要的调查，就无须进行试验而直接计算出废物毒性物质浸出浓度。但应该注意的是，由于用动态方法难以在两相间达到真正的平衡，测出的数据往往偏低。此外，当污染物浓度太高（如在数百毫克升以上）时，污染物在两相间的分配不符合线性规律，所以计算结果与试验数据间会存在一定的偏差。

浸出试验大都采用静态实验的方法，通过强化实验条件，使废物中的有害物质在短时间内溶入溶剂中，然后根据浸出液中有害物质的浓度，判断其浸出特性。这些方法都需要将试样破碎到一定尺寸，并且以溶液的最终浓度表示，与时间无关。但实际的浸出过程是一个动态的过程，其浸出速率与时间有关，往往开始时速度快，随着时间的推移，其浸出速率逐渐减小。此外，在实际的处置场中，固化体不可能破碎得很小。

5.10.4　浸出率的定义及浸出试验

1. 浸出率的国际标准定义

为了评价固化体的浸出性能，提出了浸出率的概念。但是，关于固体废物浸出率的定义、计算公式和浸泡实验方法，曾有多种不同的表示方法，并无统一标准，以下介绍国际原子能机构和国际标准化组织关于浸出率的定义。

1) 国际原子能机构关于浸出率的定义

国际原子能机构（IAEA）把标准比表面积的样品每日浸出放射性（即污染物质量）定义为浸出率，即

$$R_n = \frac{\dfrac{a_n}{A_0}}{\left(\dfrac{F}{V}\right) t_n} \tag{5-16}$$

式中，R_n——浸出率，$\mathrm{cm/d}$；

a_n——第 n 个浸提剂更换期内浸出的污染物质量，g；

A_0——样品中原有的污染物质量，g；

F——样品暴露出来的表面积，$\mathrm{cm^2}$；

V——样品的体积，$\mathrm{cm^3}$；

t_n——第 n 个浸提剂更换期的时间历时，d。

IAEA 定义的浸出率实际上是递增浸出率，它能反映浸出率的实际变化趋势，即固化体中污染物质的浸出率通常不是恒定的，它取决于固化体与水接触的持续时间。固化体开始与水接触时浸出率最大，然后逐渐降低，最后趋于恒定。浸出率降低量及其达到恒定值所需要的时间，不同的固化体是不一样的。由于浸出率通常随时间变化，因而表示为浸泡数据与时间的关系，常以增值浸出率对时间绘图。

IAEA 推荐的浸泡实验结果的另一种表示法是用样品累计的浸出分数对总的浸泡时间作图，即

$$\frac{\frac{\sum a_n}{A_0}}{\frac{F}{V}} \ \text{对} \ \sqrt{\sum t_n} \ \text{或} \ \frac{\sum a_n}{A_0} \ \text{对} \ \sqrt{\sum t_n} V \tag{5-17}$$

如果成直线关系，则说明污染物质的浸出规律可用费克(Fick)扩散定律来近似。对半无限情况，扩散系数 D 可表示为：

$$D = \frac{\pi}{4} \left(\frac{V}{F}\right)^2 m^2 \tag{5-18}$$

式中，m 为 $\sum a_n / A_0$ 对 $\sqrt{\sum t_n}$ 作图所得直线的斜率，这样可求出扩散系数 D。

在研究固化体的浸泡性能时，扩散系数 D 的主要用途是，它是一个重现性很好的常数，与样品的浸泡面积或有效体积无关，仅与温度有关，因此可将其应用于外推计算各种几何形状的危险废物固化体长期浸泡时的性能情况。假定污染物质固化体中的浸出为扩散控制机理，便可推导出污染物质长期累计释放的数学模型。

2) 国际标准化组织关于浸出率的定义及表示

国际标准化组织(ISO)关于浸出率的定义及表示方法与国际原子能机构(IAEA)的定义较为类似，要求固化体中各组分 i 的浸出实验结果以增量浸出率与累计浸出时间 t 的关系来表示，即

$$R_n^i = \frac{\frac{a_n^i}{A_0^i}}{F \cdot t_n} \tag{5-19}$$

式中，R_n^i——第 i 组分的增量浸出率，$\text{kg} \cdot \text{m}^2/\text{s}$；

a_n^i——第 n 次浸出周期浸出的 i 组分的质量，kg；

A_0^i——原始样品中 i 组分的质量浓度，kg/kg；

F——样品被浸泡的表面积，m^2；

t_n——第 n 个浸出周期延续时间，s；

n——浸出周期序号。

由于浸出率是随时间(浸出周期)变化的，所以对它的表示不能用一个定值，

只能采用列表或图解的方法，根据浸出曲线评价固化体的浸出特性。

图 5-6 表示了浸取溶液的速率对发生在颗粒表面的污染物浸出速率的影响。浸出溶液速率(v)为单位时间(T)内单位表面积(S_A)上与废物接触的浸出溶液的体积(V)

$$v = \frac{V}{S_A T} \tag{5-20}$$

浸出速率 L 为单位表面(S_A)、单位时间内浸出废物的质量(M)

$$L = \frac{M}{S_A T} \tag{5-21}$$

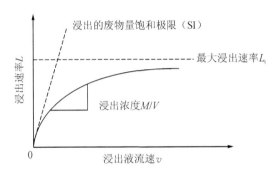

图 5-6　浸出液流速与浸出速率的关系曲线

图 5-6 中浸出曲线的斜率为浸出液中废物的浸出浓度，即$\frac{M}{V}$。如图 5-6 所示，在浸取溶液高流速时（通过固化体的流动较快），浸出速率接近最大值 L_t。而且，如果该种废物的浸出是由扩散控制的，浸出液的浓度就非常低（接近 0），在浸出溶液高流速时，颗粒表面产生高浸出速率和低浸出液浓度，这是因为颗粒表面保持了不平衡条件。在实验室研究中，当不断用新溶液补充浸出溶液时，就会得到高浸出速率。

在浸取溶液低流速时（即静水条件下），浸出的废物量接近饱和极限（saturation index，SI）。当浸取溶液得不到补充时浸取溶液便与废物达到平衡，因而形成浸取溶液的低流速和最大浸出液浓度。

浸出液浓度和浸泡溶液流速之间的这些关系对于理解并解释浸出试验结果很重要，因为随浸出溶液流速、接触表面积、浸取溶液体积以及浸出时间的不同，浸出试验情况也大不相同。浸取溶液的化学成分变化范围也很广，既可能是中性溶液，也可能是强酸性溶液或强碱性溶液。

2. 几种不同的浸出试验方法

大量的浸出试验已经被应用于对固体废物的测试，其中包括那些专门用来对稳定固化废物进行测试的试验。以下介绍几种常用的浸出试验。

1）提取（或间歇提取）试验

提取（或间歇提取）试验是指一种浸出试验，在这个浸出试验中，一般要在浸取溶液中对粉状的废物进行搅拌。浸取溶液为酸性或中性，在整个提取试验过程中可以变化。提取试验包括一次提取和多次提取。对每一种情况，都假定在提取结束时浸出达到了平衡，因此，浸出试验一般被用来确定在给定的试验条件下的最大或饱和浸出液浓度。

2）浸泡试验

浸泡试验是另一种类型的浸出试验，试验过程中没有搅拌。这些试验用于评价整块（而非压碎的）废物的浸出性质。浸出可以在静态或动态条件下进行，这取决于浸取溶液更新的速率。在静态浸出试验中，不更换浸取溶液，因此，浸出是在静水条件下进行的（低浸取液流速，浸出液浓度达到最大）。在动态浸出试验中，浸取溶液定期以新溶液更换，模拟了在不平衡条件下对整块废物进行的浸出过程。试验中，浸出速率很高，而浸出液没有达到最大饱和极限。因此，静态和动态指的是浸取溶液的流速，而不是其化学组分。

3）动态浸出试验

动态浸出试验的结果通常以流量或质量迁移参数（即浸出速率）表达，而提取试验的数据是用浸出液浓度或总浸出质量占总含量的份额表达。这两种浸出试验之间的另一个重要区别在于：提取试验是短期试验，时间为几个小时到几天；而浸泡一般需要几周或者几年的时间。由于在提取试验中（即使是短期的），废物被压碎，可以得到较大的浸出表面面积，因而它被用来模拟最大情况下的浸出条件。对整块废物进行的浸泡试验（即使是长期的）经常被用来模拟在妥善管理的短期情况下的浸出，在这种情况下废物块是完整无损的。

4）浸出柱试验

浸出柱试验是另一种实验室浸出试验。在这个试验中，将粉末状的废物装入柱中，并使之与特定流速的浸取溶液连续接触。一般用泵使浸泡溶液穿过柱中废物向上流动。由于浸泡溶液通过废物的连续流动，因此柱试验比间歇提取试验更能体现现场浸出条件。然而由于试验过程中出现的沟流效应，废物的不均匀放置、生物生长以及柱的堵塞等问题，使得试验结果的可重复性不好。

在上述四种浸出试验中，间歇提取试验和浸出柱试验是较为常用的试验方法。目前在各个不同的实验室所用的方法有许多改变之处，因此，从这些试验所发表的结果通常不可能相互关联。表5-5列出了间歇提取试验和浸出柱试验各自优缺点的比较，仅供参考。

表 5-5　间歇提取试验和浸出柱试验的优缺点

试验方法	优点	缺点
间歇提取试验	可避免浸出柱试验中的边界效应； 试验所需要的时间一般要比浸出柱试验少	不能模拟填埋场的主要环境； 不能测定真正的浸出液浓度，而是测定其平衡浓度； 需要一个标准的过滤程序
浸出柱试验	此法可模拟废物浸出液成分（浸出柱作为除外）及填埋场中所存在的浸出液缓慢的迁移过程，可以很好地预测成分浸出与时间的关系	有沟流及填充不均匀的现象； 有生物生长，有边界效应，时间需要较长重复性较差

第6章 固体废物的焚烧

"焚烧"（incineration 或 combustion）一词是从传统的燃烧概念发展而来的。是一种高温热处理技术。通常，"燃烧"在工程技术上泛指化石燃料（如煤、石油制品及天然气等）的着火燃烧而生产热能；而"焚烧"则常指废物的烧毁。从科学意义上讲，"焚烧"和"燃烧"具有相同含意，即物质被迅速氧化的着火燃烧与发光发热的反应过程。焚烧已有上百年的工业发展历史，现代化的焚烧发电厂在工艺和烟气污染控制方面已有较大的改善。

焚烧技术作为固体废物无害化、减量化和资源化的重要手段，在许多国家都得到了广泛的应用。通过本章的学习将进一步了解固体废物焚烧技术的发展及在我国的应用、固体废物焚烧的过程及原理、固体废物焚烧过程中的热平衡、焚烧产生的烟气污染物分析与控制、焚烧工艺流程以及焚烧设备及其应用等方面的知识与技能。这些知识与技能的了解与掌握必将促使本地区焚烧技术的推广与应用。

6.1 固体废物焚烧技术的发展及应用

6.1.1 固体废物焚烧处理技术的发展

垃圾焚烧处理技术作为一种以燃烧为手段的垃圾处理方法，其应用可以追溯至人类文明的早期，如刀耕火种时期的烧荒即可视为焚烧应用的一例。但焚烧作为一种处理生活垃圾的专用技术，其发展历史与其他垃圾处理方法相比要短得多，大致经历了三个阶段，即萌芽阶段、发展阶段和成熟阶段（柴晓利等，2006）。

萌芽阶段是从 19 世纪下半叶到 20 世纪初期。1870 年，第二次技术革命时期，世界上第一台垃圾焚烧炉在英国的帕丁顿市投入运行。1874 年和 1885 年，英国诺丁汉和美国纽约先后成功建造了处理生活垃圾的焚烧炉，代表了生活垃圾焚烧技术的兴起。1896 年和 1898 年，德国汉堡和法国巴黎先后建立了世界上最早的生活垃圾焚烧厂，开始了生活垃圾焚烧技术的工程应用。这一阶段的垃圾焚烧炉技术以在英国曼彻斯特的箱式垃圾焚烧炉为代表，到 19 世纪末，英国共制造和成功投运了 210 座同类型的垃圾焚烧装置，仅伦敦就有 14 座。但是，这一阶段采用的是原始的垃圾焚烧技术，垃圾中的水分和灰尘含量均很大，且产生的热量低。在垃圾焚烧过程中产生的浓烟和恶臭，对环境的二次污染相当严重。因此这种方法曾一度被人们所抛弃。

从 20 世纪初到 60 年代末是垃圾焚烧技术的蓬勃发展阶段。随着一些工业发达国家经济的发展和城市居民生活水平的提高，生活垃圾中可燃组分比例上升，同时又考虑到对环境的影响，给垃圾焚烧处理技术提出了更高的要求，也为垃圾焚烧处理技术的改进创造了条件，因此垃圾焚烧技术逐渐发展起来。与此同时，随着燃煤技术的发展，焚烧炉从固定炉排到机械炉排，从自然通风到机械通风，逐步得到发展，先后开发和应用了阶梯式炉排、倾斜炉排、链条炉排以及转筒式垃圾焚烧炉。第二次世界大战以后，发达国家的经济得到更大的发展，城市居民的生活水平进一步提高，垃圾中的可燃物和易燃物也迅速增多，这促进了垃圾焚烧技术的应用。特别是在 20 世纪 60 年代以后，各种先进技术在垃圾焚烧炉上的应用，使垃圾焚烧炉得到了进一步的完善。但总体来说，由于当时城市生活垃圾中的可燃物比例仍然偏低，垃圾产生量与填埋空间的矛盾尚不突出，因此，此期间生活垃圾焚烧技术的发展并不十分理想。

从 20 世纪 70 年代初到 90 年代中期是生活垃圾焚烧技术发展的成熟阶段，也是生活垃圾焚烧技术发展最快的时期。在欧美等国家，随着城市建设的发展和城市规模的扩大，城市生活垃圾产量也快速递增，原有垃圾填埋厂日趋饱和或已经饱和，垃圾焚烧减容化水平高的优势重新得到高度重视。生活垃圾中可燃物、易燃物含量的大幅度增长，提高了生活垃圾的热值，为这些国家应用和发展生活垃圾焚烧技术提供了先决条件。

6.1.2　固体废物焚烧处理技术的应用概况

随着计算机技术和自动控制技术的发展，垃圾焚烧炉逐渐发展成为集高新技术于一体的现代化工业装置。在能源短缺的现代社会，城市垃圾作为一种新的能源开发途径，也日益受到人们的重视，在一些工业发达国家，已经将垃圾焚烧提到"废物能源工厂（waste to energy plant）"的高度进行评价。根据日本环境省数据，2012 年，日本普通垃圾总量为 4522 万 t，其中直接焚烧的占垃圾总处理量的79.8%。截至 2012 年年末，日本共拥有 1188 处垃圾焚烧厂，每天处理垃圾量达到约 18.41 万 t，其中有 314 处拥有发电设备，约占三成，总发电量为 1748MW。此外，有 780 处垃圾焚烧厂拥有余热利用设施，可提供工厂内所需的暖气和热水，还可向设施外的温水泳池等提供温水和热能等。在美国，2007 年，美国共有87 座垃圾焚烧发电（供热）厂，分布在 26 个州，焚烧炉共 220 台，总规模93 943t/d，共处理垃圾 2870 万 t，装机总容量为 2720MW，年发电量为170 亿 kW·h。在我国，经济发展以及高人口密度是推动我国生活垃圾焚烧处理发展的内在因素。在《关于进一步加强城市生活垃圾处理工作意见》（国发[2011]9 号）中明确提出鼓励"土地资源紧缺、人口密度高的城市要优先采用焚烧处理技术"。截至 2011 年底，我国投入运行的生活垃圾焚烧发电厂已有 120

座，总处理能力达到 10.2 万 t/d。

焚烧技术作为固体废物无害化、减量化和资源化的重要手段，在许多国家都得到了广泛的应用。

但焚烧设备的高技术化也同时带来各种各样的问题。例如，一座现代化的垃圾焚烧炉的零部件多达百万个，既增加了质量保证的难度、降低了系统的可靠性，又增加了设计和操作人员的数量，造成建设费用和运行费用的增加。另外，垃圾焚烧带来的二次污染问题也越来越引起人们的关注，特别是近年来提出的二噁英问题，又重新引起垃圾焚烧与填埋孰优孰劣的争论。因此，大多数国家对焚烧技术仍采取敬而远之的态度，其使用比例远低于土地填埋处置。

6.2　固体废物的焚烧过程

6.2.1　固体废物焚烧原理

1. 固体废物的可焚烧性分析

城市固体废物能否采用热力焚烧法处理的最基本条件之一，就是其发热量能否支付自身干燥，并维持较高的焚烧温度。表征城市固体废物可燃性的参数，主要有工业分析组成、元素分析组成和热值。

1）工业分析组成

工业分析组成(proximate analysis)是对垃圾热转化特性的最基本描述，分析的组分包括水分、可燃分和灰分，其中，可燃分又可细分为挥发分和固定碳。把一定质量 M_1 的垃圾样品放在(105±5)℃的电热恒温干燥箱中烘干至恒重，其质量为 M_2。垃圾水分含量 $C_水$ 可通过式（6-1）计算得

$$C_水 = \frac{M_1 - M_2}{M_1} \times 100\% \tag{6-1}$$

式中，$C_水$——垃圾水分含量，%；

　　M_1——垃圾样品的质量，kg；

　　M_2——烘干后剩余垃圾的质量，kg。

将烘干后的垃圾样品(质量为 M_2)置于马弗炉中，在(815±10)℃下灼烧至恒重，灼烧后的垃圾质量即为 M_3。可燃分 $C_{可燃}$ 可通过式(6-2)计算得

$$C_{可燃} = \frac{M_2 - M_3}{M_2} \times (100\% - C_水) \tag{6-2}$$

式中，$C_{可燃}$——可燃分含量，%；

　　M_3——灼烧后的垃圾质量，kg。

灰分 $C_灰$ 可通过式(6-3)计算得

$$C_{灰} = \frac{M_3}{M_2} \times (100\% - C_{水}) \qquad (6\text{-}3)$$

式中，$C_{灰}$——灰分含量，%。

挥发分 $C_{挥}$ 和固定碳 $C_{固}$ 含量的测定方法，是将烘干后质量为 M_2 的垃圾样品放在带盖的坩埚中，在 850℃ 下隔绝空气（一般采用氮气保护）加热 30min，称量灼烧后的垃圾质量 M_4。在此过程中，减少质量占样品质量的百分数即为样品的挥发分，可通过式(6-4)和式(6-5)计算得

$$C_{挥} = \frac{M_2 - M_4}{M_2} \times (100\% - C_{水}) \qquad (6\text{-}4)$$

$$C_{固} = 100 - C_{水} - C_{灰} - C_{挥} \qquad (6\text{-}5)$$

式中，$C_{挥}$——挥发分含量，%；

　　　$C_{固}$——固定碳含量，%。

一种简便的判断方法是用固体废物焚烧组成三元图（图 6-1）作定性的判别。图中，右下角五边形覆盖的部分为可燃区，水分边界上或边界外为不可燃区。

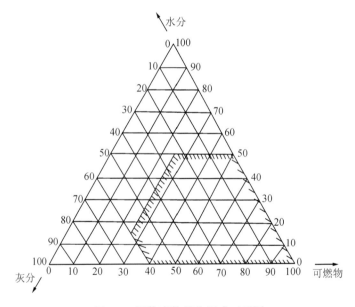

图 6-1　固体废物焚烧组成三元图

由图可以看出，可燃区的界限值为 $C_{水} \leqslant 50\%$，$C_{灰} \leqslant 60\%$，$C_{可燃} \geqslant 25\%$。

可燃区表明固体废物的自身热值可提供焚烧过程所需的干燥热量和热解过程中的热量，并使焚烧产生的烟气有足够高的温度，不可燃区表明必须外加辅助燃料焚烧固体废物才能正常进行焚烧。

应该指出的是，实际工作中常常误将有机固体废物成分当成可燃成分，准确地讲，可燃成分就是物料去除水分和灰分后的成分，而生活垃圾中的有机物还包

括了大量的水分。

根据三元图只能进行粗略的判断，对于焚烧工艺和焚烧炉的设计，必须进行详细的物质平衡和热量平衡计算。

2）元素分析组成

生活垃圾的可燃物，主要由 C、H、O、N 和 S 五种元素组成，一些合成有机物中还含有 Cl 元素。垃圾中有机物的元素分析（elemental analysis）组成，是建立垃圾焚烧处理技术过程物料平衡关系的基础，并可据此计算垃圾的高位热值，同时，还有助于判断生活垃圾有机物的化学组成状况。

3）热值

热值（heating value）是固体废物在燃烧反应中所释放的热量。热值的大小可以用来判断固体废物的可燃性和能量回收潜力。固体废物的热值必须满足燃烧所需要的热量和温度，否则必须添加辅助燃料。我国对垃圾焚烧厂进炉垃圾的平均低位热值的要求为 5020kJ/kg 以上，欧洲对炉排炉入炉垃圾热值的要求为 7530kJ/kg 以上，而日本对于流化床炉的进炉垃圾热值要求为 5440kJ/kg 以上。热值是固体废物焚烧处理的重要指标，分为高位热值和低位热值。垃圾中可燃物燃烧产生的热值为高位热值（high heating value，HHV）。垃圾中含有的不可燃物质（如水和不可燃惰性物质），在燃烧过程中消耗热量，当燃烧升温时，不可燃惰性物质吸收热量而升温；水吸收热量后气化，以蒸汽形式挥发。高位热值减去不可燃惰性物质吸收的热量和水气化所吸收的热量，称为低位热值（low heating value，LHV）。

垃圾中含有水分，采用干基或湿基基准时，其热值不同。热值与含水率之间存在相互影响关系，相应的各种热值定义如下，其换算关系如式（6-6）~式（6-8）所示。

（1）干基高位热值（HHV，kJ/kg）。HHV 是指 1kg 干垃圾具有的高位热值。是在不考虑燃烧过程水分气化潜热损失的条件下，单位质量的无水基垃圾燃烧所放出的热量。其定义与氧弹量热计的测试条件相同，因此也称为量热计热值。通常所说的高位热值即为干基高位热值。

（2）湿基高位热值（HHV$_w$，kJ/kg）。HHV$_w$ 是指 1kg 湿垃圾具有的高位热值。是在不考虑燃烧过程水分气化潜热损失的条件下，单位质量的含水垃圾燃烧所放出的热量。不常用。

（3）湿基低位热值（LHV，kJ/kg）。LHV 是指 1kg 湿垃圾具有的低位热值。是在扣除燃烧过程水分气化潜热损失后，单位质量的含水垃圾燃烧所放出的净热量。通常所说的低位热值即为湿基低位热值。

（4）干基低位热值（LHV$_D$，kJ/kg）。LHV$_D$ 是指 1kg 干垃圾具有的低位热值。是在扣除燃烧过程水分气化潜热损失后，单位质量的无水基垃圾燃烧所放出的净热量。不常用。

$$LHV(kJ/kg) = HHV \times (1 - \frac{w_w}{100}) - 2445 \times \left[\frac{9}{100} \times (w_H - \frac{w_{Cl}}{35.5} - \frac{w_F}{19}) + \frac{w_w}{100} \right]$$

$$\tag{6-6}$$

$$HHV_W(kJ/kg) = HHV \times (1 - \frac{w_w}{100}) \tag{6-7}$$

$$LHV(kJ/kg) = LHV_D \times (1 - \frac{w_w}{100}) - 2445 \times \frac{w_w}{100} \tag{6-8}$$

式中，2445——水分在 20℃时的汽化潜热；

　　　　w_w，w_H，w_{Cl}，w_F——垃圾中水分、H、Cl 和 F 元素的湿基百分含量，%；

　　　　$\frac{9}{100} \times (w_H - \frac{w_{Cl}}{35.5} - \frac{w_F}{19})$——单位质量垃圾中的 H 元素在扣除与 Cl 元素

　　　　　　　　　　　　　　　　　　　和 F 元素反应的 H 元素后，与氧气反应生成

　　　　　　　　　　　　　　　　　　　的水分量。

热值的测定可以用氧弹量热计法或热耗法。

2. 参与固体废物焚烧反应的主要成分和基本要素

1）可燃物质、氧化剂和火源

可燃物质和氧化剂要达到一定的浓度，火源具备足够的热量或温度，才会引发燃烧。

氧化剂的作用是与可燃成分在焚烧过程中发生化学反应，从而使物料的化学能转变为热能，并生成 CO_2 及 H_2O 等小分子惰性物质。焚烧过程中，使用的氧化剂主要是空气。实际供应的氧化剂量比理论上计算出的氧化剂量多，这是为了保证废物完全焚毁。如果用空气作氧化剂，多供的空气称为过剩空气。

2）稀释剂

稀释剂的主要成分是燃烧生成的 CO_2 和水蒸气，如果用空气作氧化剂，其主要成分还应包含过剩空气。稀释剂的第一个特点是作为热能的携带者。燃烧产生的热量加热了稀释剂，也就是常说的高温烟气，它以辐射、对流、传导的方式与炉内物料和受热面进行热交换，从而使物料干燥、升温、着火直至稳定燃烧。同时，它又可将热量传给受热面，加热吸热物质，实现能量转换。稀释剂的第二个特点是它不能再参与氧化反应。稀释剂的数量过多，将使烟气温度下降，不利于热交换。控制稀释剂的量，实际上就是控制过剩空气的量，过剩空气的多少既影响燃烧过程又影响传热过程。

3）辅助燃料

为保证固体废物焚烧的可靠性和安全性，在点火升温期间，物料含水率太高或特别需控制炉内高温的情况下，都需投入辅助燃料。辅助燃料多用化石燃料，

如油、天然气及煤等。除对某些有毒有害废物焚烧需投入较多的辅助燃料外，一般焚烧城市固体废物都不希望投入较多或根本不投入辅助燃料。

3. 固体废物焚烧设备

焚烧是在焚烧炉中进行的。焚烧炉应该根据焚烧物料的性质予以选用或专门设计。不同类型的固体废物焚烧炉，各有自己的要求和特点。焚烧炉首先必须满足的要求是焚烧处理能力，或称焚烧炉容量，用 t/h 表示。焚烧炉应该保证物料连续稳定地燃烧，还应备有物料的储备设施、输送系统、给料装置、辅助燃料系统、送风装置、排烟系统和烟气净化设备等。当焚烧的废物热值较高或炉膛温度超高时，焚烧设备中还应包括热量回收的水冷壁系统和其他受热面。

焚烧炉的炉膛应该能保证温度、湍流度和停留时间三个条件，确保物料的完全燃烧，以提高焚烧效率（combustion efficiency，CE）并使有害物质（principal organic hazardous components，POHC）的破坏去除率（destruction and removal efficiency，DRE）达到设计要求。

$$CE = \left(1 - \frac{W_r}{W_f}\right) \times 100\% \tag{6-9}$$

式中，W_r——残渣中可燃物质量，kg/(kg·h)；

$\quad\quad W_f$——废物中可燃物质量，kg/(kg·h)。

$$DRE = \frac{W_{in} - W_{out}}{W_{in}} \times 100\% \tag{6-10}$$

式中，W_{in}——进料中某 POHC 质量，kg/(kg·h)；

$\quad\quad W_{out}$——出料中某 POHC 质量，kg/(kg·h)。

有毒有害废物的 DRE 常常要求在 99.99% 以上，而对城市生活垃圾焚烧处理的要求在 85%~95%。

4. 固体废物焚烧产物

固体废物燃烧过程非常复杂，其完全燃烧只是理想状态，在实际燃烧过程中，只能通过控制炉膛条件等因素使燃烧反应接近完全燃烧。若燃烧工况控制不良，固体废物焚烧最终产物不一定为 CO_2 和 H_2O 等，有可能会发生其他过渡反应和连锁反应，产生大量的酸性气体（SO_x、HCl、HF 等）、CO、NO_x、碳氢化合物、重金属、未完全燃烧有机组分、粉尘和灰渣等，甚至有可能产生有毒气体，包括二噁英（多氯二苯并二噁英，polychlorinated dibenzo-p-dioxin，PCDDs 和多氯二苯并呋喃，polychlorinated dibenzofuran，PCDFs）、多环碳氢化合物（polycyclic aromatic hydrocarbons，PAHs）和醛类等。

1）烟气

根据固体废物的元素分析结果，固体废物中可燃组分可用 $C_x H_y O_z N_u S_v Cl_w$

来表示，其完全燃烧产生的化学反应可用式(6-10)来表示

$$C_x H_y O_z N_u S_v Cl_w + (x + v + \frac{y-w}{4} - \frac{z}{2})O_2 \longrightarrow$$

$$xCO_2 + wHCl + \frac{u}{2}N_2 + vSO_2 + (\frac{y-w}{2})H_2O \qquad (6\text{-}11)$$

在实际燃烧过程中，烟气成分与焚烧温度、固体废物其他成分干扰或与空气混合程度不均匀等因素有着很大关系，其中往往包含了粉尘、酸性气体、氮氧化物、重金属以及二噁英等多种物质。

不完全燃烧物，是燃烧不良而产生的副产品，包括一氧化碳、炭黑、烃、烯、酮、醇、有机酸及聚合物等。

粉尘中的主要成分为惰性无机物质，如灰分、无机盐类、可凝结的气体污染物质及有害的重金属氧化物，其浓度在 $450 \sim 22\,500\text{mg/m}^3$，粉尘的污染分三种情况：①固体废物中的不可燃物大部分以炉渣的形式成为底灰排出，少部分密度和体积较小的粒状物随废气排出形成飞灰。飞灰所占的比例随焚烧炉操作条件(送风量和炉温等)、粒状物粒径分布、形状及其密度而定。粒状物粒径大小是决定其毒性作用的主要因素：小于 $15\mu\text{m}$ 的微粒可存留在人的肺中；较大的颗粒通常在呼吸中即被排出；小于 $3\mu\text{m}$ 的颗粒可以透过肺泡渗入血液中，对人体产生毒害；②部分无机盐类在高温下氧化而排出，在炉外遇热凝结成粒状物，或二氧化硫在低温下遇水滴形成硫酸盐雾状颗粒等；③未完全燃烧而产生的炭颗粒和煤烟，粒径在 $0.1 \sim 10\mu\text{m}$。由于颗粒微细，难以去除，最好的控制方法是在高温下使其氧化分解。

酸性气体包括氯化氢及其他卤化氢(氯以外的卤素、氟、溴及碘等)、硫氧化物(SO_2 及 SO_3)、氮氧化物(NO_x)和磷酸(H_3PO_4)等。

氯化氢(HCl)是具有腐蚀性的酸性气体，对人眼黏膜具有强刺激作用，属于有害气体。焚烧烟气中 HCl 的来源有两个：其一，生活垃圾中的有机氯化物，如 PVC 塑料、橡胶及皮革等；其二，垃圾中的厨余(含有大量的食盐)、纸张及布等在焚烧过程中与其他物质产生化学反应。

硫氧化物(SO_x)来源于含硫生活垃圾的高温氧化过程，以燃煤为辅助燃料的垃圾焚烧炉也会造成较多的 SO_x 产生。

氮氧化物在燃烧过程中，NO_x 的生成有三种途径，即热反应型 NO_x，瞬时反应型 NO_x 和燃料型 NO_x。热反应型 NO_x 是由燃烧空气中的 N_2 在高温下氧化而产生的，温度对这种 NO_x 具有决定性的影响。瞬时反应型 NO_x 是由燃料挥发物中的碳氧化物高温热分解生成的 CH 自由基和空气中的 N_2 反应生成 HCN 和 CN，再与火焰中产生的大量 O、OH 反应生成 NCO，NCO 又进一步被氧化成 NO。此外，火焰中 HCN 浓度很高时存在大量氨化合物(NH_i)，这些氨化合物与 O 等快速反应生成 NO。燃料型 NO_x 是燃料中氮化物热分解后氧化产生。

城市生活垃圾焚烧形成的 NO_x 主要属于燃料型，它占到了产生量的 90%（体积分数）。减少燃烧区域的空气量对减少燃料型 NO_x 很有效。

重金属类污染物源于焚烧过程中生活垃圾所含重金属及其化合物，包括铅、汞、铬、镉及砷等的元素态、氧化物及氯化物等。高温挥发进入烟气中的重金属物质随烟气温度降低，部分饱和温度较高的元素态重金属（如汞等）会因达到饱和而凝结成均匀的颗粒物或凝结于烟气中的烟尘上。饱和温度较低的重金属元素无法充分凝结，但飞灰表面的催化作用会使其形成饱和温度较高且较易凝结的氧化物或氯化物，或因吸附作用易附着在烟尘表面，仍以气态存在的重金属物质，也有部分被吸附于烟尘上，

二噁英是含二噁英的有机氯化物族的简称。二噁英类物质的产生主要是人类的生产活动、自然灾害以及生活垃圾焚烧造成：①由人类生产活动产生的二噁英物质占 90% 以上。如含氯化学品及农药生产过程中的副产物；造纸工业纸浆次氯酸漂白过程的产物；城市固体废物、污泥、医疗废物和有毒化学品等的燃烧副产物；金属冶炼、粉末冶金和铸造过程的产物；汽油、柴油燃烧，汽车尾气，五氯酚光照分解产物；燃放烟火及化工厂意外事故的产物等，是二噁英类物质的主要人为源；②森林火灾产生的二噁英物质则属于自然灾害；③在生活垃圾焚烧的过程中，由于城市生活垃圾中的成分复杂，尤其是塑胶中 PCDDs/PCDFs 的含量较高，可达 370ng（1-TEQ）在未充分完全燃烧的条件下，其排出的烟气中，必然有残留的 PCDDs/PCDFs；固体废物在焚烧过程中可能先形成不完全燃烧的碳氢化合物 C_xH_y，C_xH_y 与废物或废气中的氯化物（NaCl、HCl、Cl_2）结合形成 PCDDs/PCDFs、氯苯和氯酚等物质；氯苯及氯酚等物质的分解温度比 PCDDs/PCDFs 要高出约 100℃，可能成为炉外低温再合成的前驱物，氯苯及氯酚等前驱物质随烟气从燃烧室排出后，可能被飞灰中的碳元素等吸附，并在特定的温度范围 250～400℃（300℃时最显著），在飞灰颗粒所构成的活性接触面上，被金属氯化物及（$CuCl_2$ 及 $FeCl_2$）催化反应生成 PCDDs/PCDFs。

2）灰渣

焚烧处理固体废物具有很好的减量化效果但是仍会产生残余的炉渣，在炉排炉中炉渣相当于入炉垃圾的 10%～25%，飞灰大致为入炉垃圾的 1%～1.5%。焚烧过程中产生的固态残留物主要是炉渣和飞灰，一般均属于无机物质，主要是由金属类氧化物、氢氧化物、碳酸盐、硫酸盐、磷酸盐及硅酸盐组成。大量固体残留物特别是重金属含量高的飞灰，会对环境造成很大的危害。此外，飞灰往往会附着大量二噁英类污染物，若不加处理直接排出，会对环境造成极大威胁。

3）恶臭

垃圾焚烧过程中产生的恶臭是有机物，多为有机硫化物或氮化物未完全燃烧

导致的，它会刺激人的感官，有些物质还会对人体健康造成危害。

4）白烟

垃圾焚烧过程中，如果燃烧非常完全，烟气中水蒸气的体积分数一般在 23％左右（洗烟处理后为 30％左右）。水蒸气从烟囱排出，数米内，由于透过率过大，看不出有烟尘，随后由于大气的冷却作用，烟气中的水分处于饱和状态，水分凝聚后形成白烟，微小颗粒和离子会使白烟更浓。

5. 影响固体废物焚烧的因素

1）垃圾的性质

垃圾的组成、含水率、热值及粒径等性质，是影响燃烧效果的重要因素。垃圾热值越高，焚烧过程释放的热量就越多，焚烧过程就容易启动和维持，焚烧效果也越好。垃圾粒径越小，比表面积越大，燃烧过程中与空气的接触面积大，传热传质效率高，燃烧就越完全。垃圾热值与其可燃分含量和含水率相关，可燃分含量高且含水率低，垃圾低位热值（真热值）就越高。

2）燃烧三要素

温度（temperature）、搅混强度（turbulence）和停留时间（time）是影响焚烧过程的三个重要因素，通常称为 3T 要素，这三个因素之间是相互影响的。

废物的焚烧温度是指废物中有害组分在高温下氧化、分解直至破坏所需达到的温度，伴随着传热传质的强氧化反应过程，比废物的着火温度要高得多。合适的焚烧温度是在一定的停留时间下由实验确定的，大多数有机物的焚烧温度范围是 800～1000℃，通常 800～900℃为宜。

要使废物燃烧完全，减少污染物形成，必须使废物与助燃空气充分接触，燃烧气体与助燃空气充分混合，搅动程度越大，混合就越充分。增大搅动程度，可以降低传热界膜阻力，提高对流传热和传质系数，改善氧气扩散阻力，促进垃圾完全燃烧。

停留时间的长短直接影响废物的焚烧效果和尾气组成等，停留时间也是决定炉体容积尺寸和燃烧能力的重要依据。为保证充分燃烧，垃圾需要在焚烧炉内有足够的停留时间，以完成干燥、热分解和燃烧过程。因此，停留时间必须大于理论上的垃圾干燥、热分解和完全燃烧所需时间。但是，停留时间也不宜过长，过长的停留时间会增加焚烧炉的炉膛容积，提高设备投资成本。一般情况下，应尽可能通过生产模拟试验来获得设计数据。对缺少试验手段或难以确定废物焚烧所需时间的情况，可参阅经验数据。对于垃圾焚烧，如温度维持在 850～1000℃，并有良好的搅拌和混合时，燃烧气体的燃烧室的停留时间为 1～2s。

3）过剩空气系数

过剩空气系数为实际使用的空气量与理论空气量的比值，增大过剩空气系数可以提供过量的氧气,又能增加焚烧炉内的搅动程度,提高干燥速率和燃烧速率,利于垃圾完全燃烧,但是过大过剩空气系数,会使炉膛内温度降低,影响焚烧效果,同时,还增大了烟气的排放量。

6.2.2　焚烧机理及过程

1. 固体物质燃烧方式

固体物质的燃烧过程比较复杂,通常包括热分解、无机物熔融、水分蒸发和化学反应传热、传质等一系列过程。根据可燃物质种类不同,可将固体物质的燃烧方式分为三种:

一是蒸发燃烧。可燃固体物质受热后熔化成液体,进一步受热后蒸发形成蒸汽,与空气扩散混合而燃烧,如蜡烛的燃烧;二是分解燃烧。可燃固体物质受热分解,挥发出轻质的可燃气体(通常是碳氢化合物)留下固定碳和惰性物质,挥发分与空气扩散混合而燃烧,固定碳与空气接触进行表面燃烧,如木材与纸张等的燃烧;三是表面燃烧。可燃固体废物受热后不发生熔化、蒸发和分解等过程,而是在固体表面与空气反应进行燃烧,如木炭、焦炭等的燃烧。

2. 城市生活垃圾焚烧的阶段

生活垃圾组分复杂,其燃烧过程是蒸发燃烧、分解燃烧和表面燃烧的综合过程。同时,由于生活垃圾的含水率较高,垃圾的烘干对于正常焚烧具有重要意义。因此,从工程应用角度,可将城市生活垃圾的焚烧过程分为加热干燥、焚烧和燃烬三个阶段。

1) 加热干燥阶段

城市生活垃圾的干燥是利用炉内热量使垃圾中的水分汽化而随烟气排出,从而降低垃圾含水率的过程。在运动式炉排炉中,从物料进入焚烧炉起到物料开始析出挥发分至着火这一段时间,都是干燥阶段。物料随着炉排的向前运动,受到对流传热、高温烟气和高温炉墙的辐射传热的作用以及已燃物料的直接加热作用。随着物料在焚烧炉内的进程,其温度逐渐升高,表面水分逐步蒸发,当温度增高到100℃左右,相当于达到标准大气压力下水蒸气的饱和状态时,物料中水分开始大量蒸发。此时,物料温度基本稳定,随着不断加热,物料中水分大量析出,物料不断干燥。当水分基本析出后,物料的温度开始迅速上升,直到着火进入真正的燃烧阶段。在干燥阶段,物料中的水分是以水蒸气的形态析出的,该过程需要吸收大量的热。

物料的含水率愈高,干燥阶段就愈长,炉内的温度也就愈低,这会影响物料燃烧,影响整个焚烧过程。根据物料的含水率可以计算干燥过程所需的能量,校核物料能否提供所需干燥热量。如果水分过高，造成炉温降低过多，物料着火燃烧就发生困难，此时需加入辅助燃料燃烧，以提高炉温，改善干燥着火条件。有时也可采用将干燥段与焚烧段分开的设计，一方面使干燥段产生的大量水蒸气不与燃烧段的高温烟气混合，以维持燃烧段烟气和炉墙的高温水平，保证燃烧段有良好的燃烧条件；另一方面，干燥过程所需热量是取自完全燃烧后产生的烟气，燃烧已经在高温下完成，再取其燃烧产物作为热源，就不致影响燃烧段本身。由此可见，焚烧高含水率固体废物的焚烧炉设计的好坏，很大程度上要看干燥阶段设备的设计水平。我国城市生活垃圾含水率偏高，一些城市的垃圾含水率可达60%以上。因此，城市固体废物焚烧的预热干燥阶段较长。

2）焚烧阶段

物料基本上完成了干燥过程后，如果炉膛内保持足够高的温度，又有足够多的氧化剂，物料就会很顺利地进入燃烧阶段，它是焚烧过程的主要阶段（图 6-2）。燃烧阶段不是一个简单的氧化反应，一般包括以下三个同时发生的化学反应。

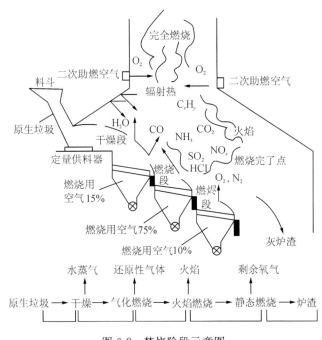

图 6-2 焚烧阶段示意图

强氧化反应：物料的强氧化反应是包括了产热和发光的快速氧化过程。在强氧化过程中，由于很难实现物料的完全燃烧，不仅会出现理论条件下的氧化产物，还会出现许多中间产物。

热解反应：尽管焚烧要求确保有 50%～150% 的过剩空气量，以提供足够的氧与炉中待焚烧的物料有效地接触，但仍有不少部分物料没有机会与氧接触，这部分物料在高温条件下就要进行热解。城市生活垃圾焚烧过程中，炉温的控制应充分考虑物料的组成情况。特别要注意热解过程中会产生某些有害的成分，这些成分若不经充分氧化，则会成为不完全燃烧产物。

原子基团碰撞焚烧过程出现的火焰：实质是高温下富含水量原子基团的气流，是电子能量跃迁以及分子的旋转和振动产生的量子辐射，包括了红外的热辐射、可见光的热辐射，以及波长更短的紫外线的热辐射。火焰的性状取决于湿度和气流组成，通常温度在 1000℃ 左右就能形成火焰。气流包括了原子态的 H、O、Cl 等元素，双原子的 CH、CN、OH、C_2 等以及多原子基团 HCO、NH_2、CH_3 等极其复杂的原子基团气流。在火焰中，最重要的连续光谱是由高温碳微粒发射的。固体废物组分上的原子基团碰撞，容易使废物分解。

3）燃烬阶段

燃烬阶段即生成固体残渣的阶段。物料经过主焚烧阶段强烈的发热、发光和氧化反应之后，可燃物质的比例自然减小，反应生成的惰性物质，气态的 CO_2、H_2O 和固态的灰渣增加。由于灰层的形成和惰性气体的比例增大，剩余的氧化剂要穿透灰层，进入物料的内部，与可燃成分发生氧化反应也愈发困难。

反应的减弱使物料周围的温度也逐渐降低，物料燃烧处于不利状况。因此，要使物料中未燃的可燃成分充分反应燃烬，就必须保证足够的燃烬时间，从而使整个焚烧过程延长。

改善燃烬阶段的工况措施主要有增加过剩空气量，延长物料在炉内的停留时间，采用翻动、拨火的方法减少物料外表面的灰尘等。

在整个焚烧过程中，燃烧结果至少会有以下三种可能情况发生：①在第一燃烧室中，物料的主要部分被完全氧化，一部分物料被热解后进入第二燃烧室或后燃室达到焚烧完全；②由于某些原因少量废物在焚烧过程中逃逸而未被销毁，这种情况下，原有机有害组分一般都达不到销毁率要求；③产生一些可能比原废物更有害的中间产物。

城市生活垃圾焚烧过程的三个阶段并无分明的界限。在城市生活垃圾的实际燃烧过程中，常常是有的物质还在预热干燥，有的物质已开始燃烧，有的物质已经燃烬。即使是对同一物料而言，当物料外表面已进入燃烬阶段时，其内部还在加热干燥。因此，这三个阶段，仅仅是垃圾焚烧过程的必由之路，其焚烧过程的实际情况将更为复杂。

6.2.3 焚烧过程中的热平衡

1. 焚烧过程的热平衡分析

从能量转换的观点来看，焚烧系统是一个能量转换设备，它将燃料的化学能，通过燃烧过程，转化成烟气的热能，烟气再通过辐射、对流及导热等基本传热方式，将热能分配交换给工质或排放到大气环境。焚烧系统热量的输入与输出可简化为图 6-3 所示(柴晓利等，2006)。

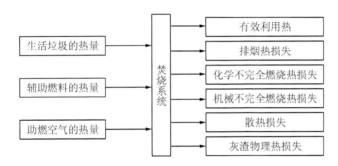

图 6-3 城市生活垃圾焚烧系统热量的输出和输入过程

在稳定工况条件下，焚烧系统输入的热量总和等于输出的热量总和，即热量平衡式(6-12)所示

$$Q_{rw} + Q_{ra} + Q_{rk} = Q_1 + Q_2 + Q_3 + Q_4 + Q_5 + Q_6 \qquad (6-12)$$

式中，Q_{rw}——生活垃圾的热量，kJ/h；

$\quad Q_{ra}$——辅助燃料的热量，kJ/h；

$\quad Q_{rk}$——助燃空气的热量，kJ/h；

$\quad Q_1$——有效利用的热量，kJ/h；

$\quad Q_2$——排烟热损失，kJ/h；

$\quad Q_3$——化学不完全燃烧热损失，kJ/h；

$\quad Q_4$——机械不完全燃烧热损失，kJ/h；

$\quad Q_5$——散热损失，kJ/h；

$\quad Q_6$——灰渣物理热损失，kJ/h。

1) 输入热量

输入焚烧炉的热量 Q_r 包括物料的热量 Q_{rw}、辅助燃料的热量 Q_{ra} 以及送入炉内的助燃空气热量 Q_{rk}。

城市生活垃圾的热量：在不计垃圾的物理显热的情况下，垃圾物料的热量 Q_{rw}(kJ/h)等于送入炉内垃圾量 W_r(kg/h)与它的热值 Q_{rw}^y(kJ/kg)的乘积，即

$$Q_{rw} = W_r Q_{rw}^y \qquad (6-13)$$

辅助燃料的热量：如果只是在启动点火或焚烧工况不正常时才投入辅助燃料，则不必计入辅助燃料输入的热量(Q_{ra})，只有在运行过程中需持续投入辅助燃料帮助燃烧时才计入。此时有

$$Q_{ra} = W_{ra}Q_a^y \qquad (6-14)$$

式中，Q_{ra}——辅助燃料投入量，kg/h；

　　　Q_a^y——单位辅助燃料的热值，kJ/kg。

助燃空气热量(Q_{rk})是入炉垃圾量 W_r 与送入的空气量的热焓之积。

$$Q_{rk} = W_r\alpha(I_{rk}^0 - I_{vk}^0) \qquad (6-15)$$

式中，α——送入炉内空气的过剩空气系数；

　　　I_{rk}^0、I_{vk}^0——每千克燃料所需的理论空气量在热风和自然状态下的焓值。

需要说明的是，若该助燃空气的加热利用的是焚烧炉本身的烟气热量，则该热量实际上是焚烧炉内部的热量循环，即不能作输入炉内的热量。只有助燃空气是由外部热源提供时才能计入，对采用自然状态下的空气助燃，此项为零。

2）输出热量

固体废物在焚烧炉中燃烧产生热能后，即向外界输出。输出的热量包括能量回收利用系统的有效利用热量、机械不完全燃烧的热损失、化学不完全燃烧的热损失、烟气排放系统的热损失、焚烧系统散热损失和灰渣物理热损失等。

有效利用热：有效利用热 Q_1（kg/h）是利用焚烧炉产生的热烟气加热其他工质所获得的有效利用热。一般加热的工质是水，它可产生蒸气或热水。

$$Q_1 = D(h_2 - h_1) \qquad (6-16)$$

式中，D——将热能转化为机械能的工质输出流量，kg/h；

　　　h_1——进入焚烧炉的工质热焓，kJ/kg；

　　　h_2——从焚烧炉出来的工质热焓，kJ/kg，即单位质量工质所含的全部热能。

排烟热损失：由于经济技术条件的限制，烟气排入大气时，其温度比冷空气温度要高很多。排烟热损失 Q_2（kJ/h）是指焚烧炉排出的烟气所带走的热量。影响排烟热损失的主要因素是排烟温度和排烟容积。排烟温度越高，排烟热损失越大。一般排烟温度每升高 12～15℃，Q_2 将提高 1%，所以应尽量设法降低排烟温度。但由于排烟温度过低将影响系统的热交换效率，同时会造成烟道腐蚀，因此，排烟温度过低也是不合理的。由于烟气具有相当高的显热，标准状态下，其热量等于排烟容积 $W_{rw}V_{py}$ 与烟气单位容积的热容差之积，即

$$Q_2 = W_{rw}V_{py}\left[(\partial C)_{py} - (\partial C)_0\right]\frac{100 - q_4}{100} \qquad (6-17)$$

式中，W_{rw}——排出烟气质量，kg/h；

　　　V_{py}——单位排出烟气质量的容积，m³/kg；

$(\partial C)_{py}$——排烟温度下单位容积烟气的热容量，kJ/(m³·K)；

$(\partial C)_0$——环境温度状态下单位容积烟气的热容量，kJ/(m³·K)。

因为气体比热容在不同温度下其数值不同，所以须按烟气成分分别求出各成分后在不同温度范围内取值。$\dfrac{100-q_4}{100}\left(q_4=\dfrac{Q_4}{Q}\times100\right)$ 为机械不完全燃烧这部分不产生烟气量的修正值。

化学不完全燃烧热损失：化学不完全燃烧热损失 Q_3(kg/h)是指烟气成分中一些可燃气体成分未燃烧造成的损失。如 CO、H_2、CH_4 等由于炉温低、送风量不足或混合不良等而产生化学不完全燃烧的现象。且

$$Q_3 = W_r\left[V_{CO}Q_{CO} + V_{H_2}Q_{H_2} + V_{CH_4}Q_{CH_4} + \cdots\right]\frac{100-q_4}{100} \qquad (6\text{-}18)$$

式中，V_{CO}、V_{H_2}、V_{CH_4}——每千克垃圾物料产生的烟气中所含未燃烧的可燃气体的体积，m³/kg；

$\qquad Q_{CO}$、Q_{H_2}、Q_{CH_4}——CO、H_2、CH_4 的发热量，kJ/kg。

机械不完全燃烧损失：机械不完全燃烧损失 Q_4(kg/h)是指未燃烧或未完全燃烧的物料中的固定碳的热损失。对垃圾焚烧炉主要体现为炉渣中的可燃物。

$$Q_4 = 32\,700W_r \times \frac{A_y}{100} \times \frac{C_{lz}}{100-C_{lz}} \qquad (6\text{-}19)$$

式中，A_y——物料的灰分，%；

$\qquad C_{lz}$——炉渣中含碳量，可用工业分析法测出，%；

$\qquad 32\,700$——碳的热值，kJ/kg。

散热损失：散热损失 Q_5 是指焚烧炉表面通过辐射和对流向四周空间散失的热量。其值与焚烧炉的保温性能和焚烧炉的焚烧量、比表面积有关。炉子焚烧量小，比表面积越大，则单位物料的散热损失相应较大；焚烧量大，比表面积越小，散热损失越小。对焚烧量在 1~10t/h 的一般焚烧炉，估计散热损失为2%~5%。

灰渣物理热损失：灰渣物理热损失 Q_6(kJ/h)是指焚烧后的炉渣物理显热。对于高灰分物料和采用液态排渣的纯氧热解炉来说，灰渣的物理热损失不可忽略。

$$Q_6 = W_r\alpha_{hz}\frac{A_y}{100}c_{hz}t_{hz} \qquad (6\text{-}20)$$

式中，c_{hz}——灰渣的比热容，kJ/(kg·℃)；

$\qquad t_{hz}$——灰渣温度，℃；

$\qquad \alpha_{hz}$——灰渣物理热损失系数。

2. 热效率

所谓热效率(η)是指焚烧炉有效利用的热量占输入热量的百分数，即

$$\eta = \frac{Q_1}{Q_r} \times 100 = q_1 = 100 - q_2 - q_3 - q_4 - q_5 - q_6 \qquad (6\text{-}21)$$

式中，q_1——焚烧炉有效利用的热量占输入热量的百分数，%；

　　　q_2——排烟热损失占输入热量的百分数，%；

　　　q_3——化学不完全燃烧热损失占输入热量的百分数，%；

　　　q_4——机械不完全燃烧损失占输入热量的百分数，%；

　　　q_5——散热损失热量占输入热量的百分数，%；

　　　q_6——灰渣物理热损失占输入热量的百分数，%；

式(6-21)表示了提高垃圾焚烧炉的热效应和减少各项热损失两方面的含意：如果焚烧炉具有回收热能的装置，即有 q_1 项，减少各项热损失意味着提高 q_1 项，即焚烧炉热效率高；若该焚烧炉是在加入辅助燃料条件下运行的，即 $Q_r = Q_{rw} + Q_{ra}$，减少各项热损失意味着在一定的热效率情况下可减少辅助燃料的投入热量 Q_{rw}。

6.2.4　热平衡式的应用

1. 设计受热面的结构和大小

在已知垃圾处理量的条件下，进行固体废物焚烧系统工艺设计时，为了确定焚烧炉的可利用热量，必须考虑到焚烧炉系统的热平衡。如果需要焚烧处理的垃圾量已经确定，即已知 Q_r，这时应根据要求确定各项热损失 $\sum_{i=2}^{6} q_i$，即确定 $\eta(\%)$，于是可得到热能的利用量 $Q_1(\text{kJ/h})$，进一步也就可设计受热面的结构和大小。

2. 蒸汽产生量或热水输出量，以及相应的汽、水参数

在焚烧系统已定时，垃圾处理量和可回收热量的计算，在某些情况下，若焚烧炉的结构已定，则需计算垃圾焚烧量和蒸汽或热水的产生量，这与上述的求法是一致的。当求得 Q_1 后，再利用 $Q_1 = D(h_2 - h_1)$ 公式，就可得到蒸汽产生量或热水输出量，以及相应的汽、水参数。

3. 计算系统的热效率

在利用热平衡公式时，最重要的是求 η，而 η 往往是通过求一项项热损失 Q_2，Q_3，…，Q_n 得出的，这种求热效率的方法称为反平衡法。反平衡法不仅能得到整个焚烧炉的热效率，更重要的是通过求各项热损失，可发现整个焚烧炉重大热损失的原因，从而提出有效的解决办法。如发现 Q_4 偏高，则可能是物料燃烧不充分造成的；如发现 Q_2 过大，则可能是送风量过量或漏风严重等原因造成的。

6.2.5　余热的利用

生活垃圾被焚烧，在减容的同时释放出大量焚烧余热，焚烧炉燃烧室产生的烟气温度可高达 850～1000℃，因此，对垃圾焚烧余热通过能量再转换等形式加以回收利用，不仅能满足垃圾焚烧厂自身设备运转的需要，降低运行成本，而且还能向外界提供热能和动力，以获得比较可观的经济效益。现代化的焚烧系统通常设有焚烧尾气冷却余热回收系统，其功能为：①降低焚烧尾气温度。调节焚烧尾气温度，使之冷却至 200～300℃，以便进入尾气净化系统。一般尾气净化处理设备仅适于在 300℃内的温度操作，故如焚烧炉所排放的高温气体尾气调节或操作不当，会降低尾气处理设备的效率及寿命，造成焚烧炉处理量的减少，甚至还会导致焚烧炉被迫停炉；②回收热能。通过各种方式利用余热，降低焚烧处理费用。目前大中型垃圾焚烧厂几乎均设置了汽电共生系统。垃圾焚烧厂回收热能进行余热利用的方式主要有以下几种。

1. 直接热能利用

将垃圾焚烧产生的烟气余热转换为蒸汽、热水和热空气是直接热能利用。通过布置在垃圾焚烧炉之后的余热锅炉或其他热交换器，将烟气热量转换成一定压力和温度的热水、蒸汽以及一定温度的助燃空气，向外界直接提供，这种形式热利用率高，设备投资小，尤其适合于小规模(处理量不大于 100t/d)垃圾焚烧设备和垃圾热值较低的小型垃圾焚烧厂。一方面，温度足够高的助燃热空气能够有效地改善垃圾在焚烧炉中的着火条件；另一方面，热空气带入焚烧炉内的热量还提高了垃圾焚烧炉的有效利用热量，从而也相应提高了燃烧绝热温度。热水和蒸汽除提供给垃圾焚烧厂本身生活和生产需要外，还可以向附近小型企业或农业用户提供蒸汽和热水，供蔬菜、瓜果和鲜花暖棚用。

但是，这种余热利用形式受垃圾焚烧厂自身需要热量和垃圾焚烧厂与用户之间距离的影响，如果没有在建厂时就做好综合利用的规划，很难实现良好的供需关系，往往白白浪费了热量。

2. 余热发电和热电联供

随垃圾量和垃圾热值的提高，直接热能利用受到设备本身和热用户需求量的限制。为了充分利用余热，将其转化为电能，是最有效的途径之一。将热能转换为高品位的电能，不仅能远距离传输，而且提供量基本不受用户需求量的限制，垃圾焚烧厂建设也可以相对集中，向大规模及大型化方向发展。这从提高整个设备利用率和降低相对吨位垃圾的投资额来说都是有好处的。

1) 余热发电

典型的垃圾焚烧余热利用，是将垃圾焚烧炉和余热锅炉组合为一体，把这种组合体称之为余热锅炉。余热锅炉的第一烟道就是垃圾焚烧炉炉膛。在余热锅炉中，主要燃料是生活垃圾，转换能量的中间介质为水。垃圾焚烧产生的热量被介质吸收，未饱和水吸收烟气热量成为具一定压力和温度的过热蒸汽，过热蒸汽驱动汽轮发电机组，热能被转化为电能。与此同时，仍能够实现设备本身用热以及加热助燃空气用热。

2) 热电联供

在热能转变为电能的过程中，热能损失取决于垃圾热值、余热锅炉热效率以及汽轮发电机组的热效率。垃圾焚烧厂热效率仅有 13%～23%，甚至更低。若有条件采用热电联供，将发电、区域性供热、工业供热和农业供热等结合起来，则垃圾焚烧厂的热利用率会大大提高，该利用率与供电和供热比例有关，一般在 50%左右，甚至可达 70%以上。

6.3　固体废物焚烧工艺流程及设备

6.3.1　固体废物焚烧的工艺流程

1. 处理工艺

对于不同国家、不同生活垃圾焚烧厂，采取的城市生活垃圾焚烧工艺流程不尽相同。一般来说，尽管生活垃圾焚烧厂技术工艺有所区别，但整体都包含生活垃圾前处理系统、生活垃圾焚烧系统、余热利用系统、烟气处理系统及自动控制系统等几个主要系统。城市生活垃圾焚烧处理工艺流程如图 6-4 所示。

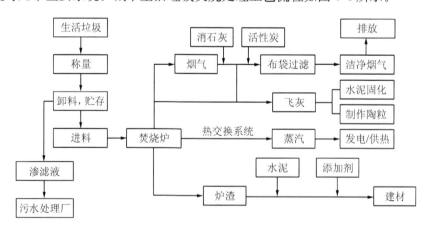

图 6-4　城市生活垃圾焚烧处理工艺流程

2. 处理系统

垃圾的接收、储存和进料系统由垃圾称量设施、垃圾卸料平台、垃圾卸料门、垃圾储坑、垃圾抓斗起重机、垃圾破碎机、除臭设施和渗沥液导排等垃圾储坑内的其他必要设施组成。

（1）接收系统。城市生活垃圾由垃圾运输车运入垃圾焚烧厂，经地磅称量后运往卸料平台，然后根据信号指示灯，倒车至卸料门前车挡处，卸料门自动开启，垃圾倒入垃圾储坑内。垃圾卸料平台的进出口处设置有风幕机，防止臭气外溢以及苍蝇、飞虫飞入。

（2）储存与进料系统。垃圾储坑为钢筋混凝土结构，并具有防腐、防渗方面的要求，其容积一般应能储存 5～7 日的垃圾处理量。垃圾储坑上部设有抽气系统，以控制甲烷和恶臭的聚集，使垃圾储坑处于微负压状态。抽除的气体直接引入焚烧炉作为一次助燃空气。储坑底部具有一定坡度，并在最低位置设有渗滤液收集池及导排设施。

垃圾进料抓斗位于垃圾储坑的上方，至少有两个，一用一备，并且具有自动计量功能。操作人员在操作室中对垃圾抓斗进行控制，完成垃圾的堆垛、取料和投料过程。操作室内须保持良好的通风条件，持续鼓入新鲜空气。

对于采用流化床焚烧炉的焚烧厂还必须设置破碎设备，将垃圾破碎到一定粒径再输送至炉中。

（3）焚烧系统。广义的垃圾焚烧系统包括整个垃圾焚烧厂，狭义的垃圾焚烧系统包括垃圾进料装置、焚烧装置、驱动装置、出渣装置、助燃空气装置、辅助燃烧装置及其他辅助装置。

以炉排炉为例，焚烧系统的工作过程可描述为：进料斗中的垃圾依靠自重滑入给料平台，由推料器将垃圾推至炉排预热段，炉排在驱动装置的推动下运动，垃圾依次经过预热段、燃烧段和燃烬段，完全燃烧后的炉渣通过出渣装置送往灰渣利用系统。

焚烧炉是焚烧系统的主体设备，包括炉床及燃烧室，燃烧室一般位于炉床的正上方。焚烧炉为燃料提供了焚烧场所。

助燃空气主要包括一次助燃空气（炉排下送入）、二次助燃空气（二次燃烧室送入）、辅助燃油所需的空气以及炉墙密封冷却空气等。助燃空气系统中最重要的设备就是送风机，分为冷却用送风机和主燃烧用送风机。

辅助燃烧系统由点火燃烧器、辅助燃烧器以及燃料的贮存、供应设备组成。

炉渣处理系统包括了除渣冷却、输送、贮存及除铁等设施。垃圾焚烧炉排出的炉渣一般采用水冷的冷却方式，再经磁选后进行综合利用。

（4）余热利用系统。我国城市生活垃圾焚烧厂多采用余热发电的热能利用方式，余热锅炉、蒸汽轮机和发电机构成了余热利用系统的主体设备。同时，利用烟气余热对助燃空气以及锅炉给水进行加热的预热器也是余热利用的重要设备。

（5）烟气净化和排烟系统。生活垃圾焚烧产生的烟气组分复杂，含有颗粒物、酸性气体、重金属和有机剧毒性污染物（如二噁英、呋喃等）等有害成分，须对其进行净化处理，避免产生二次污染。烟气净化系统是对烟气中不同污染物进行处理的工艺组合，其组成应综合考虑生活垃圾的成分、处理规模、焚烧方式及处理成本等因素。

典型的烟气净化工艺分为湿法、半干法和干法三种，每种工艺都有多种组合形式。这三种工艺对一般的酸性气体具有较好的去除效果，但对于氮氧化物的净化效果较差，所以在烟气净化系统中还具有单独的氮氧化物净化装置。烟气经净化处理，符合排放标准后，经引风机加压通过烟囱排放。

（6）给水排水系统。生活垃圾焚烧厂给水主要包括余热锅炉补给水、循环冷却水和生活用水等。其中余热锅炉补给水必须经过严格的处理，达到国家相关标准对其水质要求；循环冷却水水源宜采用自然水体或地下水，条件许可的地区还可采用市政再生水；生活用水则适合采用单独的供水系统。城市生活垃圾焚烧厂中废水主要来自垃圾渗滤液、洗车废水、垃圾卸料平台地面清洗水、灰渣处理产生的废水和锅炉排污水等。根据污水经处理后的最终处理采用不同的污水处理系统和工艺。

（7）监控系统。城市生活垃圾焚烧厂的监控系统是通过监视焚烧设备的运行，实现远程数据采集和监控，并作出在线反馈，为工厂的运行提供最佳的条件。

6.3.2　固体废物焚烧设备

1）按焚烧室的数量分类

（1）单室焚烧炉。指焚烧的所有过程（干燥，热分解，表面燃烧，挥发分、固定碳、臭气和有害气体的完全燃烧等）都在一个燃烧室内完成。单室焚烧炉一般用于处理某些工业垃圾，城市生活垃圾由于其挥发分含量高、热分解速度快且在焚烧过程中容易产生臭气和有害气体的特点，利用单室焚烧炉容易产生不完全燃烧现象。

（2）多室焚烧炉。在城市生活垃圾焚烧处理领域，多采用多室焚烧炉，其主要特点是空气分多次供给。在一次燃烧过程中，只供应能将固定碳燃烧的空气，同时依靠辐射、对流和传导等方式将垃圾干馏；在二次或三次燃烧过程中将干馏气体、臭气和有害气体等完全燃烧。

2）按燃烧的方式分类

（1）层燃炉。层燃炉是将物料层铺在炉排上进行燃烧的焚烧炉，也叫火床炉和炉排炉。

（2）室燃炉。室燃炉是将物料随空气流喷入炉膛，并使物料呈悬浮状燃烧的焚烧炉，又称悬燃炉。按照燃烧室的个数不同，室燃炉又可分为单室炉和多室炉两种。

（3）沸腾炉。沸腾炉是物料在炉膛中被从下面喷入的气流托起，并随介质上下翻腾而进行燃烧的焚烧炉，又称为流化床焚烧炉。沸腾炉是利用床层中介质的热容来保证物料的着火燃烧。

（4）回转炉。回转炉是将物料由倾斜的炉体一端加入，物料随着炉体慢慢旋转而进行燃烧的焚烧炉。

　　3）按照燃烧方式进行分类

　　在工程应用过程中，焚烧炉多按照燃烧方式进行分类。目前，在城市生活垃圾焚烧处理领域，最具有代表性的焚烧炉型为：机械炉排焚烧炉和流化床焚烧炉、回转窑焚烧炉和垃圾热解气化焚烧炉。表 6-1 中针对这几种典型的焚烧炉进行了比较。

表 6-1　典型城市生活垃圾焚烧炉比较

比较项目	机械炉排焚烧炉	流化床焚烧炉	回转窑焚烧炉	热解气化焚烧炉
焚烧原理	将生活垃圾供到炉排上，助燃空气从炉排下供给，垃圾在炉内分干燥、燃烧和燃尽区	垃圾从炉膛上部供给，助燃空气从下部鼓入，垃圾在炉内与流动的热砂接触并快速搅烧	垃圾从一端进入且在炉内翻动燃烧，燃尽的炉渣从另一端排出	先将生活垃圾进行热解产生可燃性固体残渣，然后进行燃烧和熔融，或将汽化、熔融和燃烧合为一体
前处理	一般不需要	入炉前需粉碎到一定粒径	一般不需要	因炉型而异，有的需要干燥和粉碎
垃圾炉内停留时间	较长	较短	最长	长
过剩空气系数	大	中	小	大
单炉最大处理量	1200t/d	500t/d	200t/d	500t/d
燃烧空气供给（根据工况）	易调节	较易调节	不易调节	不易调节
烟气处理	烟气中含有飞灰，除二噁英外，其他易处理	烟气中含有大量灰尘，烟气处理较难	烟气中除二噁英外，其余易处理	烟气中含有少量二噁英，易处理
二噁英控制	燃烧温度低，易产生二噁英	较易产生二噁英	较易产生二噁英	不易产生二噁英
炉渣处理设备	简单	复杂	简单	简单
燃烧管理	比较容易	难	比较容易	因炉型而异，有的较难，有的容易
运行费用	较低	较高	较低	较高
维修	方便	较难	较难	较难
焚烧炉渣	需经过无害化处理后才能利用	需经过无害化处理后才能利用	需经过无害化处理后才能利用	炉渣已高温消毒，可利用
减量比	10∶1	10∶1	10∶1	12∶1
减容比	37∶1	33∶1	40∶1	70∶1
设备占地	大	小	中	中

　　（1）炉排炉。炉排炉是开发最早的，也是目前在处理城市生活垃圾中使用最为广泛的焚烧炉，其市场占有量占全世界垃圾焚烧市场总量的 80% 以上。

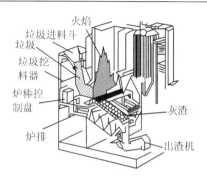

图 6-5　炉排炉结构示意图

炉排炉技术成熟，运行稳定、可靠，适应性广，维护简单，绝大部分城市生活垃圾不需要进行预处理可直接进炉燃烧，适用于垃圾的大规模集中处理，尤其是垃圾焚烧发电（或供热）。但对于大件生活垃圾、含水率特别高的污泥不适宜直接使用炉排炉进行处理。图 6-5 是炉排炉结构示意图。

工作原理：垃圾通过进料斗进入倾斜向下的炉排（炉排分为干燥区、燃烧区和燃尽区），由于炉排之间的交错运动，将垃圾向下方推动，使垃圾依次通过炉排上的各个区域（垃圾由一个区进入到另一区时，起到大翻身的作用），直至燃尽排出炉膛。燃烧空气从炉排下部进入并与垃圾混合；高温烟气通过锅炉的受热面产生热蒸汽，同时烟气也得到冷却，最后烟气经烟气处理装置处理后排出。

根据炉排类型的不同，炉排炉又可分为固定炉排炉（主要是小型焚烧炉）、倾斜往复式炉排炉、水平往复式炉排炉、链条式炉排炉、滚筒式炉排炉、铲削式炉排炉、摇摆式炉排炉和振动式炉排炉等。图 6-6 是生活垃圾炉排的主要类型示意图。

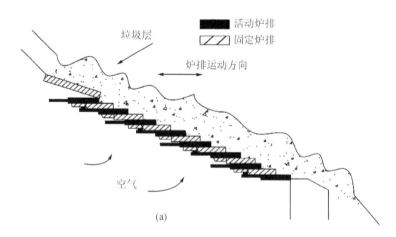

(a)

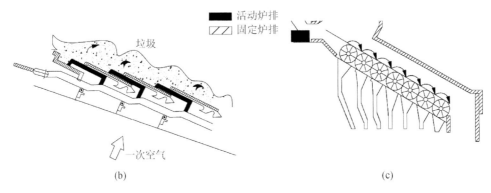

图 6-6　生活垃圾炉排的主要类型示意图

（a）往复式炉排；（b）逆动式炉排；（c）滚筒式炉排

（2）流化床焚烧炉。流化床焚烧炉（图 6-7）的构造很简单，主体设备是一个圆形塔体，塔内壁衬耐火材料，下部设有分配气体的布风板，板上装有载热的惰性颗粒。布风板通常设计为倒锥体结构，一次风经由风帽通过布风板送入流化层，二次风由流化层上部送入。生活垃圾由炉顶或炉侧进入炉内，通过与高温载热体及气流交换热量而被干燥、破碎并燃烧，燃烧产生的热量被贮存在载热体中，将气流的温度提高。焚烧温度不可太高，否则床层材料出现粘连现象。焚烧残渣可以在焚烧炉的上部与焚烧废气分离，也可以另设置分离器，分离出载热体在回炉内循环使用。

循环流化床生活垃圾焚烧系统工艺流程如图 6-8 所示。

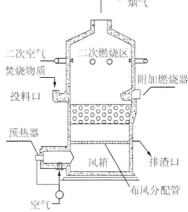

图 6-7　流化床焚烧炉结构示意图

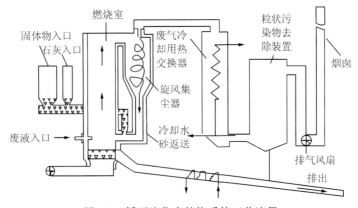

图 6-8　循环流化床焚烧系统工艺流程

流化床焚烧炉的使用具有如下优点：无机械转动部件，不易产生故障；炉床单位面积处理能力大，炉子体积小，床料热容量大，启停容易，垃圾热值波动对燃烧的影响较小；炉内床层的温度均衡，避免了局部过热等。

但流化床焚烧炉也有如下不足：对进料粒度要求很高，为了保证入炉垃圾的充分流化，要求垃圾在入炉前进行一系列的筛选及粉碎处理，使其颗粒尺寸均一化，一般要破碎到颗粒尺寸为 15mm 以下，同时要进料均匀，而且在预处理过程中容易造成臭气外逸；燃烧速度快，燃烧空气平衡较难，容易产生 CO，为使燃烧各种不同垃圾时都保持较合适的温度，必须随时调节空气量和空气温度；废气中粉尘较其他类型的焚烧炉要多，后期处理加重；对操作运行及维护的要求高，操作运行及维护费用也高，垃圾预处理设备的投资成本较高。

（3）回转窑垃圾焚烧炉。回转窑焚烧污泥及垃圾工艺流程如图 6-9 所示。

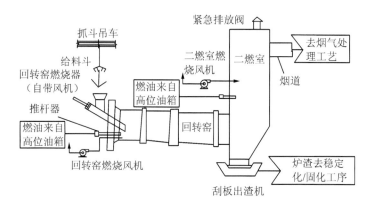

图 6-9　回转窑污泥焚烧工艺流程

回转式焚烧炉主体是一个钢制的滚筒，其内壁可采用耐火砖砌筑，也可采用管式水冷壁，以保护滚筒。它是通过炉体滚筒连续、缓慢转动，利用内壁耐高温挡板将垃圾由筒体下部在筒体滚动时带到滚筒上部，然后靠垃圾自重落下。筒体内上半部为燃烧空间，下半部为物料层，物料由筒体一端送入，随着筒体的转动，物料在筒体内翻动前进、燃烧，直到燃尽成灰渣，灰渣从筒体另一端落出至灰斗。回转式焚烧炉在筒体的一端常设有辅助燃烧器以维持窑内的较高炉温，这对焚烧污泥类的废物是必不可少的。送风和烟气流向与物料的走向可以是逆流亦可是顺流。

回转式焚烧炉是目前用途较多、对于危险废物适应性更强的垃圾焚烧炉之一。这种焚烧炉广泛用于销毁工业废物和焚烧干湿混合的固体废物，特别是焚烧污泥。它具有燃烧效率高、排放氮氧化物量低、金属释放量低、能量回收率高、设备费用低和操作维修方便等优点，但同时有垃圾处理量小、飞灰处理难和燃烧不易控制的缺点，很难适应发电的需要，在城市生活垃圾焚烧中应用较少。

6.4　焚烧过程中污染控制

生活垃圾焚烧过程(特别是有害废物的焚烧)中,会产生大量的烟气、残渣、渗滤液和锅炉废水等污染物,其污染控制是垃圾焚烧系统重要的组成部分。生活垃圾焚烧时产生的污染物中,所含的污染物及其含量与废物的成分、燃烧速率、焚烧炉类型、燃烧条件及废物进料方式等有密切的关系。

6.4.1　烟气中污染物控制技术

1. CO 控制技术

CO 主要是碳氢化合物不完全燃烧造成的,其主要原因是由于氧气供给不足、燃烧温度不够高、停留时间短以及气体混合不充分等。在入炉垃圾成分一定、焚烧炉结构一定的条件下,烟气中 CO 的浓度完全取决于燃烧状况,因此烟气中 CO 浓度一般可作为判断生活垃圾是否完全燃烧的指标。针对 CO 产生的特点,在设计焚烧炉时应保证燃烧室有足够的温度和停留时间,同时增加二次风的穿透能力。

2. 粉尘控制技术

烟气中的颗粒污染物(粉尘)控制是通过除尘设备进行的,常用的除尘设备包括重力沉降室、旋风除尘器、惯性除尘器、喷淋塔、文丘里洗涤器(湿式除尘器)、静电除尘器及布袋除尘器等。其中,重力沉降室、惯性除尘器和旋风除尘器对细小颗粒物的去除效果很差,旋风除尘器对颗粒粒径小于 $2.5\mu m$ 的颗粒去除效率只有 10%,因此此类除尘器只能作为除尘的前处理设备;文丘里洗涤器虽然具有很高的除尘效率,但能耗高且存在后续处理的问题,不宜作为主要的除尘设备;静电除尘器和袋式除尘器是目前应用最广泛的两种除尘设备,且布袋除尘器比静电除尘器有更高的除尘效率,可以更有效地捕集对人体有严重影响的重金属粒子及亚微米级尘粒。因此,近年来国内外新建的大规模现代化垃圾焚烧厂都采用布袋除尘器。在国家颁布的《生活垃圾焚烧污染物控制标准》(GB 18485—2001)中也明确规定:"生活垃圾焚烧炉除尘装置必须采用袋式除尘器"。

袋式除尘器是利用天然或人造纤维织成的滤袋净化含尘气体的装置,除尘效率可达 99% 以上。袋式除尘器的滤料织物类型有棉纤维、毛纤维、合成纤维以及玻璃纤维等,不同纤维织成的滤料具有不同的性能。通常,将袋式除尘器安设在酸性气体处理装置之后,以降低水分和酸性气体对滤料的损害,并保证布袋除尘器进气干燥。

表 6-2 对几种除尘设备的特性进行了比较。

表 6-2　除尘设备的特性比较

种类		有效去除颗粒粒径/μm	压差/cmH$_2$O	处理单位气体需水量/(L/m³)	体积	受气体流量变化影响与否		运转温度/℃	特性
						压力	效率		
文丘里洗涤器		0.5	1000～2540	0.9～1.3	小	是	是	70～90	构造简单，投资及维护费用低，能耗大，废水需求量大
静电除尘器		0.25	13～25	0	大	是	是	—	受粉尘含量、成分及气体流量变化影响大，去除率随时用时间下降
湿式电离洗涤剂		0.15	75～205	0.5～11	大	是	否	—	效率高，产生废水需处理
袋式除尘器	传统形式	0.4	75～150	0	大	是	否	100～250	受气体温度影响大，布袋选择是关键，如选择不当，则维护费用高
	翻转喷射形式	0.25	75～150	0	大	是	是		

注：1cmH$_2$O=98.0665Pa。

3. 酸性气体控制技术

HCl、HF 及 SO$_x$ 等酸性气体的控制是通过酸碱中和反应来进行的，根据碱性吸收剂的形态，将其分为以下三种类型。

1）湿式洗涤法

湿式洗涤法主要是使用碱性溶液 [NaOH、Ca(OH)$_2$] 等，在适当的排气温度条件(70℃)下，对固体废物焚烧废气进行洗涤，从而达到去除 HCl、HF 及 SO$_x$ 等酸性气体的目的。洗涤废水通常含有很多溶解性重金属盐类，必须经废水处理系统进行处理。湿式洗涤塔一般设置在袋式除尘器的后面。它的最大优点是去除率高，对 HCl 去除率达 98%，对 SO$_x$ 去除率达 90% 以上，其缺点是造价高。

2）半干式洗涤法

半干式洗涤法与湿式洗涤法的原理基本相同，它是使废气与碱液进行反应，使酸性物质形成固体状物质后被去除的一种方法。半干式洗涤装置设置在除尘器之前，一般不需要专门设置废水处理系统。但由于最后形成的是固态或半固态产物，含水率较高的固态物质在收集阶段易发生堵塞和吸附现象，影响处理效果。

3) 干式处理法

干式处理法是采用将干式吸收剂，如 $CaCO_3$、Na_2CO_3 和 $Ca(OH)_2$ 干粉喷入炉内或烟道内，使之与 HCl 等酸性气体进行反应，反应后的固体物质被除尘器收集的一种方法。这种方法不需要废水处理系统，设备简单，但整体去除率低于其他两种方法。

4. NO_x 控制技术

城市生活垃圾焚烧烟气中以 NO_x 为主，其体积分数高达 95% 以上，由于废气中的氮氧化物多以 NO 的形式存在，且有难溶于水和不易发生化学反应的特性，使得净化及酸性气体的常规化学吸收法很难有效发挥作用，因此必须采用专门技术来控制。NO_x 的控制方法有燃烧控制法、吸收法、选择性催化还原法（selective catalytic reduction，SCR）和选择性非催化还原法（selective non-catalytic reduction，SNCR）等。

1) 燃烧控制法

燃烧控制法是通过调整焚烧炉内垃圾的燃烧条件降低 NO_x 生成量的方法。狭义的燃烧控制法是指低氮燃烧法、两阶段燃烧法和抑制燃烧法，广义的燃烧控制法则还包括喷水法和废气再循环法。以燃烧控制来降低 NO_x 的生成量，主要考虑发生自身脱硝作用，也即经燃烧垃圾生成的 NO_x，在炉内可被还原为 N_2。此反应中的还原性物质，一般认为是由炉内干燥区产生的氨气、一氧化碳及氰化氢等热分解物质。要使自身脱销反应有效进行，除必须促进热分解气体发生外，亦必须维持热分解气体与 NO_x 的接触，并使炉内处于低氧状况，以避免热分解气体发生急剧燃烧。

2) 吸收法

吸收法分为氧化吸收法和吸收还原法，与湿法净化工艺结合使用。氧化吸收法是在湿法净化系统的吸收剂中加入 O_3、NaClO 和 $KMnO_4$ 等氧化剂将 NO 氧化成 NO_x 后，再用碱液中和。吸收还原法则利用 EDTA-Fe 水溶液形成络合液的方式吸收 NO_x。

3) 选择性催化还原法

SCR 是在催化剂条件下，NO_x 被还原剂（一般为氨）还原为对环境无害的氮气和水，由于催化剂的存在，该反应可在不高于 400℃ 条件下完成。SCR 法对 NO_x 的去除率可达 80% 以上，但催化剂的再生和催化成本很高，实际应用不多。

4) 选择性非催化还原法

SNCR 是在没有催化剂存在的条件下，将尿素或氨注入高温（900～1000℃）

废气中将 NO_x 还原为氮气和水，此种方法对 NO_x 的去除效率不高，但是其设备及操作维护成本较 SCR 法及吸收法低得多，且无废水处理问题，实际应用很多。

5. 重金属控制技术

重金属控制技术主要在焚烧前、焚烧中及焚烧后进行。

1）焚烧前控制

焚烧前通过垃圾的分类或分选，将垃圾中重金属含量较大的组分（电池、电器和矿物质等）从垃圾中分离，以减少进入焚烧炉的重金属的量。

2）焚烧中控制

控制焚烧过程中产生的重金属主要途径有两个，一是让重金属留在底灰中，再从底灰中将其回收；二是使重金属以气体的形式进入烟气，然后再用洗涤等方法加以处理。目前国际上运用较多的方法是向烟气中喷射活性炭等吸附剂，这种方法对控制汞尤其有效。当尾气通过热能回收设备及其他冷却设备后，部分重金属会因凝结或吸附作用附着在吸尘器表面，可被除尘设备去除，且温度越低，效果越好。

3）焚烧后控制

焚烧后控制主要是灰渣与飞灰的处理，经焚烧后大量含重金属的飞灰存在于焚烧炉、除尘器及烟囱中，经过湿式洗涤产生的污水中也含有大量的重金属。焚烧后的控制方法主要有精除尘、固化处理以及各种重金属稳定化技术等。

6. 二噁英类物质控制技术

一般将多氯代二苯并恶英（75 种异构体）PCDDs 和多氯代二苯并呋喃（135 种异构体）PCDFs 统称为二噁英类物质。在这些异构体中，对人类身体健康影响最大的是 2，3，7，8-四氯化二噁英。国内外研究实践表明，减少焚烧烟气中二噁英类物质浓度的主要方法是控制二噁英类物质的生成，主要有以下几种方法。

1）源头控制

通过垃圾的分类收集，避免含二噁英类物质及含氯成分高的物质（如塑料等）进入焚烧炉中，是减少二噁英产生量的最有效措施。

2）减少炉内生成

在设计燃烧室时应采取适当的炉体热负荷，以保持足够的燃烧温度及气体停留时间，满足燃烧段与后燃烧段不同燃烧空气量及预热温度的要求，达到完全燃烧，分解破坏垃圾内含有的二噁英类物质，也要避免氯苯及氯酚等前驱物的产生；炉床上的二次空气量要充足（约为全部空气体积分数的 40%），且应配合炉体形状于混合度最高处喷入（如二次空气入口上方），喷入的压力要能足够穿透及涵盖炉体的横截面，以增加混合效果；燃烧的气流模式宜采用顺流式,以避免在干燥段已挥发的物质未经完全燃烧即短流释出;高温段炉室体积应足够,以确保炉体有足够的停留时间等。另外在操作上,应确保废气中具有适当的过氧量(体积分数最好在 6%～12%),因为过氧浓度太高会造成炉温不足,太低则燃烧需氧量不足,同时应避免大幅变动负荷(体积分数最好在 80%～110%);在启炉、停炉与炉温不足时,应确保启动助燃器达到既定的炉温等。对一氧化碳量(代表燃烧情况)、氧气量、废气温度及蒸汽量(代表负荷状况)等均应连续监测,并借助自动控制燃烧控制系统和模糊控制系统回馈控制垃圾的进料量、炉床移动速度、空气量及一次空气温度等参数,以达到完全燃烧的目的。

3)避免炉内低温再合成

由于目前多数大型焚烧厂均设有锅炉回收热能,焚烧烟气在锅炉出口的温度能保持在 220～250℃,因此二噁英类物质的炉外再合成现象多发生在锅炉内或在粒状污染物进入控制设备前。

6.4.2　噪声污染控制

垃圾焚烧厂的主要噪声源包括余热锅炉蒸汽排空管、高压蒸汽吹管、汽轮发电机组、风机(送风机和引风机)、空压机、水泵、管路系统和垃圾运输车辆,还有吊车、大件垃圾破碎机、给水处理设备、烟气净化器和振动筛等。垃圾焚烧厂噪声的声学特性大多属于空气动力学噪声,其次是电磁和机械振动噪声。由于垃圾焚烧厂连续生产,大多数噪声为固定式稳态噪声,但也有随生产负荷变化而变化的排气放空间歇噪声、定期清洗管道的高压吹管间歇噪声以及运输车辆的流动噪声。垃圾焚烧厂噪声的频谱一般集中分布在 125～4000Hz 的频率范围内。

垃圾焚烧厂噪声控制包括以下三个方面:①选用符合国家噪声标准规定的设备,从声源上控制噪声;对于声源上无法根治的生产噪声,分别按不同情况采取消声、隔振、隔声、吸声等措施,并着重控制声强高的噪声源;减少交通噪声,垃圾运输车辆进出区时,降低车速,少鸣或不鸣喇叭;②合理布置规划总平面布置,尽量集中布置高噪声的设备,并利用建筑物和绿化带减弱噪声传播的影响;③合理布置通风、通气和通水管道,采用正确的结构,防止产生振动和噪声。

6.4.3　恶臭控制

恶臭污染物是一切刺激嗅觉器官引起人们不愉快并损害周围环境的气体物质。恶臭物质大致可分为三类:①含硫化合物(硫化氢、甲硫醇和甲基硫醚等);②含氮化合物(氨和三甲胺等);③碳氢或碳氢氧组成的化合物(低级醇、醛和脂肪酸等)。

垃圾焚烧厂中恶臭控制主要依靠隔离和抽气的方法，减少恶臭的产生与传播渠道。常用的管理措施有：①采用封闭式垃圾运输车；②在垃圾卸料平台的进出口处设置风幕门；③在垃圾储坑上方抽气作为助燃空气，使垃圾储坑内形成负压，以防止恶臭外溢；④定期清理在垃圾储坑中的陈垃圾；⑤设置自动卸料门，使垃圾储坑密闭化。

6.4.4　焚烧烟气处理工艺

城市生活垃圾焚烧厂中烟气处理系统是根据这些污染物的控制原理进行组合并优化构建而成。根据 HCl 等酸性气体所采用的控制方式的不同，可将垃圾焚烧厂污染控制设备和处理流程分为以下三种。

1. 湿式处理工艺

湿式处理工艺是湿法脱酸装置与其他装置的组合或集成，常用的湿法处理工艺有两种。

1）喷射干燥器＋袋式除尘器＋湿式洗涤器

其处理工艺流程如图 6-10 所示。前端喷雾干燥塔的作用在于对烟气进行调节和预洗涤，并通过迅速冷却，尽量避免二噁英类物质的再生成。其浆液可采用后续湿式洗涤系统所产生的废水底流。

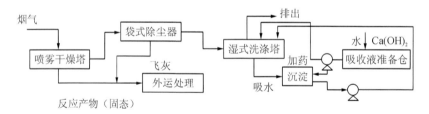

图 6-10　湿法处理工艺流程

2）集中处理洗涤塔

集中处理洗涤工艺的特点在于将烟气中各种污染物的处理集中在洗涤塔中完成。烟气从洗涤塔底部进入，经过冷却、洗涤、吸收和雾沫分离后从塔顶排出，经过再加热后从烟囱排入大气。洗涤器分为三段，下部为冷却段，中间为洗涤吸收段，上部为脱湿，即雾沫分离段。

2. 半干式处理工艺

半干式处理工艺是半干法脱酸装置与其他装置的组合，形式一般为喷雾干燥洗涤塔＋袋式除尘器组合，其工艺处理流程如图 6-11 所示。

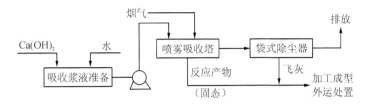

图 6-11　半干法处理工艺流程

石灰经磨碎后形成粉末状(粒度在工程应用中有严格要求)吸收剂,加入一定量的水形成石灰浆液。浆液经雾化器形成雾滴,在喷雾干燥塔内与烟气接触,完成传质、传热过程。浆液中残留物以干态形式从反应塔底部排出,携带有大量颗粒物的烟气从反应器排除后进入袋式除尘器,去除粉尘颗粒。

3. 干式处理工艺

干式处理工艺是干法脱酸装置与其他装置的组合,一般为干式管道喷射+除尘器或干法吸收反应器+除尘器的形式。具体操作是用压缩空气将消石灰或碳酸氢钠固体粉末直接喷入烟气管道或反应塔内,使碱性药剂与酸性气体充分接触发生中和反应,从而去除酸性气体。干式处理工艺流程如图 6-12 所示。

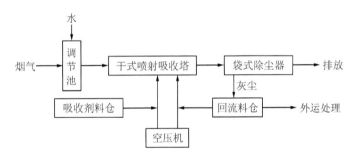

图 6-12　干式处理工艺流程

第7章 热 解

热解是一种较为古老的工业化生产技术，该技术最早应用于煤的干馏，所得焦炭产品主要作为冶炼钢铁的燃料。在 20 世纪 20 年代，煤的热解机理已经比较成熟，工业实施已获得成功，随着现代化工业的发展，该技术的应用范围逐渐扩大，被用于重油和煤炭的气化。70 年代初期，世界性的石油危机对工业化国家经济的冲击，使人们逐渐意识到开发再生资源的重要性，热解技术开始用于橡胶、塑料、复合塑料、污泥、纺织废物和生物质等固体废物的处理中。

7.1 热 解 原 理

热解（pyrolysis）又称干馏、热分解或炭化，是利用固体废物中有机物的热不稳定性，在无氧或缺氧的条件下对之进行加热蒸馏，使有机物产生热裂解，经冷凝后形成新的气体、液体和固体，从中提取燃料油、油脂和燃料气的过程。热解过程包含大分子的键断裂、异构化和小分子的聚合等反应，最后生成各种较小的分子。所以说固体废物热解是一个复杂的化学反应过程。可以用通式表示如下：

$$有机固体废物 + 热量 \longrightarrow H_2、CH_4、CO、CO_2\ 气体 + (有机酸、芳烃、焦油)有机液体 + 炭黑 + 炉渣$$

上述反应产物的收率取决于原料的化学结构、物理形态、热解的操作过程、温度和速度。收率指按反应物进行量计算，生成目的产物的百分数，用质量百分数或体积百分数表示，即收率＝（目的产物生成量/关键组分起始量）×100%。图 7-1(a)描述了纤维素的热解和燃烧过程。纤维素的化学结构如图 7-1(b)所示。

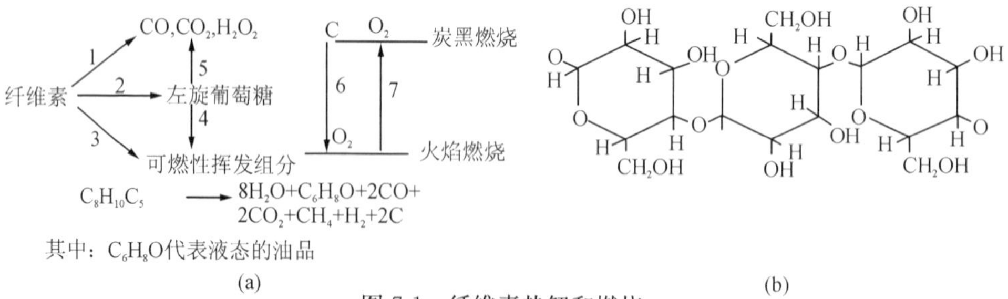

图 7-1 纤维素热解和燃烧

(a) 纤维素的热解和燃烧过程；(b) 纤维素的化学结构

纤维素分子在缺氧状态下迅速加热升温,生成 H_2、CO、CO_2、H_2O 和 CH_4 等可燃性挥发组分以及其他低分子有机物,这些组分与部分 O_2 发生燃烧反应,进一步生产 CO_2 和 H_2O。热解反应所需的能量取决于各种产物的生成比,而生成比又与加热的速度、温度及原料的粒度有关。在低温、低速加热条件下,有机物分子有足够时间在其最薄弱的节点处分解,重新结合为热稳定性高的固体,固体产率增加;高温、高速加热条件下,有机分子结构发生全面裂解,生成大范围的低分子有机物,产物中气体组分增加。对于粒度较大的有机原料,要达到均匀的温度分布需要较长的传热时间,其中心附近的加热速度低于表面的加热速度,热解产生的气体和液体也要通过较长的传质过程,这期间将会发生许多二次反应。固体废物热解能否得到高能量产物,取决于原料中的氢转化为可燃气体与水的比例。有机物的成分不同,整个热解过程开始的温度也不同。例如,纤维素开始解析的温度在 180～200℃,而煤热解开始温度也随煤质的不同在 200～400℃ 发生变化。从热解开始到结束,有机物都处在一个复杂的热裂解过程中,不同的温度区间所进行的反应不同,产出物的组成也不同。总之,热解的实质是加热有机大分子使之裂解成小分子析出的过程,但热解过程也绝非机械的由大变小的过程,它包含了许多复杂的物理化学过程。

7.2　热解动力学模型

热裂解过程是一个复杂的物理化学过程,涉及化学反应、物理变化和传热、传质等过程。对于颗粒尺寸较小和结构松软的物料,反应动力学过程占主导地位;对于颗粒大而结构坚实的物料,当加热速率较高时,传热传质等传递过程占主导地位。

在粒子内部,气体扩散速率和传热速率决定于物料的结构和空隙率。

当挥发分析出时,反应和传递过程都很复杂,有些学者用简单的一级模型描述这个过程,如下所示

$$\frac{dV}{dt} = k(V_{max} - V) \tag{7-1}$$

$$k = k_0 e^{-\frac{E}{RT}} \tag{7-2}$$

式中,k——反应速率常数,min^{-1};

　　k_0——频率因子;

　　t——时间,min;

　　E——活化能,kJ/mol;

　　T——热力学温度,K;

　　V_{max}——一定温度下的最大挥发分释放量;

V——在 t 时间内的挥发分释放量;

R——摩尔气体常量,8.31J/(mol·K)。

这个模型用来描述中等温度的热解过程比较适合,但是当温度从低温升到高温以后,该模型就不能完全适用,因为 E、V_{max} 和 k_0 都是温度的函数。

挥发分析出的过程实际上包括许多复杂的连续和平行热分解反应过程。当物料加入床内,粒子表面立即被床料加热到床温,发生化学反应,分子的化学键断裂,从粒子表面到粒子中心形成温度梯度。当粒子内部沿径向各点从表面到中心的温度逐渐升高时,更多的挥发分通过粒子中的空隙扩散到粒子周围的气流中。

挥发分析出时的传热、传质过程,决定于颗粒的尺寸、加热速率和周围介质的压力。试验结果表明:粒径小于 $500\mu m$ 的颗粒,当加热速率达到 $1000℃/s$ 时,粒子内部不会形成温度梯度;粒径大于 1mm 的粗颗粒,粒子内部会出现温度梯度和传热过程,尤其是颗粒的孔隙越少和导热性越差的物料,温度梯度越大。

挥发分析出受化学反应速率控制时,挥发分析出的速度与粒径无关,只决定于化学反应常数、最大挥发分含量、活化能和温度。

热重分析法是研究热解反应的一种非常有用的方法,主要应用于研究热分解的反应机制和动力学特征。从等温和非等温动力学研究角度出发可以得到热解产物成分、反应数量以及反应动力学参数等。热重分析法(thermogravimetry,TG)是在程序控制温度下测量物质的质量与温度变换关系的一种热分析技术。用于热重分析法的仪器称为热天平或者热重分析仪,热重分析仪能够连续的记录质量随温度变化的函数关系(TG 曲线)以及微分失重曲线 DTG。热重分析仪被广泛应用于化学、矿物学、土壤学以及建筑学等领域。热重分析仪的主要优点是能够比较准确地测定物质的反应时间、试样的重量以及试样的温度三者之间的关系。

利用热分析仪对试样进行热分解实验,可以得到热重曲线(TG),从 TG 曲线中可以得到试样的成分、热稳定性、热分解及生成的产物等与质量相联系的信息。而对热重曲线进行一次微分后,就得到 TG 曲线的 DTG 曲线,反映的是温度(或时间)与试样质量的变化率的关系,DTG 曲线的纵坐标为质量对时间或者温度的微分,即 dm/dT 或者 dm/dt,数值为负值,其值与质量变化率成正比,且数值越大失重越快。TG 曲线上的一个台阶,在微分热重曲线 DTG 上就对应一个峰。这个峰的面积与试样质量的变化成正比。虽然 DTG 曲线和 TG 曲线反应的都是质量随温度或者时间的变化关系,但是与 TG 曲线相比,微分热重曲线能准确地读出起始反应温度、最大反应速率时对应的温度(峰顶温度)和反应终止温度,而且提高了分辨两个或多个相继发生的质量变化过程的能力。由于在某一温度下 DTG 曲线的峰的高度直接等于该温度下的反应速率,因此这些值可方便地用于化学反应动力学的计算。

动力学研究的主要目的就是通过动力学方程求解"动力学三因子"：E_a、A 和 $f(\alpha)$。通过热重分析法所得的数据，采用等转化率法模型包括：Coats-Redfem（CR）积分法、Ozawa 积分法以及 Kissinger 微分法对试样进行热解动力学分析（Montiano et al.，2016）。其中，Coats-Redfem 积分法是对试样在单升温速率 β 下计算转化率的平均值；Ozawa 积分法是通过不同的升温速率 β 对试样进行等转化率的计算；Kissinger 微分法是根据不同升温速率 β 的微分热重（differential thermo gravimetry，DTG）峰值的顶点计算。

相对于其他的热分析方法，等转化率方法对聚合物在温度变化过程中细节变化研究的更为透彻，并且不涉及具体反应机理，对研究对象没有选择性，适合绝大部分的热分析对象。等转化率方法起源于动力学方程，公式如(7-3)所示

$$\frac{\mathrm{d}\alpha}{\mathrm{d}t} = k(T) \cdot f(\alpha) \tag{7-3}$$

式中，$k(T)$ ——与温度有关的反应速率常数；

　　　$f(\alpha)$ ——反应机理函数（固体反应物中未反应产物与反应速率的函数）；

　　　α——转化率（时刻 t 的质量分数）；

　　　t——时间，min。

转化率 α 在热解反应过程可表示为

$$\alpha = \frac{W_0 - W_t}{W_0 - W_\infty} = \frac{\Delta W}{\Delta W_0} \tag{7-4}$$

式中，W_0——试样的初始质量；

　　　W_t——试样在温度 T 时的质量；

　　　W_∞——反应完试样的质量。

反应速率常数 $k(T)$ 可用阿伦尼乌斯公式（Arrhenius law）表示为

$$k(T) = A\mathrm{e}^{-\frac{E_a}{RT}} \tag{7-5}$$

式中，R——摩尔气体常量，8.31J/（mol·K）；

　　　E_a——活化能，kJ/mol；

　　　T——热力学温度，K；

　　　A——指前因子（也称频率因子）。

升温速率 β 可表示为式(7-6)

$$\beta = \frac{\mathrm{d}T}{\mathrm{d}t} = \frac{\mathrm{d}T \times \mathrm{d}\alpha}{\mathrm{d}\alpha \times \mathrm{d}t} \tag{7-6}$$

将式(7-5)和式(7-6)代入式(7-3)积分得

$$\int_0^\infty \frac{\mathrm{d}\alpha}{f(\alpha)} = \frac{A}{\beta} \int_0^T \mathrm{e}^{\frac{-E_a}{RT}} \mathrm{d}T \tag{7-7}$$

设 $x = \dfrac{E_a}{RT}$，则式(7-7)可写成

$$\int_0^\infty \frac{\mathrm{d}\alpha}{f(\alpha)} = \frac{AE_a}{\beta R} \int_x^\infty x^{-2} \mathrm{e}^{-x} \mathrm{d}x \qquad (7\text{-}8)$$

如果 $g(\alpha) = \displaystyle\int_0^\infty \frac{\mathrm{d}\alpha}{f(\alpha)}$，$P(x) = \displaystyle\int_x^\infty x^{-2} \mathrm{e}^{-x} \mathrm{d}x$，则式(7-8)可写成

$$g(\alpha) = \frac{AE_a}{\beta R} P(x) \qquad (7\text{-}9)$$

$P(x)$ 可根据热解方式的选择来解决。这些方法都假定反应的动力学不随升温速率变化，反应速率只取决于温度，优点在于，从阿列纽斯参数的动力学分析产生的系统误差被消除。

下面分别就 KAS、OFW、CR 三个模型求解动力学参数做以介绍。

1）最大反应速率下的动力学参数求解

KAS 法只采用多个升温速率下的最大升温速率点，便可以方便的求得活化能的值，但此方法对所做实验的精度要求高。

KAS 方法的数学表达式为

$$\ln\left(\frac{\beta}{T^2}\right) = \ln\left[\frac{AE_a}{Rg(x)}\right] - \frac{E_a}{RT} \qquad (7\text{-}10)$$

根据不同的升温速率 β，绘制 $\ln\left(\dfrac{\beta}{T^2}\right)$ 与 $\dfrac{1}{T}$ 的图形，可计算出不同的活化能转化值。

2）不涉及反应机理的动力学参数求解

OFW 法的特点就是在活化能的计算中不涉及反应机理的选择，因此可以在反应机理未知的情况下计算出活化能，这样就减少了由于选择反应机理而产生的误差。因此此方法可以检验其他模型计算出的动力学参数，但需要三个以上的 β 值。基于 Doyle 近似，对式(7-8)取自然对数可得

$$\ln P(x) \cong -2.315 + 0.457x \qquad (7\text{-}11)$$

则式(7-9)可写成

$$\ln\beta = \ln\left[\frac{AE_a}{Rg(x)}\right] - 2.315 - 0.457\frac{E_a}{RT} \qquad (7\text{-}12)$$

通过绘制 $\ln\beta$ 与 $\dfrac{1}{T}$ 图形可以获得每个转换步骤相对应的活化能。

3）化学反应机理的动力学参数求解

Coats-Redfern(CR)方法，CR 模型由阿伦尼乌斯方程推导并计算 E_a、A 和反应级数 N，公式如下所示

$$f(\alpha) = (1-\alpha)^N \qquad (7\text{-}13)$$

$$\frac{\mathrm{d}\alpha}{\mathrm{d}t} = A \cdot \mathrm{e}^{\frac{-E_a}{RT}} (1-\alpha)^N \qquad (7\text{-}14)$$

$$\frac{\mathrm{d}\alpha}{(1-\alpha)^N} = \frac{A}{\beta} \mathrm{e}^{\frac{-E_a}{RT}} \mathrm{d}T \qquad (7\text{-}15)$$

利用泰勒(Taylor)公式估算并且假设 $2RT/E \ll 1$，可得

$$N = 1 \rightarrow \ln\left[\frac{-\ln(1-\alpha)}{T^2}\right] = \ln\left(\frac{AR}{\beta E_\alpha}\right) - \frac{E_\alpha}{RT} \tag{7-16}$$

$$N \neq 1 \rightarrow \ln\left[\frac{(1-\alpha)^{1-N}-1}{(1-N)T^2}\right] = \ln\left(\frac{AR}{\beta E_\alpha}\right) - \frac{E_\alpha}{RT} \tag{7-17}$$

当 $N=1$ 时，$\ln\left[\dfrac{-\ln(1-\alpha)}{T^2}\right]$ 对 $\dfrac{1}{T}$ 作图，当 $N \neq 1$ 时，$\ln\left(\dfrac{(1-\alpha)^{1-N}-1}{(1-N)T^2}\right)$ 对 $\dfrac{1}{T}$ 作图，都可以求得活化能和指前因子。

从以上分析中不难发现，Ozawa 积分法的优点就在于计算动力学参数时，不需要假定反应机理函数 $f(\alpha)$ 的具体表达式，并且 Ozawa 积分法在计算中应用了多条温升曲线，因此实验偶然误差较小；利用多种升温速率只计算出一组动力学参数，这就不需要人为主观的对不同升温速率下的动力学参数进行取舍，这样便避免了主观误差的产生，也不需要引入动力学补偿效应。Ozawa 积分法的缺点在于由于积分过程中应用了温度积分的 Doyle 的一级简化式，因此应用范围有一定的限制，且精度也不如 Coast-Refem 积分法；再有就是 Ozawa 积分法需要多个升温速率，因此工作量较 Coast-Refem 积分法大，在最后线性拟合时原始数据点偏少，这里可能会引入误差。Coast-Refem 积分法和 Ozawa 积分法的推导都是以活化能 E_α 和反应机理函数 $f(\alpha)$ 在整个反应过程中不发生变化为前提的，因此这两种积分法只能应用于反应机理函数 $f(\alpha)$ 和活化能不发生变化的反应。而对于反应机理函数 $f(\alpha)$ 以及活化能变化的多步反应，以上两种方法只能计算出各步活化能逐步累计的平均值，不能得到各步的动力学参数。Kissinger 微分法的优点是操作简单，并且数据的重现性较好，缺点是在计算中需要涉及最大反应速率。

7.3　固态废物及生物质热解工艺

7.3.1　热解工艺的分类

不同物质的热解所需的温度差别很大，热解温度可以从 100℃(如木材热解)到 1000℃(如煤高温热解)。热解所得气、液、固产物的相对数量随加热温度和时间变化而有差别，如低温热解一般可获得较多的固体产物。因此，根据操作条件不同，热解可以进行不同的分类，其主要区别在于热解反应温度、升温速度、固体停留时间及原料尺寸等。

1. 根据升温速度不同分类

热解可以分为常规/慢速热解、快速热解和闪速热解(Balat et al.，2009)。

1) 常规/慢速热解

慢速热解（conventional/slow pyrolysis）技术已经有近千年的历史，主要特点在于在低温（300～700℃）和低升温速度条件下强化炭的生产并且物料颗粒尺寸范围较宽（5～50mm）。在这一过程中，挥发气体停留时间较长（可达5～30min）且气态组分与固体多有二次反应发生进而影响固态炭及液体产物的组分。慢速热解产生的生物炭（biochar）由于其显著的固碳能力，近年来正被人们重新认识，并被认为是对抗全球气候变化的一大利器，但也有学者指出较长的停留时间和较低的热交换效率不利于能源效率的提高，往往需要额外的能源输入。

2) 快速热解

快速热解（fast pyrolysis）反应过程中，生物质以较快的速度（10～200℃/s）被加热到一定温度，停留时间较短（0.5～10s，典型的小于2s）有利于液体产物的形成。快速热解相对其他技术而言有较高的能源利用效率，其产生的液态产物可以较容易也较经济的运输、储存和利用。

3) 闪速热解

闪速热解（flash pyrolysis）作为一种新技术被开发，其目的在于大幅提高液态产物组分，部分研究表明液态产物可占总产物的75%。闪速热解的特点在于高升温速度（10^3～10^4℃/s）和极短的停留时间（小于0.5s）。但该技术现在依然存在一些不足，即稳定性不足、设备要求高、液态组分含固量高和投资大等。

2. 按供热方式的分类

热解可以分为直接加热法和间接加热法。

1) 直接加热法

供给被加热物的热量是被加热物（所处理的废物）部分直接燃烧或者向热反器提供补充燃料时所产生的。由于燃烧需提供 O_2，因而会产生 CO_2 和 H_2O 等物质。惰性气体混在热解可燃气中，稀释了可燃气，降低了热解气的热值。如果采用空气作氧化剂，热解气体中不仅有 CO_2 和 H_2O，而且含有大量的 N，更稀释了可燃气，使热解气的热值大大降低。因此，采用的氧化剂是纯氧、富氧或空气，其热解可燃气的热值是不同的。直接加热法的设备简单，可采用高温，其处理量和产气率也较高，但所产气的热值不高，作为单一燃料还不能直接被利用。由于采用高温热解，在 NO_x 产生的控制上，还须认真考虑。

2) 间接加热法

间接加热法是将被加热的物料由直接供热介质在热解反应器（或热解炉）中分离开来的方法。可利用干墙式导热或中间介质传热（热砂料或熔化的某种金属床层）。干墙式导热由于热阻大，熔渣可能会出现包覆或者腐蚀传热壁面，以及不能采用更高的热解温度等而受限。采用中间介质传热，虽然可能出现固体传热或物料与中间介质分离等问题，但二者综合比较起来，后者较干墙式导热方式好一些。间接加热法的主要优点在于：其产品的品位比较高，但每千克物料所产生的燃气量，即产气率大大低于直接法。除流化床技术外，一般而言，间接加热其物料被加热的性能较直接加热差，从而延长了物料在反应器里的停留时间，即间接加热的产率是低于直接加热法的，由于间接加热法不能采用高温热解方式，这可以减轻对 NO_x 产生造成二次污染问题的顾虑。

3. 按热解温度的分类

热解可以分为高温热解、中温热解和低温热解。

1）高温热解

热解温度一般都在 1000℃以上，高温热解方案采用的加热方式几乎都是直接加热法，如果采用高温纯氧热解工艺，反应器中的氧化——熔渣区的温度可高达 1500℃，从而将热解残留的惰性固体（金属盐类及其氧化物和氧化硅等）熔化，以液态渣形式排出反应器，清水淬冷后粒化。这样可大大减少处理固态残余物的困难，而这种粒化的玻璃态渣可作建筑材料的骨料。

2）中温热解

热解温度一般在 600~700℃，主要用在比较单一的物料作能源和资源回收的工艺上，像废轮胎、废塑料转换成类重油物质的工艺。

3）低温热解

热解温度一般在 600℃以下，农业、林业和工业产品加工后的废物用来产生低硫、低灰炭就可采用这种方法，生产出的炭视其原料和加工深度的不同，可作不同等级的活性炭和水煤气原料。

7.3.2　热解产物

根据热解产物形态的不同，一般将热解产物分为气、液、固三部分。

1. 气体产物

气体产物主要指不凝气体（non-condensable gases）部分，主要是由氢、一氧化碳、二氧化碳、甲烷、其他短碳链气体和杂质气体组成（Neves et al.，2011）。Kasakura 和 Hiraoka（1982）进行了污泥热解的试验，其热解气态产物主要包括 H_2（在空气中体积占比 5.5%）、CO（在空气中体积占比 3.65%）和甲烷（在空气中体积占比 1.48%）等气体。同时部分研究人员对热解反应过程产生的 HCN、氮氧化物、二氧化碳和二氧化硫等进行了研究，发现这部分气体含量均较低。对于其他组分，Conesa 等（1998）研究了蒸汽部分在不同工艺条件下一次热解和二次热解阶段的转化过程，发现一次热解过程中有大量的物质被发生热转换，这部分质量分数可达 45%，其主要组分是水分、氢气、短碳链气体($C_1 \sim C_4$)、甲醇、二氧化碳和醋酸等。

热解气成分分析见表 7-1。

表 7-1　热解气成分分析

热解气成分	体积分数/%	质量分数/%
H_2	29.79	2.61
CO_2	18.26	34.88
CH_4	18.79	13.09
CO	17.54	21.32
C_2H_4	5.51	6.70
C_2H_6	2.08	2.71
C_3	1.44	2.71
C_4	0.19	0.49
C_nH_m	3.53	11.97
N_2	2.87	3.51

2. 液态产物

液态产物主要包括生物油及水分，主要有长碳链液体、有机酸、羰基化合物的高分子量酚类、芳香族化合物、脂肪族醇、醋酸和水；生物质尤其是干污泥热解过程产生的焦油组分十分复杂，含有多种有机物（Sanchez et al.，2009；Dominguez et al.，2003）。热解油可以利用 GC-MS 设备进行分析，进而推断其组分的分子分布和结构特征。一般认为热解油中含有大量的芳香族化合物，并依靠长直链烃类与芳香环分支链链接。将热解油优化后可以作为生物燃料使用，其特点是高热值、低黏度。焦油类物质是热解生物质获取的液体产物中的一部分，部分研究指出评估热解液态产物的参数是多样化的。高含水的湿污泥深度热解过程研究表明焦油中含有大量的芳香族化合物以及少量的脂肪组化合物。Zhang 等（2011）发现污泥热解获取的液态产物可以分为以下几个部分，即烯烃、单芳碳氢化合物、各自的烷基衍生品、多环芳烃类物质（PAHs）和芳香腈类等物质。此外，热解油中还包括部分含氧化合物，如酮类、酯类和卤代芳烃等。Tian 等（2011）指出液态产物中氮、硫组分应进行关注，尤其是当热解油作为生物燃料使用时。

3. 固态产物

热解过程的固体产品是一种含碳物质，称为生物炭(biochar)，生物炭的热解特征主要受热解反应器类型、原料特征和热解温度等因素影响。

7.4 热 解 工 艺

7.4.1 城市垃圾的热解

城市生活垃圾热解过程可表示为：

$$\text{垃圾的有机成分} \xrightarrow{\text{加热}} \begin{cases} \text{有机液体} \\ \text{多种有机酸和芳香族物质} \\ \text{碳渣} \\ CH_4 + H_2 + H_2O + CO + CO_2 \\ NH + HS + HCN \end{cases}$$

城市垃圾的热解技术根据其装置类型可分为：

（1）移动床熔融炉式。移动床熔融炉式是城市垃圾热解技术中最成熟的方法，代表性的系统有新日铁系统、Purox 系统和 Torrax 系统。

（2）回转窑式。具有代表性的是 Landgard 系统。

（3）流化床式。流化床有单塔式和双塔式两种，其中双塔式流化床已经达到工业化生产规模。

（4）多段炉式。主要用于含水率较高的有机污泥的处理。

（5）瞬时热解(flush pyrolysis)式。具有代表性的是 Occidental 系统，用于有机物的液化，低温热解。

7.4.2 生物质热解工艺

生物质是一种环保型的可再生能源，它是地球上的绿色植物通过光合作用获得的各种有机物质，主要包括林业生物质、农业废物、水生植物、能源作物、城市垃圾、有机废水和人、畜粪便等。生物质能源是可再生能源的重要组成部分，其作为一种环境友好型能源，已引起了越来越多人的关注。生物质能源的利用将是 21 世纪能源的发展方向，人类对生物质能转化和利用的研究是摆在我们面前的重大课题。

1. 生物质热解技术概述

生物质能的转换利用方法可归结为生物法、化学处理法和热化学转化法三种。其中，热化学转化法主要包括直接燃烧、液化、气化和热解等四个方面，下面仅对热解，气化技术加以简要介绍。

生物质热解是其在完全无氧或缺氧的条件下热裂解为可燃气体、液体生物油和固体生物质炭的过程，这三种产物的比例取决于热解工艺和反应条件。在生物质热解过程中，热量传递从生物质表面开始。生物质颗粒被加热后迅速裂解成木炭和油蒸汽，油蒸汽包括可冷凝气体和不可冷凝气体，可冷凝气体经过快速冷凝可以得到生物油。一次裂解反应可生成生物质炭、一次生物油和不可冷凝气体。多孔隙生物质颗粒内部的挥发分将进一步裂解，形成不可冷凝气体和热稳定的二次生物油。同时，当挥发分气体离开生物颗粒时，进行第二次裂化分解，即二次裂解反应。生物质热解后最终生成生物油、不可冷凝气体和生物质炭。

生物质热解分低温慢速热解、中温快速热解和高温闪速热解。①低温慢速热解而得的生物质在极低的升温速率、温度约500℃以下的条件下发生降解，反应时间为15min至几天，产物以木炭为主，产炭率最高可达到35%；②中温快速热解而得的生物质在温度为500~650℃的条件下发生降解，产物以液体生物油为主；③高温闪速热解而得的生物质在温度为700~1000℃的条件下发生降解，产物以可燃气体为主。生物质热解制取生物油技术所采用的温度为常压中等温度（约500℃），升温速率高达10 000~100 000℃/s，蒸汽停留时间在2s以内。应用该项技术所制得的液体生物油的产率高，仅有少量可燃的不凝性气体和炭产生。

生物质快速热解的最大优点是它可以最大限度地生产生物油。生物油与原生物质比较，具有较高的能量容积密度，且容易处理、储存和运输，它代表了今后生物质能转换和利用的方向。目前生物质快速热解研究的重点：一是寻找最优工艺参数、控制转换过程；二是实现工业性应用。国外研究表明，生物油经过加氧处理和沸石合成技术，可转化成高级的烃类燃料。除了用作燃料外，也可作为化工业的重要原料。

反应器是生物质进行热解的重要装置，热解反应器具有加热速率快、反应温度中等、气体停留时间短等特征，是目前国内外关注的焦点。世界各国通过对反应器的设计、制造及工艺条件的控制，已研发了固定床、流化床、真空移动床、引流床、夹带流、多炉装置、旋转炉、旋转锥反应器和辐射炉等。其中用于商业运行的只有输送床和循环流化床反应器。国外的研究主要有美国、加拿大和芬兰等国，代表工艺为 Twenet、GIT、Ensyn、GIEC、NREL 和 Laval 等。

2. 生物质快速热解过程的影响因素

生物质的快速热解液化是一个很复杂的过程，影响热解反应的进行及其产物分布的因素有很多，其中生物质颗粒特性、反应温度、升温速率、生物质颗粒的滞留时间以及反应压力等因素都对热裂解反应的进行有很重要的影响。

1) 物料特性

生物质粒径的大小是影响热解速率的决定性因素。当粒径较小时,热解过程受反应动力学速率控制,粒径较大时,热解过程同时受传热和传质现象控制。大颗粒物料比小颗粒物料传热能力差,颗粒内部升温迟缓,在低温区的停留时间延长,热解产物中固相炭的含量较大,影响热解产物的分布。同时,颗粒形状也会影响颗粒中心温度达到充分热解温度所需的时间和产气率,粉末状的颗粒所需时间较短,圆柱状次之,而片状所需时间最长。但是粉末状颗粒因为粒径较小,析出的挥发物在穿过物料层时所遇到的阻力大,进而影响裂解气的产量。实际上,控制过程取决于生物质颗粒的大小和形状这两种因素的综合作用。

2) 反应温度

在生物质热解过程中,温度的影响非常重要。温度低有利于焦炭的生成,过高的温度有利于不可冷凝气的生成。热解温度越高,炭的产率越少,不可冷凝气体产率越高,并随着温度的提高趋于一定值,生物油的产率在450～550℃最高。这是由于生成气体反应所需的活化能最高,生物油次之,炭最低。因此,提高热解温度,有利于热解气体和生物油的生成,但是当热解温度高于600℃,会使挥发物中大分子可凝气体通过二次裂解反应生成小分子气体烃类或H_2,这些小分子烃类不能冷凝成生物油,从而导致生物油产率下降。

3) 升温速率

升温速率也是影响生物热解的一个重要因素。增加升温速率可以缩短物料颗粒达到热解所需温度的响应时间,有利于热解。Salehi 等(2009)研究结果显示,在对木屑热解的过程中,将升温速率从500℃/min 提高到700℃/min,生物油产率提高了8%,继续提高升温速率到1000℃/min 生物油产率没有变化。这是由于颗粒内外的温差变大,传热滞后效应会影响内部热解的进行。热解速率和热解特征温度(热解起始温度、热解速率最快的温度和热解终止温度)均随升温速率的提高呈线性增长。在一定的热解时间内,放慢加热速率会延长热解物料在低温区的停留时间,促进纤维素和木质素的脱水和炭化反应,导致炭产率增加。然而,太快的加热方式使得挥发分在高温环境下的停留时间增加,这会促进二次裂解的进行,使得生物油产率下降、燃气产率提高。

4) 滞留时间

滞留时间是影响热解产物分布的一个决定性因素。滞留时间在生物质热解反应中有固相滞留时间和气相滞留时间之分。在给定温度和升温速率的条件下,固相滞留时间越短,反而使转化产物中的固相产物越少,挥发相产物的量越大,生物质颗粒的热解越完全。而气相滞留时间会影响可凝气体发生二次裂解反应的进程,在炽热的反应器中,气相滞留时间越长,发生二次裂解反应的程度越严重,

从而转化为 H_2、CO 和 CH_4 等不可凝气体，导致液态产物生物油的量迅速减少，气体产物增加。Scott 等(1999)对甘蔗渣(raw sorghum bagasse)热解中发现，在温度为 525℃条件下，滞留时间从 0.2s 提高到 0.9s，结果发现生物油量由 75% 降到 57%，而炭和气的量增加了。

5) 反应压力

反应压力也会影响生物质的热解，尤其是二次热解反应，而生物质颗粒和高温反应器壁面之间的接触压力是压力影响热解的另外一种形式。压力越低越利于液体产物的生成，其原因是压力的大小能够影响气相滞留时间，从而影响可冷凝气体的裂解。提高反应压力可以减少生物质裂解所需的活化能，提高热解反应的速度。但是较高的压力将导致气相滞留时间延长，加剧二次裂解，使生物油产量减少，可燃气含量增加。

图 7-2 为加拿大 Ensyn Engineering Associates Inc. 公司研制使用的生物质快速热解系统(Williams and Paul，2005)。

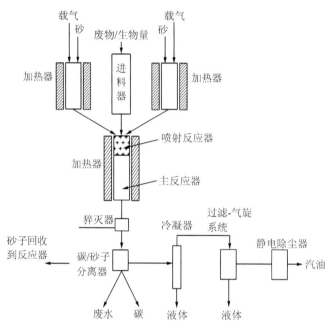

图 7-2　加拿大 Ensyn Engineering Associates Inc. 公司生物质快速热解系统

7.4.3　废塑料和橡胶的热解

1. 废塑料的热解

1) 废塑料的种类：聚乙烯(polyethylene，PE)、聚丙烯(polypropylene，

PP)、聚苯乙烯(polystyrene，PS)、聚氯乙烯(polyvinyl chloride，PVC)、酚醛树脂、脲醛树脂、聚对苯二甲酸类(polyethylene terephthalate，PET)树脂和丙烯腈-丁二烯-苯乙烯共聚物(acrylonitrile butadiene styrene，ABS)树脂等。

2) 废塑料热解的产物：燃料气、燃料油和固体残渣。

3) 热解温度及难易程度：PE、PP、PS、PVC 等热塑性塑料当加热到 300～500℃时，大部分分解成低分子碳氢化合物。酚醛树脂、脲醛树脂等热固(硬)性塑料则不适合作为热解原料；PEP、ABS 树脂中含有 N、Cl 等元素，热解时会产生有害气体或腐蚀性气体，也不适宜作热解原料；PE、PP、PS 只含有 C 和 H，热解不会产生有害气体，它们是热解油化的主要原料。如 PE 热解所得原料油的热值和 C、H、N 含量与成品油基本相同。

2. 废橡胶的热解

轮胎热解所得产品的组成中气体占总质量的 22％、液体占 27％、碳灰占 39％、钢丝占 12％。气体组成主要为甲烷(15.13％)、乙烷(2.95％)、乙烯(3.99％)、丙烯(2.5％)和 CO(3.8％)，H_2O、CO_2、H_2 和丁二烯也占一定的比例。液体组成主要是苯(4.75％)、甲苯(3.62％)和其他芳香族化合物(8.50％)。

废轮胎经剪切破碎机破碎至小于 5mm 的尺寸，轮缘及钢丝帘子布等绝大部分被分离出来，用磁选去除金属丝。轮胎粒子经螺旋加料器等进入直径为 5cm、流化区为 8cm 和底铺石英砂的电加热反应器中。流化床的气流速率为 50L/h，流化气体由氮及循环热解气组成。热解气流经除尘器与固体分离，再经静电沉积器除去炭灰，在深度冷却器和气液分离器中将热解所得油品冷凝下来，未冷凝的气体作为燃料气为热解提供热能或作流化气体使用。

7.4.4 污泥的热解

污泥与干燥过的一部分污泥在搅拌器中混合进入干燥器干燥，然后送入热解炉。从干燥器出来的气体在冷水塔中经冷却凝缩去水后可作为燃烧气在燃烧室中使用。热解产生的气体经冷却后可回收油或热量。气体导入燃烧室后，在 800℃以上的条件下燃烧。燃烧室产生的高温气体在废热锅炉中产生蒸汽用于干燥，若能量不足可在燃烧室加补助燃料。

固体废物与污泥联合热解有以下特点：固体废物中有用的无机物可以直接回收，有机物的热量亦被回收利用。尾气经过多级净化处理，废水经过一般处理均能达到允许排放的标准。残渣中的微量元素可进行填埋处理，而占地面积只有传统填埋面积的 20％～30％，还可省去传统填埋前的预处理。固体废物与污泥联合热解处理的方法改变了污泥热解处理的地位，大大提高了污泥作为能源的竞争能力。

　　污泥热解炉型通常采用竖式多段炉，为了提高热解炉的热效率，在能够控制二次污染物质(Cr^{6+}、NO_x)产生的范围内，尽量采用较高的燃烧率(空气比$0.6\sim$ 0.8)。热解产生的可燃气体及 NH_3、HCN 等有害气体组分必须经过二燃室再次燃烧以实现其无害化，通常情况下，HCN 的分解温度在 $800\sim900℃$。还应对二燃室排放的高温气体进行预热回收。回收预热的利用方法主要有：①脱水泥饼的干燥；②热解炉助燃空气的预热；③二燃室，助燃空气的预热。

7.5　气　化

　　热解的过程中将产生一些可燃性气体，但是热解反应过程与生物质的气化技术有显著不同，从以下几点可以看出它们之间的主要区别：

　　(1) 热解反应过程一般不需要加入气化剂，而气化过程需要加入空气、氧气或水蒸气等气化剂。

　　(2) 气化工艺的目标是一氧化碳和氢气等小分子的可燃性气体，热值一般在 $4.6\sim5.2mJ/m^3$(标准状态下)，而热解的目标产物包括气、液、固三种产品，气体的热值一般为 $1mJ/m^3$(标准状态下)，属于中热值燃气。

　　(3) 气化过程一般不需要另外添加外部热源，其转换用热主要是靠在气化剂存在的情况下通过自身氧化过程生成的热量来供给，而热解一般需要利用外部热源加热来实现热解反应过程。

7.5.1　气化反应原理

　　气化(gasification)是指将固体或液体燃料转化为气体燃料的热化学过程，其反应公式为

$$C + O_2 \Longrightarrow CO_2 \quad 氧化\text{-}放热 \tag{7-18}$$

$$C + CO_2 \Longrightarrow 2CO \quad 气化反应\text{-}吸热 \tag{7-19}$$

整个反应为：

$$2C + O_2 \Longrightarrow 2CO \ 放热 \tag{7-20}$$

蒸汽气化：

$$C + H_2O \Longrightarrow CO + H_2 \quad 碳蒸汽反应\text{-}吸热 \tag{7-21}$$

$$C + 2H_2O \Longrightarrow CO_2 + 2H_2 \quad 碳蒸汽反应\text{-}吸热 \tag{7-22}$$

$$CO + H_2O \Longrightarrow CO_2 + H_2 \quad 水气转换反应\text{-}放热 \tag{7-23}$$

$$C + 2H_2 \Longrightarrow CH_4 \quad 氢化作用\text{-}放热 \tag{7-24}$$

在高压蒸汽气化，额外的反应包括：

$$CO + 3H_2 \Longrightarrow CH_4 + H_2O \quad 氢化作用\text{-}放热 \tag{7-25}$$

$$CO_2 + 4H_2 \Longrightarrow CH_4 + 2H_2O \quad 氢化作用\text{-}放热 \tag{7-26}$$

下面就四个反应区(氧化区、还原区、裂解区、干燥区)分别描述物料的气化过程。

1) 氧化区

空气由气化炉的底部进入,在经过灰渣层时被加热,加热后的气体进入气化炉底部的氧化区,在这里同炽热的炭发生燃烧反应,生成二氧化碳同时放出热量,由于是限氧燃烧,氧气的供给是不充分的,因而不完全燃烧反应同时发生,生成一氧化碳,同时也放出热量。氧化区温度可达 $1000\sim1200℃$,进行的均为燃烧反应,并放出热量,也正是这部分反应热为还原区的还原反应、物料的裂解和干燥,提供了热源。在氧化区中生成的热气体(一氧化碳和二氧化碳)进入气化炉的还原区,灰则落入下部的灰室中。

2) 还原区

在还原区已没有氧气存在,在氧化反应中生成的二氧化碳在这里同炭及水蒸气发生还原反应,生成 CO 和 H_2。由于还原反应是吸热反应,还原区的温度也相应降低,为 $700\sim900℃$。还原区的主要产物为 CO、CO_2 和 H_2,这些热气体同在氧化区生成的部分热气体进入上部的裂解区,而没有反应完的炭则落入氧化区。

3) 裂解区

在氧化区和还原区生成的热气体,在上行过程中经过裂解层,同时将物料加热,当物料受热后发生裂解反应。在反应中,物料中大部分的挥发分从固体中分离出去。由于物料的裂解需要大量的热量,在裂解区温度已降到 $400\sim600℃$。在裂解反应中还有少量烃类物质的产生。裂解区的主要产物为炭、氢气、水蒸气、一氧化碳、二氧化碳、甲烷、焦油及其他烃类物质等,这些热气体继续上升,进入到干燥区,而炭则进入下面的还原区。

4) 干燥区

气化炉最上层为干燥区,从上面加入的物料直接进入到干燥区,物料在这里同下面三个反应区生成的热气体产物进行换热,使原料中的水分蒸发出去,该层温度为 $100\sim300℃$。干燥层的产物为干物料和水蒸气,水蒸气随着下面三个反应区的产热排出气化炉,而干物料则落入裂解区。气化实际上总是兼有燃料的干燥裂解过程。气体产物中总是掺杂有燃料的干馏裂解产物,如焦油、醋酸和低温干馏气体。所以在气化炉出口,产出气体成分主要为 CO、CO_2、H_2、CH_4、焦油、少量共他烃类、水蒸气及少量灰分。

7.5.2　反应器

1. 上吸式气化炉

上吸式气化炉(updraft gasification),原料在上吸式气化炉内大体上分为四个区域(层)：氧化层，还原层，热分层和干燥层。炉内温度自氧化层向上递减。原料从炉顶落入炉内，大型气化原料连续加入，小型气化炉原料间歇性投入。空气由下方供给，放出的燃气经上方管道输走。

　　上吸式气化炉工作原理如图 7-3 所示。

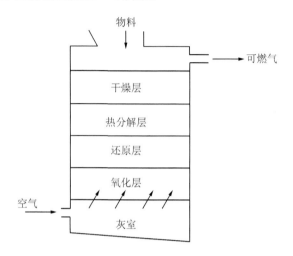

图 7-3　上吸式气化炉原理

2. 下吸式气化炉

　　下吸式气化炉(downdraft gasification)，生物质原料由炉顶加料口投入料炉内，作为气化剂的空气也由进料口进入炉内。机内的空气和炉料是顺向移动，其热化学反应是：干燥—热解—氧化—还原，可燃气体从机体下部吸出，故称为下吸式。炉内的物料自上而下通过干燥层、热分解层、氧化层和还原层。煤气从还原层排出。

　　下吸式气化炉具有突出的优点。其一，热解产物通过炽热的氧化层及还原层得到充分的裂解，因此焦油含量比上吸式低得多，所以下吸式气化炉在需要使用洁净燃气的场合得到了广泛的应用；其二，它的加料端与空气接触，当炉膛内为负压工况时，加料端不需要严格的密封，使得运行中连续进料成为可能，也可以进行拨火操作；其三，火力大、结构简单、造价适中，特别是下吸式的炉口是敞开的，加炉料时不必熄火，故可以实现加料—制气—用气三道程序同步推行，这是其他生物质气化机无法做到的。

　　下吸式气化炉的缺点是由于炉内的气体流向是自上而下的，而热流的方向是自下而上的，致使引风机从炉栅下抽出可燃气要耗费较大的功率，出炉的燃气中含有较多的水分，出炉的可燃气的温度较高，需用水对其进行冷却。同时，由于结构较上吸式复杂，故造价也略高于上吸式的生物质气化机。

3. 流化床式气化炉

流化床气化(fluidised bed gasification)又称为沸腾床气化。其以小颗粒煤为气化原料,这些细颗粒在自下而上的气化剂的作用下,保持着连续不断和无秩序的沸腾和悬浮状态运动,迅速地进行着混合和热交换,其结果导致整个床层温度和组成均一。

4. 气流床气化炉

气流床气化(entrained flow gasification)是一种并流式气化。气化剂(氧气与蒸汽)将物料夹带入气化炉,在 $1600\sim1800℃$ 高温下将物料进一步转化为 CO、H_2 和 CO_2 等气体,残渣以熔渣形式排出气化炉。其热解、燃烧以及吸热的气化反应,几乎是同时发生的。随着气流的运动,未反应的气化剂、热解挥发物及燃烧产物夹裹着煤焦粒子高速运动,运动过程中进行着煤焦颗粒的气化反应。这种运动形态,相当于流化领域里对固体颗粒的"气流输送",习惯上称为气流床气化。

7.6 热解-气化联合技术

热解气化焚烧一般分为两个阶段,热分解阶段与氧化阶段,分别在两个不同的室内完成。典型的热解气化焚烧炉,如图 7-4 所示。固体废物进入热解室后,当室内温度达到 $500\sim550℃$ 时,自动控制系统控制其进气量,使固体废物在缺氧高温状态下进行热分解。热分解后高温烟气进入燃烧室并与充分的空气进行氧化燃烧,产生高温。热解气化焚烧炉由液压进料装置、热解室、燃烧室、空气供给系统及自动清灰装置等组成,这些系统都是按连续给料操作设计的。

热解室由钢制外壳及支撑框架组成。在热解室中,空气进入量及燃烧温度受到限制,使之低于完全燃烧的需要值。这样,固体废物将在较低的温度($500\sim550℃$)和缺氧的条件下被加热、脱水、氧化,释放出水和挥发性物质,剩下的不可燃物质成为灰渣而被排出。在缺氧分解过程中释放出的挥发性烟气进入燃烧室并在燃烧室内燃烧。

燃烧室由燃烧器、风机和筒体组成。热解气体的氧化燃烧过程全部在燃烧室完成,燃烧室的温度必须控制在一定的范围之内(通常为 $850\sim1000℃$)以保证燃烧稳定进行。燃烧室的温度控制主要是通过控制空气进气量来实现。当温度低于设定值时,进气量自动减少,反之则增加。热解气体在燃烧室停留时间均在 $2s$ 左右,以确保二噁英等有害气体的完全分解。在燃烧室内,热解气体和空气充分混合,以保证热解气体完全燃烧。

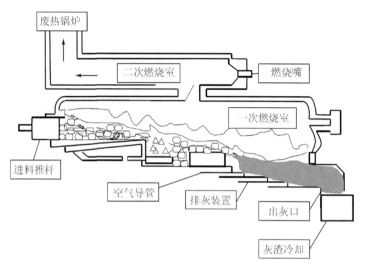

图 7-4　垃圾热解气化焚烧炉

热解气化焚烧炉具有如下特点：

（1）与机械焚烧炉相比，在同样的处理能力下，占地面积较小，节省空间。

（2）设备结构较机械炉排炉简单，经久耐用，维修方便。

（3）燃烧过程是要求严格控制温度和供氧量的"模块化"过程，因此要求较高的自动化程度。

（4）最终产物主要是无害化的灰渣，可用来改良土壤，由于在主燃烧室中维持较低的燃烧温度与供氧量，因此灰渣中的玻璃与金属保持原状，不会在炉排上造成熔堵现象，并可作为有价物质回收。

（5）燃烧方式是静态燃烧，没有空气或炉排块的搅动，因此尾气中的含灰量比炉排炉中的低得多，从而可以延长锅炉使用寿命，简化烟气净化系统。

（6）第二燃烧室在垃圾发热量较低时要加辅助燃料，所以油燃料的消耗量比炉排炉的大。

第8章 堆肥/生物化及其他固体废物处理技术

堆肥化是指通过人为调节和控制，利用自然界中广泛存在的细菌、放线菌和真菌等微生物，促进可生物降解有机物向稳定的腐殖质转化的生物化学过程。堆肥化(composting)的产物称为堆肥(compost)，它是一类棕色的腐殖质含量高的疏松物质，也称为腐殖土。

废物通过堆肥化处理，可以转变成有机肥料或土壤调节剂等，实现废物的资源化转化，且这些堆肥的最终产物已经稳定，对环境不会造成危害。因此，堆肥化是实现有机废物稳定化、无害化和资源化处理的有效方法之一。

堆肥化按需氧量分为好氧堆肥和厌氧堆肥。传统的堆肥化技术多采用厌氧堆肥，工艺较简单、所需温度低、产品中氮保存量较多，但占地大、异味大、堆制周期长及分解不充分；现代化的堆肥生产基本都采用好氧堆肥技术。好氧堆肥具有堆肥周期短、基质分解比较彻底、无害化程度高、异味小以及易于机械化操作等优点，因此，工业化堆肥一般都采用好氧堆肥的方法。

8.1 好 氧 堆 肥

8.1.1 好氧堆肥原理

在有氧条件下，有机废物中的可溶性有机物透过微生物的细胞壁和细胞膜被微生物所吸收；不溶性的固体和胶体有机物则先附着在微生物体外，然后在微生物所分泌的胞外酶(根据酶在细胞内外的不同，可分为胞外酶和胞内酶两类。胞外酶能透过细胞，作用于细胞外面的物质，起催化水解作用。胞内酶在细胞内部主要起催化细胞的合成和呼吸的作用)的作用下分解为可溶性物质，再渗入细胞内部。微生物通过自身的生命活动——氧化还原和生物合成过程，把一部分被吸收的有机物氧化成简单的无机物，并释放出能量供微生物生长活动所需，把另一部分有机物转化合成新的细胞物质，使微生物生长繁殖，产生更多的生物体。通过该生物学过程，可以实现有机废物的分解和稳定化。好氧堆肥原理如图 8-1 所示。

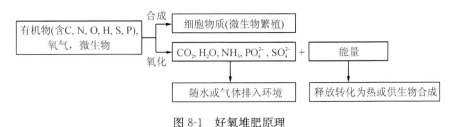

图 8-1 好氧堆肥原理

好氧堆肥的基本反应过程可以表示为：

$$有机物 + O_2 \xrightarrow{\text{微生物新陈代谢}} 新细胞物质 + 残留有机物 +$$
$$CO_2 + H_2O + NH_3 + SO_4^{2-} + \cdots + 能量 \tag{8-1}$$

该反应过程包括氧化和合成两个过程：

1）有机物的氧化：

（1）不含氮有机物（$C_aH_bO_c$）

$$C_aH_bO_c + (x + 1/2y - 1/2z)O_2 \longrightarrow x\,CO_2 + 1/2y\,H_2O + 能量 \tag{8-2}$$

（2）含氮有机物（$C_aH_bN_cO_d \cdot eH_2O$）

$$C_aH_bN_cO_d \cdot eH_2O + fO_2 \longrightarrow C_wH_xN_yO_z \cdot gH_2O + hH_2O(气) +$$
$$iH_2O(水) + j\,CO_2 + k\,NH_3 + 能量 \tag{8-3}$$

2）细胞质的合成（包括有机物的氧化，并以 NH_3 为氮源）：

$$nC_aH_bO_c + NH_3 + (nx + ny/4 - nz/2 - 5x)O_2 \longrightarrow$$
$$C_5H_7NO_2(细胞质) + (nx - 5)CO_2 + 1/2(ny - 4) + H_2O + 能量 \tag{8-4}$$

3）细胞质的氧化

$$C_5H_7NO_2(细胞质) + 5O_2 \longrightarrow 5CO_2 + 2H_2O + NH_3 + 能量 \tag{8-5}$$

由于堆肥温度较高，部分水以蒸汽形式排出，使废物经过堆制后的体积比原体积大幅度减少。一般成品 $C_wH_yN_yO_z \cdot H_2O$ 与堆肥原料 $C_aH_bN_cO_d \cdot eH_2O$ 之比为 0.3~0.5，这也是氧化分解减量化的结果。

设有机物的化学组成式为 $C_aH_bN_cO_d$，合成的新细胞物质和产生的硫酸根离子等忽略不计，$C_wH_xN_yO_z$ 为残留有机物的化学组成式，则有机废物好氧分解总化学反应方程式可表示为

$$C_aH_bN_cO_d + 0.5(nz + 2s + r - d)O_2 \longrightarrow$$
$$nC_wH_xN_yO_z + sCO_2 + rH_2O + (c - ny)NH_3 \tag{8-6}$$

式中，$r = 0.5\,[b - nx - 3\,(c - ny)]$；$s = a - nw$。

如果有机物被完全好氧分解，没有任何残留物，则化学反应式如下所示

$$C_aH_bN_cO_d + (a + 0.25b - 0.75c - 0.5d)O_2 \longrightarrow$$
$$aCO_2 + (0.5b - 1.5c)H_2O + cNH_3 \tag{8-7}$$

8.1.2 好氧堆肥微生物演替

在堆肥化过程中，随着有机物的逐步降解，堆肥微生物的种群和数量也随之发生变化。在不同堆肥时期，起主导作用的微生物的种群有明显的不同。举例如下：

当堆温小于 45℃时，嗜温性的细菌占优势，主要以氨化细菌、糖分解菌等无芽孢细菌为主，对粗有机质、糖分等水溶性有机物及蛋白质类进行分解，称为"糖分解期"。此时细菌是主要作用菌群，对发酵升温起主要作用。

当温度升高到 45～70℃ 的高温阶段时，高温性纤维素分解菌占优势，除继续分解易降解的有机物质外，主要分解半纤维素、纤维素等复杂有机物，同时也开始了腐殖化的过程，称为"纤维素分解期"。此时，放线菌是主要作用菌群。

当温度降至 45℃ 以下至常温时，高温分解菌活动受到抑制，中温性微生物显著增加，主要分解残留下来的纤维素和半纤维素和木质素等物质，称为"木质素分解期"。此时，真菌发挥着重要作用。

堆肥是微生物起作用的过程，因此通过各种手段满足微生物的生长需要成为堆肥工程的核心。

堆肥过程有许多不同种类的微生物参与，其来源主要有两个方面：一是有机废物自身带有的大量微生物，包括各类细菌、真菌及原生动物等；二是人工加入的特殊菌种，这些菌种在一定条件下对某些有机废物有较强的分解能力，具有活性强、繁殖快和分解有机物迅速等特点，能加速堆肥反应的进程，缩短堆肥反应的时间。堆肥化过程涉及异养型细菌和真菌等微生物，在堆制后期，还会出现少量自养型细菌和原生动物。

细菌种群多样性最高、数量最多，它们能够降解大部分的有机物并产生热量。降解速度快，时代时间短，能耐受高温或嗜热生长，对于堆制初期有机物的快速降解起着重要作用。放线菌能分解复杂有机物，如纤维素、木质素和蛋白质等，在高温阶段是分解纤维素的优势菌群。真菌可以利用堆肥底物中所有的木质素，在堆肥后期当水分逐步减少时可发挥重要作用。此外微型生物如轮虫、线虫、跳虫、潮虫、甲虫和蚯蚓等则通过在堆肥中的移动和吞食作用，不仅能消纳部分有机废物，还能增大有机废物的表面积，促进微生物的生命活动。

8.1.3　堆肥化工艺及控制手段

1. 工艺流程

一个完整的现代化好氧堆肥化工艺通常由前处理、主发酵(一次发酵)、后发酵(二次发酵或熟化)、后处理、脱臭和储存 6 道工序组成，如图 8-2 所示。其中主发酵和后发酵最为重要，它们是整个堆肥过程成功与否的关键。

图 8-2　堆肥工艺组成和流程

1) 前处理

前处理过程包括固体废物的破碎、分选、筛分和混合，其养分、水分等物理性状的调整，以及添加菌种等。固体废物成分非常复杂，尤其是我国的垃圾大都未经分类处理，前处理就显得尤为重要。前处理主要有两个作用。一是通过分选和筛分去除粗大或不能堆肥的物体，如石块、塑料和金属物等，这些物质的存在会影响垃圾处理机械的正常运行，增加堆肥发酵仓的容积，影响堆肥产品的质量。因此，堆肥前，需要对原料进行分选除杂。二是调理原料的营养成分和物理性状。堆肥化处理是一个好氧微生物的发酵过程，微生物的生长需要充足和均衡的养分及水分，并对原料的尺寸、空隙度和均匀性等物理性状也有一定的要求。固体废物成分复杂、性质差异很大，一般都无法满足这些要求，因此需要通过预处理对物料的有机物含量、含水率、碳氮比、pH 和空隙度等因素进行调节，以满足生物发酵的要求，获得高效的堆肥化过程和高质量的堆肥产品。

2）主发酵（一次发酵）

主发酵可在露天或发酵装置内进行，通过翻堆或强制通风向堆积层或发酵装置内供给氧气。将堆肥的中温与高温两个阶段的微生物代谢过程称为一次发酵或主发酵，即从发酵初期开始，经中温、高温到达预期温度并开始下降的整个过程，主要作用是使堆肥物料初步稳定，是堆肥工艺的核心，以实现垃圾无害化处理。

3）后发酵（二次发酵或熟化）

在主发酵工序，可分解的有机物并非都能完全分解并达到稳定化状态，因此，经过主发酵的半成品还需进行后发酵，即二次发酵，以使有机物进一步分解，变成比较稳定的物质，最终得到完全腐熟的堆肥成品。此阶段，发酵反应速度降低，耗氧量下降，所需时间较长。后发酵可在封闭的反应器内进行，但在敞开的场地、料仓内后发酵进行的较多，通常采用条堆或静态堆肥的方式。物料堆积高度一般为 1~2m，露天时需要有防止雨水流入的装置，后发酵有时还需要进行翻堆或通风。有时为了提高熟化堆肥的发酵效率，使堆肥充分腐熟，可接种微生物以加快腐熟过程。

后发酵时间的长短，取决于堆肥的使用情况。例如，对几个月不种作物的土地和温床（能够利用堆肥的分解热），大部分可以不进行后发酵而直接施用主发酵的堆肥；对一直在种植作物的土地，则需要使堆肥进行到不能发生夺取土壤氮的程度。后发酵时间最好在 20~30d 以上。

4）后处理

经过二次发酵后的物料中，几乎所有的有机物都变形变细，体积也明显减少了。但堆料中还存在预分选未去除掉的塑料、玻璃、陶瓷、金属、小石块等杂物，需要通过后处理加以去除，以保证产品品质和可使用性；此外，为了提高堆肥产品的质量和商业化水平，还需加入 N、P 和 K 等养分增加肥效，并进行研磨、造粒和打包装袋等工序。

后处理设备包括分选、研磨、打包装袋、压实造粒等设备，在实际工艺中，根据当地需要来选择组合后处理设备。

5）脱臭

在整个堆肥过程中，因微生物的分解，会产生有味的气体，也就是通常所说的臭气。常见的臭味气体有氨、硫化氢、甲基硫醇和胺类等。为保护环境，需要对产生的臭气进行脱臭处理。去除臭气的方法有投加化学除臭剂、生物除臭、熟堆肥或沸石吸附过滤等。

6）储存

堆肥一般在春播、秋种两个季节使用，冬、夏两季生产的堆肥常需要储存一段时间。因此，一般的堆肥厂都需要建立一个可储存 6 个月生产量的库房。堆肥可直接储存在二次发酵仓中，也可储存在包装袋中。堆肥要求储存在干燥、通风的地方，密闭或受潮会影响堆肥产品的质量。

2. 堆料在堆肥过程中温度的变化

一般情况下，根据温度的变化情况，可以将堆肥过程分为四个阶段(李秀金，2011)：升温阶段、高温阶段、降温阶段和后发酵(二次发酵)阶段，如图 8-3 所示。

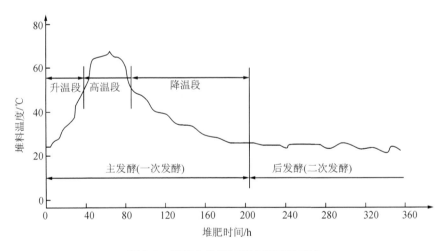

图 8-3　堆料在堆肥过程中温度的变化

1）升温阶段(亦称产热阶段)

堆肥初期，堆层基本呈 15～45℃的中温状态，此时，嗜温性微生物为主导微生物，利用堆肥中可溶性有机物进行大量繁殖。它们在转换和利用化学能的过程中，使一部分化学能变成热能，由于堆料有良好的保温作用，使堆料的温度不断上升。此阶段微生物以中温、需氧型为主，通常是一些无芽孢细菌，其中最主要是细菌、真菌和放线菌。细菌特别适应水溶性单糖类，放线菌和真菌对于分解纤维素和半纤维素物质具有特殊功能。

2）高温阶段

当堆肥温度升到45℃以上时，即进入高温阶段。在这阶段，嗜温性微生物受到抑制甚至死亡，嗜热性微生物逐渐上升成为主导微生物，堆肥中残留的和新形成的可溶性有机物继续分解转化，复杂的有机化合物如半纤维素、纤维素和蛋白质等开始被强烈分解。通常，在50℃左右进行活动的主要是嗜热性真菌和放线菌；温度上升到60℃时，真菌几乎完全停止活动，仅有嗜热性放线菌与细菌在活动；温度升到70℃以上时，大多数嗜热性微生物也难以适应，微生物大量死亡或进入休眠状态。因此现代化堆肥生产的最佳温度一般为55℃，这是因为大多数微生物在该温度范围内最活跃，最易分解有机物，而病原菌和寄生虫大多数可被杀死。

3）降温阶段

在高温阶段微生物活性经历了对数生长期、减速生长期后，开始进入内源呼吸期。此时，堆积层内开始发生与有机物分解相对应的另一过程，即腐殖质的形成过程。在内源呼吸后期，只剩下部分较难分解及难分解的有机物和新形成的腐殖质，此时微生物活性下降，发热量减少，温度下降。在此阶段嗜温微生物又占优势，对残余较难分解的有机物作进一步分解，腐殖质不断增多，堆肥物质逐步进入稳定化状态，需氧量大大减少、含水量降低、堆肥物孔隙增大以及氧扩散能力增强，此时堆肥即进入腐熟阶段。

4）后发酵(二次发酵)阶段

二次发酵阶段对应于常温腐熟阶段，持续30～180d或更长时间，主要功能是实现垃圾的腐熟化，获得腐熟的堆肥产品。

微生物菌种的接种、搅拌、通风和填充物等可作为堆肥化过程的工艺控制手段。

8.1.4　好氧堆肥影响因素

影响堆肥化过程的因素很多，它们决定着微生物的代谢活动能力，从而影响堆肥的速度与质量，这些因素归纳起来主要有如下几个方面。

1. 有机物含量

堆肥物料有机物含量和类型，决定了堆肥过程的产热量和产热速率。一般堆肥原料的有机物含量为20%～80%。当堆体有机物含量过低时，堆肥过程产生的热量不足以提高堆层的温度而达到堆肥的无害化标准，也不利于堆体中高温分解菌的繁殖，无法提高堆体中微生物的活性。当堆体有机物含量过高时，由于高含量的有机物在堆肥过程中对氧气的需求很大，而实际供气量难以达到要求，往往使堆体中达不到好氧状态而产生恶臭，也不能使好氧堆肥顺利进行。

2. 通风供氧量

好氧微生物只能在有氧环境中（O_2 体积分数大于 5％）进行代谢活动，通风供氧的作用主要有三个方面。一是为堆体内微生物提供氧气。微生物氧化有机物产生能量，需要消耗 O_2 生成 CO_2。如果堆体内的 O_2 含量不足，微生物处于厌氧状态，使降解速度减慢，产生 H_2S 等臭气，同时使堆体温度下降。通常认为堆肥中氧的体积分数保持在 5％～15％比较适宜。二是调节温度，去除热量。堆肥需要微生物反应产生的高温，但对于快速堆肥来讲，必须避免长时间的高温，温度控制的问题就要靠强制通风来解决。三是去除水分。堆肥的一个目的是降低其水分含量。在堆肥的前期，通风主要是提供 O_2 以降解有机物，在堆肥的后期，则应加大通风量，以冷却堆体及带走水分，达到减少堆肥体积和重量的目的。

通风量要根据堆肥原料有机物含量、可降解系数（分解效率％）、发酵装置的形状、堆层的高度、堆肥颗粒和含水率等因素来确定。

实际的堆肥化系统必须提供超出理论需氧量的空气量（两倍以上），以保证充分的好氧条件。主发酵期强制通风的经验数据：静态堆肥取 0.05～0.2m^3/(min·m^3)堆料；动态堆肥则依生产性试验确定。常用的通风方式有：①自然通风供氧；②通过堆内预理的管道通风供氧；③利用斗式装载机及各种专用翻堆机翻堆通风；④用风机强制通风供氧。后两者是现代化堆肥厂采用的主要方式，两者常配合使用。工厂化堆肥时，一般通过自动控制装置反馈和控制通风量。由于需氧量与物料水分和温度密切相关，故可利用堆肥过程中堆温的变化进行通风量的自动控制；也可利用耗氧速率与有机物分解程度之间的关系，通过测定排气中氧的含量（或 CO_2 含量）来进行控制。排气中氧的适宜体积浓度值是14％～17％，可以此指标控制通风供氧量。

3. 含水率

在堆肥过程中，水分是一个重要的物理因素，主要作用在于：①为微生物新陈代谢提供必需的水分；②通过水分蒸发带走热量，起调节堆肥温度的作用。水分的多少，直接影响好氧堆肥反应速度的快慢和堆肥的质量，甚至关系到好氧堆肥工艺的成败，因此，水分的控制十分重要。

一般要求堆肥原料的含水率为 40％～60％。水分超过 70％，温度难以上升，分解速度明显降低。因为水分过多，使堆肥物质粒子之间充满水，有碍通风，从而造成厌氧状态，不利于好氧微生物生长并产生 H_2S 等恶臭气体，减慢了降解速度，延长了堆腐时间。水分低于 40％，微生物活性降低，有机物难以分解，若堆体中含水率低于 12%，微生物将停止活动。

实际生产中一般用一定量的熟堆肥回流至堆肥原料，以调节水分，并起接种微生物、提高堆肥效率的作用。无论是否使用回流堆肥都可以添加调理剂，若只用调理剂而不用堆肥回流时，往往需要消耗大量的调理剂。

4. 温度

温度是堆肥得以顺利进行的重要因素，温度的作用主要是影响微生物的生长。当嗜热菌大量繁殖，温度明显提高时，堆肥发酵由中温阶段进入高温阶段，并在高温范围内稳定一段时间。正是在这一温度范围内，堆肥中的寄生虫和病原菌被杀死。因此，一般要求堆层各测试点温度均应保持在 55℃ 以上，且持续时间不得少于 5d，但发酵温度不宜大于 75℃。

在好氧堆肥中，温度一般是通过控制供气量来调节。不同种类微生物的生长对温度具有不同的要求。一般而言，嗜温菌最适合的温度为 30～40℃，嗜热菌发酵最适温度为 45～60℃。高温堆肥时，温度上升超过 65℃ 即进入孢子形成阶段，这个阶段对堆肥是不利的，因为孢子呈不活动状态，使分解速度相应变慢。此外，在此温度范围内，形成的孢子再发芽繁殖的可能性也很小，因此高温堆肥温度最好为 45～60℃。

5. C/N 质量比

在微生物分解所需的各种元素中，碳和氮是最重要的元素。碳提供能源和组成微生物细胞 50% 的物质，氮则是构成蛋白质、核酸、氨基酸、酶等细胞生长必需物质的重要元素。在堆肥过程中，碳源被消耗，转化为二氧化碳和腐殖质物质。而氮则以氨气的形式散失，或变为硝酸盐和亚硝酸盐，或被生物体同化吸收。因此，碳和氮的变化是堆肥的基本特征之一。

通常用堆肥原料与填充料混合物的 C/N 值来反映这两种关键元素的作用。C/N 值在堆肥过程中直接影响温度和有机物的分解速度。C/N 值高，碳素多，氮素养料相对缺乏，细菌和其他微生物的发展受到限制，有机物的分解速度缓慢、发酵过程长。如果堆肥原料的 C/N 值高，容易导致成品堆肥的 C/N 值过高，堆肥施入土壤后，将夺取土壤中的氮素，使土壤陷入"氮饥饿"状态，影响作物生长。当 C/N 值高于 35 时，微生物必须经过多次生命循环，氧化掉过量的碳，直到达到一个合适的 C/N 值供其进行新陈代谢，因而 C/N 值高会降低降解速度。但若 C/N 值低于 20:1，可供消耗的碳素少、氮素养料相对过剩，则氮将变成铵态氮而挥发，导致氮元素大量损失而降低肥效。

由于微生物每利用 30 份的碳就需要 1 份氮，故初始物料的 C/N 值的适宜范围为 25:1～35:1。当初始原料的 C/N 值过高时，可加入低 C/N 值的废物（如粪便和生污泥等)调节；当初始原料的 C/N 值过低时，可加入高 C/N 值的废物(如秸秆、木屑和稻壳等)调节。

6. pH

pH 也是影响微生物生长的重要因素之一，对堆肥微生物来说最适宜的 pH 是 5.5~8.5，pH 太高或太低都会使堆肥处理受到阻碍。

在整个堆肥过程中，pH 随时间和温度的变化而变化。堆肥初始阶段，由于有机酸的生成，pH 可下降至 5.0~6.0，pH 的下降刺激真菌生长，并使其分解木质素和纤维素，进一步分解有机酸。而后 pH 又开始上升，至发酵完成前 pH 可达 8.5~9.0，最终成品时 pH 达 7.0~8.0。当用有机污泥作为堆肥原料时，由于污泥经调解压滤成饼后 pH 比较高，在堆肥时需对 pH 进行调整。此外，pH 也会影响氮的损失，因为 pH 在 7.0 时，氮会以氨气的形式逸入大气。但在通常的堆肥过程中，pH 有足够的缓冲作用。如果 pH 降至 4.5，将严重限制微生物的活性，但是通过曝气能使 pH 回升到正常的区域。

7. 颗粒的粒径

堆肥过程中供给的氧气是通过颗粒间的空隙分布到物料内部的，颗粒尺寸即颗粒度的大小，对通风供氧有重要作用，因此，对堆肥原料颗粒尺寸有一定的要求。理论上粒径越小，比表面积越大，单位时间内作用与基质的微生物量越多，有利于反应进行。但是，粒径过小会阻碍氧气的传递。研究结果表明，堆肥物料颗粒的平均适宜粒度为 12~60cm。最佳粒径随垃圾物理特性而变化，如纸张、纸板等的最佳粒度尺寸为 3.8~5.0cm；材质比较坚硬的废物粒度要求小些，为 0.5~1.0cm；厨房食品垃圾的粒度尺寸要求大一些，以免碎成浆状物料，妨碍好氧发酵。此外，决定垃圾粒径大小时，还应从经济方面考虑，因为破碎得越细小，动力消耗越大，处理垃圾的费用越高。

8. 空隙率

空隙率影响物料的极限含水率和氧气在物料中的扩散。

9. 生物量

城市垃圾本身就含有丰富的土著微生物，不需另加菌种。但适当加入高效菌剂可以缩短堆肥过程的启动时间，提高设备处理能力和堆肥产品品质，但同时增加了费用。对于高温处理过的餐厨垃圾，初始物料所含微生物较少，可以考虑添加菌种。

8.1.5　堆肥方法与设备分类

由于堆肥方法多种多样，堆肥设备也就有很大的不同。为直观简单可从反应工程的角度出发，把堆肥方法分成非反应器型堆肥和反应器型堆肥两大类。非反应器型堆肥是指物料并不包含在容器中以及工程控制措施较少的开放式堆肥。非反应器型堆肥一般在开放的场地进行，有时还辅以一些机械活动。由于其工程控制措施少，受环境的影响大，很难满足微生物的最适生长要求，因而，有机物降解速率慢，堆肥效率低，受自然条件的影响大，属慢速或半快速堆肥，其典型的工艺有露天条堆和静态堆肥等(如图 8-4 所示)。但其投资少，对人员和设备的要求低，在场地容易保证以及恶臭不太受重视的地方，常使用这种堆肥方法。反应器型堆肥是指物料包含在容器中、工程控制措施较多的封闭式堆肥。反应器型堆肥的有机物降解速率快、堆肥效率、时间短以及不受时间和空间的限制，可实现快速工业化生产，在国内外都得到了普遍的应用。但也存在着不利因素：投资运行维修费用高、堆肥周期短以及堆肥产品会有潜在的不稳定性。反应器型堆肥可大致分为池槽式(卧式)、塔仓式(立式)和滚筒式(回转式)三大类。

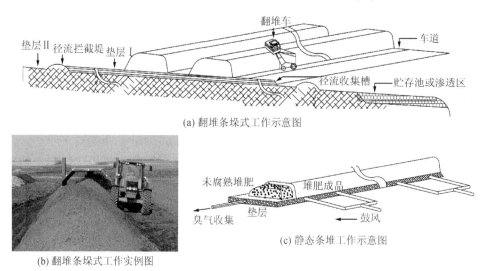

(a) 翻堆条垛式工作示意图

(b) 翻堆条垛式工作实例图

(c) 静态条堆工作示意图

图 8-4　几种典型的堆肥工作示意图

8.1.6　堆肥腐熟度及堆肥质量评价

1. 堆肥腐熟度的评价指标

堆肥腐熟度是指堆肥中的有机质经过矿化、腐殖化过程最后达到稳定的程度。它包含两方面的含义：①通过微生物的作用，堆肥的产品要达到稳定化和无害化；②堆肥产品的使用不影响作物的生长和土壤耕作能力。腐熟度是国际上衡量堆肥反应进行程度的一个概念性参数。用于腐熟度评价的指标和方法有很多，其中较常用的有物理方法、化学方法、生物活性和植物毒性分析。

1）物理方法

通过物理评价指标：温度、气味、色度、残余浊度、水导电率和光学性质判别。也可直观感觉堆肥不再进行激烈的分解、堆放中的成品温度不再升高、呈茶褐色或黑色、不产生恶臭或手感松软易碎等。感官方法具有较强的实际应用性，但需要评价者具有一定的经验，另外该法难以进行定量分析。

2）化学方法

（1）C/N 值。C/N 值是一种传统的方法，常常被作为评价腐熟度的一个经典参数。一般地，固相 C/N 值从最初的 25∶1～30∶1 或更高（木材类废物）降低到 15∶1～20∶1 以下时，表示堆肥已腐熟，达到稳定的程度。但用 C/N 值评价腐熟度存在着明显不足，因为对于像活性污泥、鸡粪等 C/N≤15 的废物，无法用 C/N 值来评价腐熟度。

（2）阳离子交换量。当阳离子交换量（cation exchange capacity，CEC）CEC大于 60mmol 时，可作为城市垃圾堆肥腐熟的指标，但 C/N 值较低的废物，CEC值波动大，不能来评价腐熟度。

3）生物方法

（1）挥发性固体。挥发性固体（volatile solid，VS）是指物料中挥发性固体的含量，它反映了物料中有机物含量的大小。在堆肥过程中，由于有机物的降解，物料中 C 的含量会有所降低，因而可用 VS 来反映堆肥有机物降解和稳定化的程度。堆肥稳定化后，VS 含量应相应降低。

（2）呼吸作用（也称耗氧速率、CO_2 释放速率）。在堆肥化过程中，好氧微生物在分解有机物的同时会消耗氧而产生 CO_2。氧的消耗或 CO_2 的产生速率$[mgO_2/(g \cdot min)$ 或 $mgCO_2/(g \cdot min)]$ 反映了有机物分解的程度和堆肥反应的进行程度。因此，以耗氧速率或 CO_2 生成速率作为腐熟标准是符合生物学原理的。一般，氧的消耗速率以 $(0.02～0.1)mgO_2/(g \cdot min)$ 的稳定范围为最佳。

4）植物毒性分析

（1）种子发芽指数。堆肥产品多应用于农业领域，考虑到堆肥腐熟度的实际意义，植物生长试验应是评价堆肥腐熟度的最终和最具说服力的方法。未腐熟的堆肥含有植物毒性物质，对植物的生长产生抑制作用，而在腐熟的堆肥中这种抑制消失，甚至还有促进植物生长的作用。利用植物种子发芽指数（germination index，GI）不但能检测堆肥样品中的残留植物毒性，而且能预计毒性的发展。用发芽指数来检测堆肥对植物有无毒性，如果 GI 大于 50％就可以认为基本无毒

性；当发芽指数 GI 达到 80%～85% 时，就可以认为这种堆肥是没有植物毒性或者说堆肥已腐熟了。GI 由下式确定

$$GI = \frac{\text{堆肥处理的种子发芽率} \times \text{种子根长}}{\text{对照的种子发芽率} \times \text{种子根长}} \times 100\% \qquad (8\text{-}8)$$

（2）植物生长评价。有些农作物如黄瓜、白菜、胡萝卜和番茄等都可作为堆肥腐熟度评价的辅助性指标，但不能作为唯一的指标。

除上述指标外，腐殖质含量、水溶性化学成分、化学需氧量（chemical oxygen demand，COD）、生物需氧量（biological oxygen demand，BOD_5）、氮素成分变化、生物可降解指数（biodegradable index，BI）及波谱分析等方法也常用于堆肥腐熟度的评价。

2. 堆肥产品质量及卫生要求

堆肥产品如果作为商品有机肥料进行生产和销售，必须符合农业行业有机肥料的技术指标 NY525—2012（表 8-1），同时有机肥料中的重金属含量、蛔虫卵死亡率和大肠杆菌值指标也应符合 NY884—2012（表 8-2）。

表 8-1　有机肥料的技术指标（NY525—2012）

参数名称	指标
有机质（以烘干基计）/%	≥45
总养分（$N+P_2O_5+K_2O$）的质量分数含量 （以烘干基计）/%	≥5.0
水分（鲜样）的质量分数/%	≤30
pH	5.5～8.5
外观	褐色或灰褐色，粒状或粉状，均匀，无恶臭，无机械杂质

表 8-2　重金属含量、蛔虫卵死亡率和大肠杆菌值（NY884—2012）

项目	指标
蛔虫卵死亡率	≥95%
粪大肠杆菌	≤100 个/g(ml)
总镉（以 Cd 计）	≤3mg/kg（以烘干基计）
总汞（以 Hg 计）	≤2mg/kg（以烘干基计）
总铅（以 Pb 计）	≤50mg/kg（以烘干基计）
总铬（以 Cr 计）	≤150mg/kg（以烘干基计）
总砷（以 As 计）	≤15mg/kg（以烘干基计）

好的堆肥应表现为：颗粒直径小于 13mm，pH 为 6.0～7.8，可溶盐浓度小于 2.5ms/cm，呼吸比率低（呼吸比率通过测定耗氧量求得），硝态氮含量较高，没有杂草种子，污染物浓度低于国家标准。如果堆肥产品不符合上述要求，则使用就会受到限制。例如，可溶盐浓度（electrical conductivity，EC）$\geqslant 7.5$ms/cm 时，需要用其他物料加以稀释后才能用在一些植物上，堆肥 pH 在 7.8 以上的则只限在酸性土壤或需要高 pH 的作物上使用。

8.2　厌 氧 消 化

8.2.1　厌氧消化基本原理

厌氧生物处理是在无氧的条件下，借厌氧微生物（主要是厌氧菌）的作用进行。有机物在厌氧条件下降解产生 CH_4 的经典理论有三种，分别为"两阶段理论"、"三阶段理论"和"四种群理论"。

1. 两阶段理论

两阶段理论是它将有机物厌氧消化过程分为酸性发酵和碱性性发酵两个阶段。在第一阶段，复杂的有机物（如糖类、脂类和蛋白质等）在产酸菌（厌氧和兼性厌氧菌）的作用下被分解成为低分子的中间产物，主要是一些低分子有机酸（如乙酸、丙酸和丁酸等）和醇类（如乙醇），并有氢、CO_2、NH_4^+ 和 H_2S 等气体产生。由于该阶段有大量的脂肪酸产生，使发酵液的 pH 降低，所以此阶段被称为酸性发酵阶段，又称为产酸阶段。

在第二阶段，产甲烷菌（专性厌氧菌）将第一阶段产生的中间产物继续分解成 CH_4 和 CO_2 等。由于有机酸在第二阶段不断被转化为 CH_4 和 CO_2 等，同时系统中有 NH_4^+ 存在，使发酵液的 pH 升高，所以此阶段被称为碱性发酵阶段，又称为产甲烷阶段。

2. 三阶段理论

第一阶段为水解发酵阶段：在该阶段，复杂的有机物在厌氧细菌胞外酶的作用下，首先被分解成简单的有机物，如纤维素经水解转化成单糖；蛋白质转化成较简单的氨基酸；脂类转化成脂肪酸和甘油等。

第二阶段为产酸和脱氢阶段：水解形成的溶性小分子有机物被产酸细菌作为碳源和能源，最终产生短链的挥发酸，如乙酸等，并有 CO_2 产生。

第三阶段为产甲烷阶段：产甲烷菌把第一阶段和第二阶段产生的乙酸、H_2 和 CO_2 等转化为甲烷，在厌氧生物处理过程中，有机物的真正稳定发生在反应的第三阶段，即产甲烷阶段。产甲烷的反应由严格的专一性厌氧细菌完成，这类细菌将产酸阶段产生的短链挥发酸（主要是乙酸）氧化成甲烷和二氧化碳。厌氧消化三阶段连续反应过程见图 8-5。

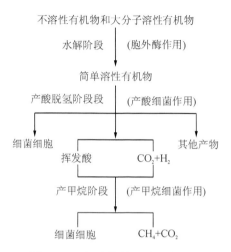

图 8-5　厌氧消化的连续反应过程

　　几乎在同一时期，厌氧消化过程的"四菌群学说"被提出：即在上述三阶段理论的基础上，增加了一类细菌即同型产乙酸菌，其主要功能是可以将产氢产乙酸细菌产生的 CO_2/H_2 合成为乙酸。但研究表明，实际上由 CO_2/H_2 合成的乙酸的量较少，只占厌氧体系中总乙酸量的 5% 左右。

　　3. 甲烷的产生与形成途径

　　产甲烷阶段，又称碱性发酵阶段，这一阶段产甲烷菌利用前一阶段的产物，并将其转化为 CH_4 和 CO_2，可能发生的反应是

$$4H_2 + CO_2 \longrightarrow CH_4 + 2H_2O \tag{8-9}$$

$$4H_2 + CH_3COOH \longrightarrow 2CH_4 + 2H_2O \tag{8-10}$$

$$CH_3COOH \longrightarrow CH_4 + CO_2 \tag{8-11}$$

　　因为氧化氢形成甲烷的细菌可从二氧化碳中获得碳源，所以这些细菌带有自养性，其生长速率很慢，虽然它们与分解乙酸的细菌在厌氧反应器中有共生关系，但其数量较少，在厌氧反应过程中，甲烷的生成大部分来自乙酸的分解。主要参与的微生物统称为产甲烷菌，其特点是生长慢，对环境条件（温度、pH 及抑制物等）非常敏感。

8.2.2　厌氧消化工艺

　　厌氧消化工艺，可以按以下几种方式分类和组合。其中，最主要的是根据温度、含固率和分段进行分类。

（1）温度：厌氧消化反应温度可分为中温消化（30～43℃）和高温消化（50～60℃）。高温消化的降解速率较高，物料停留时间较短，致病菌灭活效率较高，固相分离效果和有机酸（LCFA）的降解效果较好；中温消化运行稳定性更高，对氨抑制的耐受能力更强，对能耗要求相对更低。

（2）含固率：含固率在 12%～15% 以下为湿式消化，含固率在 20%～40% 为干式消化，介于二者之间为半干式消化。

（3）分段：可分为单段、两段和多段式。

（4）进料方式：可分为间歇式、连续式和半连续式。

下面介绍几种典型的城市垃圾厌氧消化工艺：

1. 湿式连续多级发酵系统

多级工艺原理：按照消化过程规律，有机垃圾分别在不同的反应器内过酸化水解和产甲烷的过程。首先将垃圾通过固液分离机分为固体和液体，液体部分直接进入产甲烷阶段反应器消化 1～2d；固体部分进入水解池，2～4d 以后垃圾经过分离，使液体进入产甲烷阶段反应器。经过消化，60%～70% 的有机物质转化为生物气。举例说明如下：

1）BTA 工艺——丹麦 Helsingor BTA/carlbro 处理厂

丹麦 HelsipgorBTA/carlbro 处理厂即采用此项工艺，本厂建于 1993 年，处理分类收集的生活垃圾，处理量 20 000t/a。分类收集的垃圾先送到垃圾仓，再经过破碎、打浆和消毒。这样，垃圾分为液体和固体部分，液体进入消化罐，固体进入水解池，在水解池中固体分解为有机酸，池内的液体再送入消化罐。

Helsingor 垃圾处理厂每年产生大约 300 万 m³ 生物气，用于热电联产。垃圾处理厂配有换热器，可以用厌氧过程中产生的沼气在预处理阶段加热垃圾。

2）TBW Biocomp 工艺——德国 Thronhofen 处理厂

Thronhofen 垃圾处理厂从 1996 年开始运营，处理能力为 13 000t/a，处理分类收集有机垃圾和农业中的液态垃圾。

Biocomp 工艺是堆肥和发酵的结合。垃圾先经过滚动筛分离，粗垃圾用来堆肥，细垃圾送入消化罐进行消化。再用手选去除无机物，用磁选去除废铁。细的有机物质经过破碎机破碎后，加水稀释，使固含率为 10%，接着将混合物送到贮存池及中温（35℃）反应池（采用桨板搅拌，停留时间 14d）。从一级消化池底部取出的活性污泥送入二级上向流高温（55℃）消化池，水力停留时间 14d。经过高温消化后，大约 60% 的有机物质可转化为生物气。

2. 干式单级发酵系统

1) Biocel 工艺——荷兰 Lelystad 处理厂

Biocel 工艺是中温干式序批式有机垃圾厌氧消化技术，处于发展阶段。荷兰 Lelystad 处理厂，处理量 50 000t/a，反应器内垃圾固含率 30%～40%，消化温度 35～40℃，固体停留时间最少 10d。

2) Dranco 工艺——比利时 Brecht 处理厂

Dranco(dry anaerobic composting)工艺(何品晶，2015)是比利时有机垃圾系统公司(organic waste systems)开发的，是一项成熟工艺(图 8-6)。该工艺的主要单元是单级高温反应器，温度 50～5 890℃，停留时间为 20d(15～30d)，生物气产量 100～200m³/t，发电量 170～350kW·h/t。进料的固体浓度在 15%～40%。Dranco 工艺的反应器内部没有搅拌设施，新鲜的物料与沼渣按一定比例混合后用泵输送到反应器顶部，混合物料依靠重力在从下而上的竖向推流式运动过程中逐渐被降解转化成沼渣，部分沼渣用于与新鲜物料混合起接种和预热作用。有机垃圾系统公司已开发出 Dranco-Sep 工艺，可在固含率 5%～20%操作。

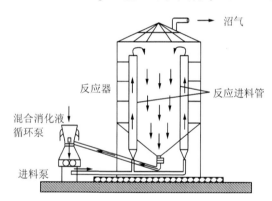

图 8-6　Dranco 单段干式厌氧消化工艺简图

在比利时北部 Brecht 处理厂采用的就是此工艺，处理能力 12 000t/a。有机垃圾先经过手工分选、切碎，筛分以去除大颗粒，磁选分离出金属物质，加水混合，接着送入 808m³ 的消化器中。消化器的新鲜物料投配率为 5%。消化液经过好氧塘处理之后，排放到当地污水处理厂。消化后的垃圾利用脱水机脱水至固含率 55%，而经过好氧稳定两周，即可得到卫生、稳定化的肥料。

3) 瑞士 Kompogas 工艺

此工艺是干式高温厌氧消化技术，由瑞士 Kom-pogasAG 公司开发(图 8-7)，处于发展阶段。

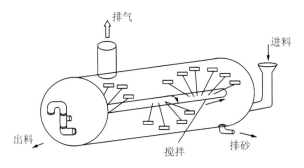

图 8-7　Kompogas 单段干式厌氧消化工艺简图

有机垃圾首先经过预处理达到以下要求：固含率(DS)30%～45%，挥发性固体含量(VS)55%～75%(DS)。粒径 40mm，pH 4.5～7.0。然后进入水平的厌氧反应器进行高温消化。消化后的产物含水率高，首先进行脱水，压缩饼送到堆肥阶段进行好氧稳定化，脱出的水用于加湿进料或作为液态肥料。产生的生物气效益：10 000t 有机垃圾可产生 118 万 Nm³ 气体，其中蕴含的总能量为 684 万 kW·h，相当于 71 万 L 柴油，可供车辆行驶 1000 万 km。Kompogas 工艺内部有旋转叶轮推动物料水平推流运动。

4）法国 Valorga 工艺

该工艺是由法国 Steinmueller Valorga Sarl 公司开发(图 8-8)，采用垂直的圆柱形消化器，高压气体混合，物料从底部缓慢向上推流，翻越在反应器内设的宽度约为反应器直径 2/3 的竖板后再依靠重力向下推流，是一项成熟工艺。反应器内垃圾固含率 25%～35%，停留时间 14～28d。消化后的固体稳定化需要进行 14d 的好氧堆肥。

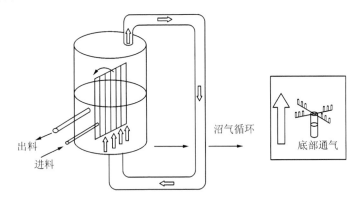

图 8-8　Valorga 单段干式厌氧消化工艺简图

目前已建成的处理厂有：法国 Amiens 处理厂(处理能力：85 000t/a)；德国 Engelskirchen 处理厂(处理能力：35 000t/a)、Freiberg 处理厂(处理能力：36 000t/a)；比利时 Mons 处理厂(处理能力：58 700t/a)；瑞士 Geneva 处理厂

(处理能力：10 000t/a)；西班牙 CadiZ 处理厂(处理能力：210 000t/a)等。

3. 其他新工艺

目前美国、德国等国家正在积极地进行城市生活有机垃圾的厌氧消化技术研究，其内容主要包括以下工艺：①序批式厌氧堆肥工艺（SEBAC，leach-bed process)（美国）；②干式厌氧消化＋好氧堆肥（美国）；③半干式厌氧消化＋好氧堆肥（意大利）；④渗沥液床两相厌氧消化（英国）；⑤两相厌氧消化（德国）；⑥有机垃圾处理工艺（biowaste process)（丹麦）；⑦干式厌氧消化＋好氧堆肥（美国）；⑧厌氧固体消化器（APS-digester)（美国）。可以预见将来厌氧消化技术会取得飞跃的发展，在工程中的应用也会越来越广泛。

8.2.3　厌氧消化的影响因素

甲烷发酵阶段是厌氧消化反应的控制阶段，因此厌氧反应的各项影响因素也以对甲烷菌的影响因素为准。

1. 温度因素

厌氧消化中的微生物对温度的变化非常敏感（日变化小于±2℃），温度的突然变化，对沼气产量有明显影响，温度突变超过一定范围时，则会停止产气。

根据采用消化温度的高低，可以中温消化（35～38℃）和高温消化（52～55℃）。

2. 生物量

接种含有产甲烷菌的接种物，是城市垃圾厌氧处理的必要条件，影响着工艺的启动、稳定性和效率。接种比，即接种微生物量与进料有机物之比。接种比与接种物来源、微生物活性、垃圾性质、厌氧工艺类型、接种方式及厌氧反应器中物料的含固率有关，文献中报道的接种比一般为 0.04～11。

3. 搅拌和混合

搅拌可使消化物料分布均匀，增加微生物与物料的接触，并使消化产物及时分离，从而提高消化效率、增加产气量。对消化池进行搅拌，还可以使池内温度均匀，同时加快消化速度，提高产气量。

搅拌方法包括气体搅拌、机械搅拌和泵循环等。气体搅拌是将消化池产生的沼气，加压后从池底部冲入，利用产生的气流，达到搅拌的目的。机械搅拌适合于小的消化池，气体搅拌适合于大、中型的沼气工程。

4. 营养与 C/N 比

厌氧消化原料在厌氧消化过程中既是产生沼气的基质,又是厌氧消化微生物赖以生长、繁殖的营养物质。这些营养物质中最重要的是碳素和氮素两种营养物质,在厌氧菌生命活动过程中需要一定比例的氮素和碳素(C∶N＝20∶1～30∶1)。原料 C/N 比过高,碳素多,氮素养料相对缺乏,细菌和其他微生物的生长繁殖受到限制,有机物的分解速度慢、发酵过程长。若 C/N 比过低,可供消耗的碳素少,氮素养料相对过剩,则容易造成系统中氨氮浓度过高,出现氨中毒。

5. 抑制剂

挥发性脂肪酸(volatile fatty acid,VFA)是消化原料酸性消化的产物,同时也是甲烷菌的生长代谢基质。一定的挥发性脂肪酸浓度是保证系统正常运行的必要条件,但过高的 VFA 会抑制甲烷菌的生长,从而破坏消化过程。有许多化学物质能抑制厌氧消化过程中微生物的生命活动,这类物质均被称为抑制剂。抑制剂的种类有很多,包括部分气态物质、重金属离子、酸类、醇类、苯、氰化物及去垢剂等。

6. pH

pH 的变化直接影响着消化过程和消化产物,这是因为:①由于 pH 的变化引起微生物体表面的电荷变化,进而影响微生物对营养物的吸收;②pH 除了对微生物细胞有直接影响外,还可以促使有机化合物的离子化作用,从而对微生物产生间接影响,因为多数非离子状态化合物比离子状态化合物更容易渗入细胞;③pH 强烈地影响酶的活性,酶只有在最适宜的 pH 状况下才能发挥最大活性,不适宜的 pH 使酶的活性降低,进而影响微生物细胞内的生物化学过程。

研究表明,当 pH 维持在 6.5～7.5,生物活性最好,降解最有效。

7. 氧化还原电位

厌氧环境,主要以体系中的氧化还原电位(oxidation-reduction potential,ORP 或 Eh)来反映。高温厌氧消化系统适宜的氧化还原电位为 $-500\sim600\text{mV}$;中温厌氧消化系统及浮动温度厌氧消化系统要求的氧化还原电位应低于 $-300\sim380\text{mV}$,产酸细菌对氧化还原电位的要求不甚严格,甚至可在 $-100\sim100\text{mV}$ 的兼性条件下生长繁殖,甲烷细菌最适宜的氧化还原电位为 -350mV 或更低。

8. 氨氮

厌氧消化过程中,氮的平衡是非常重要的影响因素。在消化系统中,由于细胞的增殖很少，故只有很少的氮转化为细胞，大部分可生物降解的氮都转化为消化液中的氨氮，因此消化液中氨氮的浓度都高于进料时氨氮的浓度。实验研究表明，氨氮对厌氧消化过程有较强的毒性或抑制性，氨氮以 NH_4^+ 及 NH_3 等形式存在于消化液中，NH_3 对产甲烷菌活性的抑制能力比 NH_4^+ 更强。解除氨抑制的措施，首先，应控制含氮垃圾组分的进料负荷(减低物料的含固率，优化固体停留时间)；其次，可以采取氨吹脱和化学沉淀的方法。

8.3　污　　泥

城市污泥中有丰富的有机质和氮、磷、钾等养分，施用适量污泥后，明显增加土壤有机质的含量，有效改善土壤结构、水力学性质及化学性质，由此带来的容重降低，孔隙度和团聚体稳定度提高以及持水量和导水性的增加，对农业生产起到了积极的作用。

8.3.1　污泥的基本概况

1. 污泥的特性

污泥是城市污水处理厂在各级污水处理净化后所产生的含水量为 75%～99% 的固体或流体状物质。污泥的固体成分主要包括有机残片、细菌菌体、无机颗粒、胶体及絮凝所用的药剂等。污泥是一种以有机成分为主、组分复杂的混合物，其中包含有潜在利用价值的有机质、氮(N)、磷(P)、钾(K)和各种微量元素，同时也含有大量的病原体、寄生虫(卵)、重金属和多种有毒有害有机污染物，如果不能妥善安全地对其进行处理处置，将会给生态环境带来巨大的危害。图 8-9 所示为污泥的主要组成。污泥的特性，主要包括物理特性、化学特性和生物特性，是选择污泥处理处置工艺的重要依据。

1) 物理特性

污泥是一种含水率高(初沉污泥含水率通常为 97%～98%，活性污泥含水率通常为 99.2%～99.8%，活性污泥经浓缩后含水率通常为 94%～96%，经机械脱水后污泥含水率通常为 80% 左右)，呈黑色或黑褐色的流体状物质。污泥由水中悬浮固体经不同方式胶结凝聚而成，结构松散、形状不规则、比表面积与孔隙率极高(孔隙率常大于 99%)。其特点是含水率高、脱水性差、易腐败、恶臭、相对密度较小、颗粒较细，从外观上看具有类似绒毛的分支与网状结构。污泥脱水后为黑色泥饼，自然风干后呈颗粒状，硬度大且不易粉碎。

污泥的主要物相组成是有机质和硅酸盐黏土矿物。当有机质含量大于硅酸盐黏土矿物含量时，称之为有机污泥；当硅酸盐黏土矿物含量大于有机质含量时，称之为土质污泥；当两者含量大致相当时，称之为有机土质污泥(图 8-9)。

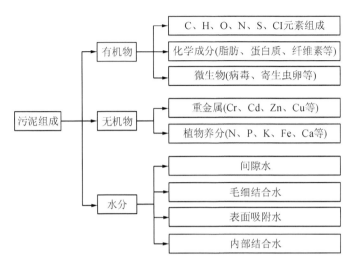

图 8-9　污泥的主要组成

（1）水分分布特性。根据污泥中水分与污泥颗粒的物理绑定位置，可以将其分为四种形态：间隙水、毛细结合水、表面吸附水和内部结合水。

其一，间隙水，又称为自由水，没有与污泥颗粒直接绑定。一般要占污泥中总含水量的 65%～85%，这部分水是污泥浓缩的主要对象，可以通过重力或机械力分离。

其二，毛细结合水，在污泥颗粒间形成一些小的毛细管，通过毛细力绑定在污泥絮状体中。浓缩作用不能将毛细结合水分离，分离毛细结合水需要有较高的机械作用力和能量，如真空过滤、压力过滤、离心分离和挤压都可去除这部分水分。各类毛细结合水约占污泥总含水量的 15%～25%。

其三，表面吸附水，覆盖污泥颗粒的整个表面，通过表面张力作用吸附。表面吸附水一般只占污泥总含水量的 7% 左右，可用加热法脱除。

其四，内部结合水，指包含在污泥中微生物细胞体内的水分，含量多少与污泥中微生物细胞体所占的比例有关。去除这部分水分必须破坏细胞膜，使细胞液渗出，由内部结合水变为外部液体。内部结合水一般只占污泥中总含水量的 3% 左右。内部水只能通过高温加热处理等过程去除。

污泥中水分与污泥颗粒结合的强度由大到小的顺序大致为：内部水＞表面吸附水＞毛细结合水＞间隙水，此顺序也对应了污泥脱水的难易顺序。

（2）沉降特性。污泥沉降特性可用污泥容积指数(sludge volume index，SVI)来评价，其值等于在 30min 内 1000mL 水样中所沉淀的污泥容积与混合液浓度之比，具体计算公式为

$$SVI = V/C_{ss} \tag{8-12}$$

式中，V——30min 沉降后污泥的体积，mL；

　　　　C_{ss}——污泥混合液的浓度，g/L。

SVI 值能反应出活性污泥的凝聚性能和沉淀性能，过低说明泥粒细小，无机物含量高，污泥缺乏活性；过高则说明污泥沉降性能不好，并具有产生膨胀现象的可能。

（3）流变特性和黏性。评价污泥的流变特性具有很好的现实意义，它可以预测运输、处理和处置过程中污泥的特性变化，可以通过该特性选择最恰当的运输装置及流程。黏性测量的目的是确定污泥切应力与剪切速率之间的关系，污泥黏性受温度、粒径分布和固体含量等多种因素影响。

2）化学特性

生物污泥以微生物为主体，同时包括混入生活污水的泥沙、纤维、动植物残体等固体颗粒，以及可能吸附的有机物、重金属和病原体等物质。污泥的化学特性是考虑如何对其进行资源化利用的重要因素。其中，pH、碱度和有机酸是污泥厌氧消化的重要参数；重金属、有机污染物是污泥农用、填埋和焚烧的重要参数；热值是污泥气化、热解和湿式氧化的重要参数。表 8-3 是生污泥及熟污泥中典型的化学组分及含量。

表 8-3　生污泥和熟污泥的典型化学组分及含量

污泥组分	生污泥		熟污泥		变化范围
	变化范围	典型值	变化范围	典型值	
总干固体/%	2.0～8.0	5.0	6.0～12.0	10.0	0.8～1.2
挥发性固体(占总固体质量分数)/%	60～80	65	30～60	40	59～88
乙醚可溶物/(mg/kg)	6～30	—	5～20	18	—
乙醚抽出物/(mg/kg)	7～35	—	—	—	5～12
蛋白质(占总干固体质量分数)/%	20～30	25	15～20	18	32～41
氮(N，占总干固体质量分数)/%	1.5～4	2.5	1.6～6.0	3.0	2.4～5.0
磷(P_2O_5，占总干固体质量分数)/%	0.8～2.8	1.6	1.5～4.0	2.5	2.8～11.0
钾(K_2O，占总干固体质量分数)/%	0～1.0	0.4	0～3.0	1.0	0.5～0.7
纤维素(占总干固体质量分数)/%	8.0～15.0	10.0	8.0～15.0	10.0	—
铁(非硫化物)/%	2.0～4.0	2.5	3.0～8.0	4.0	
硅(SiO_2，占总干固体质量分数)/%	15.0～20.0	—	10.0～20.0		
碱度/(mg/L)	500～1 500	600	2 500～3 500		580～1 100
有机酸/(mg/L)	200～2 000	500	100～600	3 000	1 100～1 700
热值/(kJ/kg)	1 000～12 500	11 000	4 000～6 000	200	8 000～10 000
pH	5.0～8.0	6.0	6.5～7.5	7.0	6.5～8.0

(1) 丰富的植物营养成分。污泥中含有植物生长发育所需的氮、磷、钾以及维持植物正常生长发育的多种微量元素(钙、镁、铜、锌、铁等)和能改良土壤结构的有机质(一般质量分数为 60%～70%)，因此能够改良土壤结构，增加土壤肥力，促进作物的生长。我国 16 个城市里 29 个污水处理厂污泥中有机质及养分含量的统计数据表明，我国城市污泥的有机质含量最高达 696g/kg，平均值为 384g/kg；总氮、总磷、总钾的平均含量分别为 2711g/kg、1413g/kg 和 619g/kg。经过稳定化及消毒后的污泥不但可以农用，也可以用于复垦土地，这取决于当地相关的环保法规。

(2) 多种重金属。城市污水处理厂污泥中的重金属来源多、种类繁、形态复杂，并且许多是环境毒性比较大的元素，如铜、铅、锌、镍、铬、汞和镉等，具有易迁移、易富集和危害大等特点，是限制污泥农业利用的主要因素。

污泥中的重金属主要来自污水，当污水进入污水处理厂时，里面含有各种形态的重金属，经过物理、化学和生物等污水处理工艺，大部分重金属会从污水中分离出来，进入污泥。重金属进入污泥是一个复杂的过程。例如，污水经过格栅、沉砂池时，大颗粒的无机盐、矿物颗粒等通过物理沉淀的方式，伴随重金属进入污泥；在化学处理工艺中，大部分以离子、溶液、配合物和胶体等形式存在的重金属元素通过化合物沉淀、化学絮凝和吸附等方式进入污泥；在生物处理阶段，部分重金属可以通过活性污泥中微生物的富集和吸附作用，与剩余活性污泥、生物滤池脱落的生物膜等一起进入污泥。一般，来自生活污水污泥中的重金属含量较低，工业废水产生的污泥中重金属含量较高。

(3) 大量的有机物。城市污泥中的有机有害成分主要包括聚氯二苯基(PCBs)和聚氯二苯氧化物/氧芴(PC-DD/PCDF)、多环芳烃和有机氯杀虫剂等。大量有机颗粒物吸附富集在污泥中，导致许多污泥中有机污染物含量比当地土壤背景值高数倍、数十倍甚至上千倍。

3) 生物特性

(1) 生物稳定性。污泥的生物稳定性评价主要有两个指标：降解度和剩余生物活性。

其一，降解度。污泥降解度可以描述其生物可降解性。一般来说，厌氧消解污泥的降解度是 40%～45%，好氧消解污泥的降解度是 25%～30%。降解度 $P(\%)$ 可通过下式计算得

$$P = (1 - C_{\mathrm{vss1}}/C_{\mathrm{vss0}}) \times 100\% \tag{8-13}$$

式中，C_{vss0}——消解前污泥中的挥发性固体悬浮物浓度，mg/L；

C_{vss1}——消解后污泥中的挥发性固体悬浮物浓度，mg/L。

其二，剩余生物活性。污泥的剩余生物活性是通过厌氧消解稳定后，生物气体的再次产生量来测定的。当污泥基本达到完全稳定化后，其生物气体的再次产生量可以忽略不计。

（2）致病性。污泥中主要的病原体有细菌类、病毒和蠕虫卵，大部分由于被颗粒物吸附而富集到污泥中。在污泥的应用中，病原菌可通过各种途径传播，污染土壤、空气和水源，并通过皮肤接触、呼吸和食物链危及人畜健康，也能在一定程度上加速植物病害的传播。

2. 污泥的分类

污水处理厂产生的污泥，可以分为以有机物为主的污泥和以无机物为主的沉渣。依据污泥的不同产生阶段可分为生污泥、消化污泥、浓缩污泥、脱水干化污泥和干燥污泥；按污泥处理工艺可以分为初沉污泥、剩余污泥、消化污泥和化学污泥。本书按照污泥处理工艺的分类具体介绍如下。

（1）初沉污泥。指一级处理过程中产生的污泥，即在初沉池中沉淀下来的污泥。含水率一般为 96%～98%。初沉污泥的产生量可以通过经验公式计算得

$$W_{ps} = Q_i E_{ss} C_{ss} \times 10^{-5} \tag{8-14}$$

式中，W_{ps}——初沉污泥量，按干污泥计，kg/d；

　　Q_i——初沉池进水量，m^3/d；

　　E_{ss}——悬浮物 SS 的去除率 %；

　　C_{ss}——SS 的浓度，mg/L。

（2）剩余污泥。指在生化处理工艺等二级处理过程中排放的污泥，含水率一般为 99.2%以上。Koch 等（2015）提出的剩余污泥量计算公式

$$W_{was} = W_i + aW_{vss} + bBOD_{sol} \tag{8-15}$$

式中，W_{was}——剩余污泥产生量，按干污泥计，kg/d；

　　W_i——指惰性物质，即污泥中固定态悬浮物的量，kg/d；

　　W_{vss}——挥发态悬浮物的量，kg/d；

　　BOD_{sol}——溶解性 BOD 的量，kg/d；

　　a 和 b——经验常数，a 取 0.6～0.8，b 取 0.3～0.5。

（3）消化污泥。指初沉污泥或剩余污泥经消化处理后达到稳定化、无害化的污泥，其中的有机物大部分被消化分解，因而不易腐败，同时，污泥中的寄生虫卵和病原微生物已经被杀灭。

（4）化学污泥。指絮凝沉淀和化学深度处理过程中产生的污泥，如石灰法除磷、酸碱废水中和以及电解法等产生的沉淀物。

表 8-4 所示为不同种类污泥的营养物质含量范围。

表 8-4　不同种类污泥的营养物质含量范围　　　（单位：%）

污泥类型	总氮	磷（P_2O_5）	钾（K）	腐殖质
初沉污泥	2.0～3.4	1.0～3.0	0.1～0.3	33
生物滤池污泥	2.8～3.1	1.0～2.0	0.11～0.8	47
活性污泥	3.5～7.2	3.3～5.0	0.2～0.4	41

8.3.2　污泥的资源化利用途径

污泥处理的投资和运行费用巨大，可占整个污水处理厂投资及运行费用的 50% 以上。因此，寻求经济有效的污泥处理利用技术具有重要的现实意义。焚烧、填埋及资源化利用是普遍采用的污泥处理处置方法。但是，焚烧的处理费用高，且浪费了污泥中的氮、磷及植物生长所需要的多种元素，另外，焚烧过程中产生的烟气和飞灰需要进一步处理，污泥填埋则需占用大量土地。

从社会经济发展、资源开发利用和城市生态环境保护等方面考虑，污泥资源化是最理想的处置措施，既满足污泥中资源的有效循环利用，又不对人类和环境产生有害影响。因此，加强城市污泥资源化利用的研究与实践，解决污泥处置中的难题，避免城市生态环境污染，节约处置费用，变废为宝，提高其生态效益、环境效益、经济效益和社会效益，是城市可持续发展的必然要求和发展趋势。同时，在走污泥资源化道路的过程中，不同地区应因地制宜选择相应的处理方法，减少对环境的影响，避免形成二次污染。

污泥资源化的定义是，根据不同使用场合，通过各种物理、化学和生物工艺，提取污泥有价组分，将其重组或转化成其他能量形式，获得再利用价值，并消除二次污染。确切来讲，污泥资源化的技术内涵应包括以下几方面：①有用组分或潜在能量再利用；②消除二次污染；③所得产品获得市场认可。

污泥是一种典型的生物质能源，类似于煤。污泥的能源化利用主要包括焚烧、热解油化、合成固体燃料、气化和湿式氧化技术。

8.4　其他固体废物处理技术

随着环境科学技术的发展以及人们对环境质量要求的不断提高，需要积极寻找一种既能提高垃圾再生能源化水平，又能保证环保效益及资源回收率较高的垃圾焚烧处理方式，将是固体废物处理的发展趋势。

8.4.1　垃圾衍生材料

1. 垃圾衍生材料的概念

在进炉之前对垃圾进行有效的预处理和成型加工之后所形成的新的燃料称为

垃圾衍生材料(refuse derived fuel，RDF)。RDF 则作为固体燃料被焚烧利用，并回收热能，此外，RDF 可用于异地垃圾热能的回收，即运送至外地进行焚烧处理并回收热能。

2. 国内外垃圾衍生材料的发展简况

国外对于 RDF 技术的研究起步较早，在美国和日本等国，RDF 已得到广泛地应用，并开始商业化发展。美国是世界上最早利用 RDF 发电的国家，目前已有发电站 37 座，占垃圾发电站的 21%(崔文静等，2006)。例如，美国维吉尼亚州的 RDF 工厂，每天将约 2000t 的生活垃圾制成 RDF 并用于电厂的发电(官贞珍等，2008)。日本政府于 20 世纪 90 年代开始支持该技术的引进和研发工作，近几年已有十几家大公司对 RDF 工艺投入大量资金并进行 RDF 的资源化研究和开发。我国也于 2004 年投运的上海宝山神工生活废物综合处理厂，安装了 RDF 生产线。

3. 垃圾衍生材料的分类

美国检查及材料协会(American Society for Testing and Materials，ASTM)根据 RDF 不同的加工程度，形状以及用途将 RDF 分为以下 7 类(表 8-5)(王冰，2008)。

表 8-5　RDF 的分类

类别	性状	备注
RDF-1	分离除去粗大垃圾的一般城市垃圾	
RDF-2	95%是方形的 15cm 的细粒度疏松 RDF，也用于没有分离金属类的情况	疏松 RDF
RDF-3	95%是约 5cm 四方形细粒度 RDF，除去金属类、玻璃或不可燃物质	
RDF-4	95%是通过 10 号筛眼(2mm 过滤网)的粉状 RDF，将金属类或玻璃类进行分类，使其干燥的物质	粉状 RDF
RDF-5	颗粒状，方型等形状成型的 RDF	成型 RDF
RDF-6	液状 RDF	液体燃料
RDF-7	气体状 RDF	气体燃料

需要说明的是，一般美国所指的 RDF 主要是 RDF-2 和 RDF-3，瑞士和日本所指的 RDF 则是 RDF-5。

4. 垃圾衍生材料的特点

垃圾衍生材料的特点归纳如下：①RDF 的热值高，成型的 RDF 较普通的垃圾燃料热值将提高 4 倍，即成型的 RDF 热值是普通垃圾燃料热值的 5 倍；②成型的 RDF 易于运输和储存，常温下 RDF 储存 6～10 个月不会腐坏；③RDF 燃烧稳定，环保性强，二次污染低，燃烧过程中不产生二次污染气体，能达到固体废弃物处理不产生有毒有害气体的目的。

5．RDF 制作系统

$$RDF\ 制作系统\begin{cases}破碎分选子系统\\加工成型子系统\end{cases}$$

垃圾处理流程：

$$垃圾\longrightarrow 破碎\xrightarrow[拣出]{}可燃物\xrightarrow[加添加剂]{}挤压成型\longrightarrow RDF$$

垃圾进入破碎分选子系统，进行破碎、分选一系列预处理之后，挑拣出其中的可燃物从而挤压成型。在成型过程中加入一系列添加剂，如石灰。众所周知，塑料垃圾中含有大量的 Cl，Cl 在燃烧炉内与石灰发生反应脱 Cl 而生成一系列氯化物，即减少了 SO_2、HCl 和二噁英等有毒有害气体的排放。

6．垃圾衍生材料的应用

（1）中小公共场合。主要是指温水游泳池、体育馆、医院、公共浴池、老人福利院及融化积雪等方面。

（2）干燥工程。在特制的锅炉中燃烧 RFD，将其作为干燥和热脱臭的热源利用。

（3）水泥制造。日本将 RDF 的燃烧灰作为水泥制造中的原料，从而避免了 RDF 的燃烧灰处理过程，降低运行费用，此技术已实现了工业化应用。

（4）地区供热工程。在供热工程基础建设比较完备的地区，只需建设专门的 RDF 燃烧锅炉就可以实现 RDF 供热，投资较少。

（5）发电工程。在火力发电厂将 RDF 与煤混烧进行发电，十分经济。在特制的 RDF 燃烧锅炉中进行小型规模的燃烧发电，也得到了较快的发展。日本政府从 1993 年开始研究 RDF 燃烧发电方案，并已投资进行 RDF 燃烧发电厂的建设。

（6）作为碳化物应用。将 RDF 在空气隔绝的情况下进行热解碳化，制得的可燃气体经过燃烧，作为干燥工程的热源，热解残留物即为碳化物，可作为还原剂在炼铁高炉中替代焦炭进行利用。

RDF 不仅有效的处理了焚烧过程中产生的有毒有害气体，同时还实现了垃圾的资源回收利用，只需进行简单的预处理即可，是一种可推广的垃圾处理方式。

8.4.2　等离子体气化技术在固体废物处理中的应用

1. 等离子体的概念

等离子体是部分电子被剥夺的原子及原子团电离后产生的正负离子组成的离子化气体状物质，因其正负电荷总量相等而称为等离子体。等离子体常被视为固、液、气三态以外的第四态物质，等离子体本身是一种很好的导电体。等离子体虽是一种气体状物质，但它与一般的气体性质不同，等离子体之间的作用是带电粒子间的作用力，即库仑力，是一种长程力；而普通气体由分子构成，分子间的作用力为短程力；等离子体之间的作用效果远大于普通气体分子之间的作用效果。

2. 等离子体处理固体废物的原理

等离子炬具有高能量、高密度和高强度热源的优势。等离子体气化技术是利用等离子炬或等离子弧作为气化炉的热源，利用等离子炬高热源的性质将固体废物加热至高温，一般将温度控制在 $3000 \sim 5000℃$，最高可超过 $10\ 000℃$，此时物质的微观运动以原子运动为主，原有物质被打破成为原子态。

固体废物中的有机物气化成合成气(主要成分为 CO、H_2、CH_4 及少量的 HF、HCl 酸气和烟尘)，固体废物中的无机物则被熔化成为玻璃体硅酸盐及一些金属产物。简而言之，等离子体气化处理固体废弃物的原理很简单，即利用高温将固体废物分解为一些简单气体组成的合成气，避免在处理过程中产生有毒有害气体，从而达到新技术处理固体废弃物的目的。

3. 等离子气化技术在国外的发展状况

美国西屋公司(Westinghouse)对于等离子体与等离子气化已有了 30 多年的应用经验，该公司早在 20 世纪 60 年代就开始为航天应用建造等离子炬。之后，将等离子炬用于销毁化学武器、印刷电路板和石棉等有毒废物。90 年代初，该公司在美国设置了一个处理固体废物并带有发电的试验装置。到 90 年代末，该公司又在日本建造了一个中试规模的等离子气化装置，主要将生活垃圾、污水污泥和废旧汽车粉碎后的残留物等进行处理。试验过的固体废物包括城市固体垃圾、危险垃圾、工业垃圾、建筑垃圾、轮胎、地毯、汽车粉碎残渣、液体、泥浆，以及石油焦、劣质煤和生物质等。2000 年以来，拥有和掌握这项技术的加拿大阿尔特公司(ALter)在全球范围内积极推进建设商业化规模的等离子体垃圾处理项目，并且已有 4 个成功业绩和正在运作多个类似项目(除发电外，还有一个项目是用合成气生产乙醇)。

4. 等离子体技术的处理流程

等离子体技术虽然是一个新技术，但是等离子体技术处理固体废物的系统都是由一些非常成熟的子系统组成的。

下面介绍了一个等离子体处理技术的简单流程（图 8-10）（龙燕，2003）：

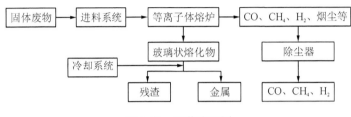

图 8-10　工艺流程图

等离子体处理系统主要有进料系统、等离子体处理室、熔化产物处理系统、电极驱动及冷却密封系统组成。固体废弃物进过破碎等预处理后，通过进料系统进入等离子体处理室，因而固体废物中的有机物被分解气化成合成气，废物中的无机物则被熔化成玻璃体硅酸盐及金属产物。

经过等离子体处理室之后的产物分为两部分：

一部分是有机物气化成合成气，通过过滤器去除烟尘和酸气，由于气体密度小，合成气从气化炉的顶部排出，排出炉后的合成气通过热回收器，一方面降低了温度，另一方面产生了蒸汽。降温后的合成气又通过水激冷和其他净化过程，按照不同的用途，直接用于燃气轮机发电，或用于烧锅炉产生蒸汽，与热回收器的蒸汽一并用于发电。如果不用于发电，合成气则可进行一些特殊的变换，用于制取化学品如氨、甲醇和乙醇等。

另一部分是无机物经熔化得到的玻璃状产物，可用来生产陶瓷化抗渗耐用的玻璃制品，熔融产物被收集到处理器中，经冷却系统成为固态，残渣从炉底排出，而固态金属则可回收用于金属的冶炼。

5. 等离子气化技术处理固体废物的优势

等离子气化技术处理固体废物的无害化效果是该技术的优势。

阿尔特公司采用等离子气化技术在日本建设的日处理 220t 城市垃圾和汽车废渣的工厂，以及日处理 20t 城市垃圾和 4t 废水污泥的工厂，运行 6 年多来，检测的排放物气体中的氮氧化物、二噁英和呋喃均能满足美国、加拿大、日本和欧盟的最严格要求。此外，在印度建设的日处理 68t 危险废弃物的工厂效果同样也是令人满意的。

等离子气化技术优势有几个方面：①在等离子气化技术的高温下，废弃物会经历一个分子解体的过程，所有的毒素和有机物都会被摧毁；②气化炉出来的合成气温度较高，要使其快速冷却，以避免产生二噁英和呋喃。气化炉产生的炉渣，由于一般焚烧炉的温度原因，灰渣会具有一定的毒性，需要进行卫生填埋；而采用与等离子气化技术配套的工艺，经过熔化并形成紧密分子结构的等离子气化炉灰渣，经过专门的毒性特性溶出程序，对 8 种有害元素进行监测，数据表明即使是高度危险废物，其结果也是远远低于规定限度的，包括砷、钡、镉、铬、铅、汞、硒和银，有的甚至未检出。

等离子体气化技术处理固体废弃物不仅将固体中所有毒素和有机物均摧毁，避免产生二噁英、呋喃等有毒有害气体；同时，等离子体气化技术处理固体废物的碳排放量也少于一般垃圾焚烧产生的碳排放量，从一定程度上减缓了温室效应，达到了固体废弃物处理的减量化、无害化和资源化的效果。

8.4.3　微波技术在固体废物处理中的应用

1. 微波的概念

微波是波长在 1mm～1m 的一种电磁波，微波具有电磁波反射、透射、干涉、衍射、偏振以及能量传输等波动特性。

2. 微波处理固体废物的原理

微波处理固体废物的原理与等离子体气化技术处理固体废物的原理相似，微波技术是利用微波的高效发热特性使固体废物分解为简单的无害物，从而避免有毒有害气体产生的过程。

3. 微波加热的原理

在微波加热的过程中，微波能转化为热能的机理有两种，即偶极子转动机理和离子传导机理(王剑虹等，2003)。

偶极子转动机理是由微波辐射引起物体内部的分子相互摩擦而产生热能。自然界的介质都是由一端带正电荷、另一端带负电荷的分子(或偶极子)组成的(王鹏，2003)。在自然状态下，介质内的偶极子做杂乱无章的运动和排列，当介质处于电场中时，其内部结构重新进行排列，变成了有一定取向、有规则排列的极化分子。当电场方向以一定频率交替变化时，介质中的偶极子的极化取向也以同样频率转变，在转变过程中，因分子间相互摩擦和碰撞而产生热能。电场变化频率越快，偶极子转动的频率也就越快，产生的热效应也就越强，而微波波段的电磁场频率可高达 10^8 数量级，所以在微波辐射下，偶极子转动产生的热量相当可观，从而使体系在很短的时间内可以达到很高的温度。偶极子转动产生的加热效率取决于介质的弛豫时间、温度和黏度。

离子传导机理是指可离解离子在电场中产生导电移动，由于介质对离子的阻碍而产生热效应（Zlotorzynski，1995；Mingos and Baghurst，1991）。离子传导产生的加热效率取决于离子的大小、浓度、电荷量以及导电性。

4. 微波技术在固体废物处理中的应用

1）工业污泥的处理

工业污泥是油和含固体碎屑的水的乳化物，全球每年产生的含油污泥多达几十亿吨，含油污泥的常规的处理工艺是：

$$加热破乳 \longrightarrow 离心分离 \longrightarrow 填埋$$

由于加热破乳时常常使用破乳添加剂，因此会产生残留物，该残留物很难处理，脱油后需要填埋，填埋处理的残渣量大，填埋费用高。因此美国 D. A. Purta 等（史尚钊和门书春，1997）人利用微波技术，开发了钢厂含油淤泥的微波脱油技术，该技术是将含油和金属的污泥与添加剂混合，然后在一个流动系统中接受微波辐照 10min，最后通过离心分离，分离出固体物质（主要是成分是 Fe 和 FeO_x）、油和水。分离出的固体可重新用作炼钢原料，分离出的油可作燃料出售。研究表明，该微波破乳脱油系统的处理速度比常规的脱油系统快 30 倍，处理系统的体积可节省 90%，大幅度降低了需要填埋处理的固体废渣，能够达到我们固体废弃物处理减量化的目的，同时也降低了填埋费用。此外，也可采用微波脱油处理该钢厂污泥，处理费用比常规处理方法降低 10 倍。

王俊等（2003）采用微波加热法对南宁味精厂剩余污泥进行脱水试验，结果表明，经微波加热 50s 后，污泥的滤速可达到 35mL/h，而采用水浴加热时，温度升高到 60℃时滤速才能达到 35mL/h。而且采用微波加热时污泥的温度只要达到 70℃就与水浴加热到 80℃的过滤效果相接近，由此可见，微波技术处理污泥可有效的回收能源。

此外，以污水处理厂产生的污泥为原料，采用微波辐照可制备污泥活性炭。杨丽君和蒋文举（2004）将污水处理厂初沉池和二沉池的混合污泥烘干，用磷酸溶液活化后，再用 400W 的微波辐照 260s，可成功制得污泥活性炭，该活性炭的碘值为 517.4mg/g。用制得的污泥活性炭处理 TNT 废水，处理效率略高于粉状商品活性炭。

2）医疗垃圾的灭菌消毒

微波灭菌的机理是利用微波能在微生物体内转化为热能的特性，可使微生物体本身温度升高，从而使微生物体内蛋白质发生变性凝固致死。微波灭菌的特点是作用温度低、时间短、无二次污染。一般情况下，霉菌、酵母等常见微生物采用微波辐射 1min，加热到 70~80℃时就能被杀死，达到杀菌目的；在 65~

66℃，采用微波辐照 2min 便可杀死青霉素的孢子。

微波灭菌消毒是一个以蒸汽为基础，通过微波产生湿热和蒸汽进行消毒的过程。在利用微波对固体废物灭菌消毒时，首先将废物粉碎，然后送入微波加热炉通入蒸汽旋转加热，在灭菌消毒的同时废物体积也会被压缩，以达到减量化的目的。有关研究表明(Byeong et al.，2004)，将医疗废物浸湿粉碎后，再采用微波对废物进行消毒，毒素会被迅速消灭，废物体积也可减少 80%。

全球有许多国家每年产生大量的医疗垃圾，造成严重的环境污染。据统计，仅在意大利，每年就有 25 万吨医疗垃圾产生。如果采用微波技术灭菌消毒后，60% 以上的医疗垃圾可作填埋处理(Tata and Beone，1995)。采用这种方法处理医疗垃圾与传统的焚烧法相比，不会生成毒性强的二噁英等二次污染物，而且处理时间短，效果好，能耗低(丁健，2004)。

3) 废旧轮胎的回收

轮胎是含有橡胶、炭黑、钢以及硫黄等多种物质的混合材料。废旧轮胎的处理通常采用热分解法，相对于焚烧而言，在缺氧条件下进行的热分解可以减少 NO_x 和 SO_x 的排放，并避免煤烟的产生。然而，常规的热分解常常因为加热温度不够而无法完全分解，若采用微波加热，温度会稳定上升，并很快达到 2000℃。而且采用微波加热处理废旧轮胎还能实现橡胶材料的再利用并回收能源，达到固体废弃物处理的资源化目的。

英国的一些工厂利用微波加热技术，将废旧轮胎橡胶进行软化处理，使橡胶分子结构中的 C—C 键和 C—S 键断裂，从而回收了 36% 的 C(包括高质量的活性炭和石油烃等其他碳化产品)，残余的甲烷、氢气等还可用于系统的加热。但该加热处理过程，必须在严格封闭的条件下进行，以避免产生二噁英、油烟和飞灰等污染物质。

4) 电子垃圾的处理

近年来，从计算机、汽车、电话、电视和其他产品上丢弃的电子部件和印刷线路板不计其数。对于这些电子垃圾的常规处理是填埋，但填埋会渗析出有害金属，从而污染地下水。为此佛罗里达大学 Clark 教授研究开发了利用微波销毁印刷线路板以回收贵金属的技术。该技术是将压碎的废电路板放入一个熔融石英坩埚中，在一个内壁衬有耐火材料的微波炉中加热 30～60min，其中垃圾中的有机物，如苯和苯乙烯等挥发出来，被载气(压缩空气)带出第 1 个微波炉，进入第 2 个微波炉被分解。剩下的物质在 1000℃ 以下焦化；然后将微波炉的功率升高，剩余物(绝大多数为玻璃和金属)在 1400℃ 的高温下熔化，形成一种玻璃化物质。将这种物质冷却后，金、银和其他金属就以珠状分离出来，可回收用作金属冶炼的原料，余下的玻璃化产物则可回收作建筑材料。

下面简单罗列了微波技术处理电子垃圾的优点：

电子垃圾微波技术处理的优点
① 固体废物的体积可减少 50%；
② 处理过程中无需使用任何添加剂，不会产生有毒有害气体，造成二次污染；
③ 终态的玻璃化产物，可将有害成分牢牢地包固在其中，不会造成有害成分的渗漏；
④ 处理过程中可回收利用其中的贵金属，处理成本低。

5）建筑垃圾的回收

建筑垃圾是在施工建设过程中或旧建筑物维修、拆除过程中产生的，主要含有砂浆、混凝土、砖石、土桩头、金属以及装饰装修产生的废料和包装材料等。据估计（陆凯安，2005），我国每年仅施工建设所产生的建筑废渣就有 4000 万 t。因此，综合利用建筑垃圾是节约资源、保护生态的有效途径。

据报道，美国 CYCLEAN 公司采用微波技术可 100%地回收利用建筑垃圾，使旧沥青路面料再生，再生后的沥青路面料的质量与新拌沥青路面料相同，而成本降低了 1/3，同时节约了垃圾清运和处理等费用。

利用微波技术回收建筑垃圾，不仅解决了常规处理方法如堆肥、焚烧和填埋等易造成的二次污染，此外还解决了处理过程投资大、占地面积大等问题，实现固体废弃物处理的资源化目的。

利用微波技术处理固体废物具有快速高效、操作简单、能耗少、成本低和资源回收利用率高等特点，因而具有广泛的应用前景。

8.4.4 超临界流体在固体废物处理中的应用

1. 超临界流体的概念

当物质所处的温度大于物质的临界温度，压强大于物质的临界压强时，该物质就处于临界状态，处于这个状态的液体就称为超临界流体（super critical fluid，SCF）。

2. 超临界流体的特性

SCF 在一般状态下是一气态，但它不同于一般的气体，它是一种稠密状的气体，因此，SCF 兼具液体和气体的性质。下面简单介绍一下 SCF 的特点：

（1）SCF 的黏度小于一般液体的黏度，同时 SCF 的传质阻力小，因而 SCF 的扩散速度大于一般液体的扩散速度。

（2）物质在 SCF 中的溶解度受压强和温度的影响较大，一般可利用升温、降压等方式将 SCF 中所溶解的物质分离析出，以达到提纯的目的。

（3）常温常压下互不相溶的物质在超临界状态下有较大的溶解度，互不相溶的物质在超临界状态下互溶成均相体系，可减小传质阻力，提高物质的反应速率。

3. 超临界流体处理固体废物的原理

SCF 处理固体废物是利用 SCF 优异的溶解能力和传质性能。在一定的反应条件下，SCF 能分解或降解高分子废弃物或有毒有害的固体废物，成为气、液、固三态的产物，实现固体废物处理的减量化、无害化和资源化目的。

4. 超临界流体处理固体废物的应用

1）解聚废旧塑料

解聚废旧塑料的流程：

$$\text{废旧塑料} \xrightarrow{\text{SCF}} \begin{cases} 1. \ \text{燃料油} \\ 2. \ \text{各种化学原料} \\ 3. \ \text{各种化学单体} \end{cases} \longrightarrow \text{供循环使用}$$

废旧塑料在 SCF 的作用下，可将废旧塑料降解为燃料油、各种化学原和化学单体以供废物的循环利用。塑料是一种具有异味的难降解的高分子聚合物，SCF 在解聚废旧塑料中的应用，一方面消除了塑料堆积对环境的污染，另一方面又将废旧塑料分解为单体原料回收利用，防止资源的流失。

例：聚对苯二甲酸乙二醇酯（PET）的降解：

据报道，超临界水可不使用任何催化剂，将 PET 迅速分解为化学单体，但使用超临界水作为分解物质，存在以下一些缺点：① 利用超临界水作为分解物质时分解 PET，其中乙二醇的回收率很低；② 利用超临界水分解 PET 时，对于分解的反应条件十分苛刻，同时操作对于反应设备的要求也很高，难以实现工业生产的连续化，不利用满足工业生产要求。因此利用超临界甲醇替代超临界水来解聚 PET，在超临界甲醇中，PET 与在超临界水中相同，PET 也迅速分解为化学单体，同时不产生任何气体和热解产物，并且化学单体的回收率随着温度、压强及时间的增大而增大。利用超临界甲醇分解 PET 乙二醇的回收率高，满足工业化操作的要求，可实现大面积的应用，具有一定的开发潜力。

除此之外，超临界水油化可加速塑料的分解，同时回收轻油，几乎不产生副产物。

2）处理有机废物

利用超临界水处理有机废物时，只要有机废物的碳含量达到 10%，就可为超临界水处理有机废物提供足够的能量而无需外加燃料。

处理有机废物本质上是一种氧化反应，超临界水中氧化反应进行的相当快，几秒内就可去除 99.9% 以上的有机物，使有机物直接分解为 CO_2、N_2 和 H_2O 等简单无害气体，避免了二噁英、呋喃等有毒有害气体的产生造成二次污染。

例如，日本一公司开发出超临界法处理垃圾，将垃圾的有机组分分解为 CO_2 和 H_2O。简单流程是：首先将垃圾经过挤压和过筛等一系列的预处理将塑料、纸等有机物从垃圾中分离出来；接着将分离出来的物质研磨成 1mm 以下的颗粒，研碎后与水混合放入反应器，使其在 300℃ 和 10MPa 下液化；最后将反应器内的压力减至 1MPa，并通入空气，为有机物氧化反应提供充足的氧气，使垃圾在 170～200℃ 条件下进行空气氧化分解，生成 CO_2 和 H_2O，而不产生任何有毒有害气体。

3）处理污泥

目前用超临界水氧化法（supercritical water oxidation，SCWO）处理各种废水中废物的研究越来越受到重视，此外，SCWO 还可用于宇航器废物或者是危险废物的处理。

现今大多数国家仍处于中试阶段，因此我们简单介绍一下试验装置与条件。

自建的间歇式超临界水氧化装置：压强为 26MPa，温度为 420℃，停留时间为 155s 并投入过量的氧化剂，此时反应液中 COD 小于 10mg/L，金属盐和泥沙密度较大，因而沉积于反应器底部以达到良好的分离效果，最终形成的残余固体产物的容积仅为浓缩体积的 1.2%，使得有效容积下降，达到了垃圾废物处理减量化的目的。

需要强调的是，该超临界水氧化装置是一种试验，仅有一些发达国家已建立中试并且开始投产使用。

8.4.5　鼓泡熔渣

1. 鼓泡熔渣的定义与实质

鼓泡熔渣是一种独特的具有生态净化以及具有无废产生特点的固体废物处理新工艺。针对焚烧过程中产生的有机废物，俄罗斯研究出了一种在特殊的燃烧炉（瓦纽科夫炉）中处理废物的新工艺，解决了产生有毒有害气体的问题。

鼓泡熔渣的实质是在温度为 1350～1400℃ 时，对鼓泡熔渣层中的料体组分进行高温分解，并保持 2～3s 以确保所有的复杂有机化合物可完全分解至最简组分，且不产生有毒气体。

2. 鼓泡熔渣工艺的特点

鼓泡熔渣的特点，即在专用结构炉中的鼓泡池及其上方的作业燃气空间造成一定的发热流体动力学条件，可确保由熔渣溅液（熔滴）可在瞬间捕收全部形状不同的废物颗粒，并将这些颗粒送至高温区（1300～1350℃），加热至熔渣温度，由鼓泡池同化，并迅速使所装炉料中的所有组分转为均质液态，即熔化态，有利于高温下有机废物的分解。

熔体的运动涡流，是通过环于熔炉两侧的专用结构喷枪向熔体鼓入富氧风，而使熔池强烈鼓泡来实现的。

鼓泡池中溶流运动的特征，使新工艺从根本上有别于其他现行的各种废物热处理方法。这是因为这一溶流运动确保了熔炼和废物组分与氧相互作用及其同时发生的过程中（如复杂的有机化合物分解过程），具有热瞬时性。

3. 鼓泡熔渣的工艺流程

鼓泡熔渣的工艺流程如图 8-11 所示。

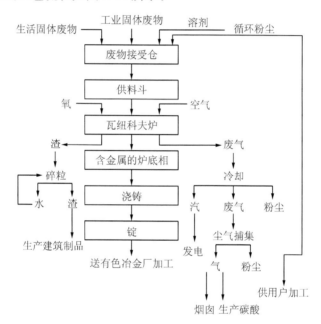

图 8-11　鼓泡熔渣工艺流程图

生活固体废物和工业固体废物进入废物接受仓，经过一定的预处理之后进入供料斗，与通入的空气与氧气一同进入瓦纽科夫炉。最终熔炼结果为：①含废物焚烧与分解产品的废气。废气经冷却器冷却后得到汽，废气及粉尘净化去除粉尘、升华物和有害杂质，最终得到气用于工业生产，大粒粉尘（约 60%）返回炉中，作为循环粉尘与废物一同进行处理，小粒粉尘即重金属（锌，铅，镉，锡）精矿则供给用户加工使用；②由金属的硅酸盐和氧化物构成的渣。渣经水碎之后送建材生产企业或筑路企业利用；③含黑色金属与有色金属的炉底相。炉底相可浇铸成锭，送黑色冶金和有色冶金企业加工。

此外，废气净化系统包括干式和湿式两个子系统。干式子系统即电滤器；湿式子系统包括洗涤塔、文氏管和两个串联湿式电滤器，以提高除尘效果。湿式子系统的澄清液在经过中和沉淀之后进入生产用水循环系统，沉淀渣送作废物处理。

鼓泡熔渣与其他工艺的主要区别，在于固体废物在炉中处理的过程中可及时排除有毒化合物的产生并最终解决二恶烷的捕收、积存与接续利用等问题。

8.4.6　固废处理同其他产业结合的共处理

1. 共处理的概念

共处理，又称为协调处理，即利用固体废物作为工业生产的替代能源进行工业生产的过程。简单来说，用固体废物作为替代能源生产来达到预期的生产效果。固废处理同其他产业结合的共处理可充分利用生活中的固体废物，节约原材料，是固体废物资源化的途径。

2. 共处理在固体废物处理中的应用

1）水泥生产的共处理

在水泥生产过程中所用的各种原材料都可在固体废物中找到相应的替代物。从理论上看，1t 水泥可利用 1.4t 的固体废物作为替代能源。据不完全统计，2011 年我国的水泥总产量超过 20 亿 t，则相应可消耗 28 亿 t 固体废物作为替代能源；同时，水泥又是耗煤大户，年耗煤量可达 2 亿 t，其中 50％可由固体废物作为替代燃料，又可消耗 1 亿 t 的固体废物。

综上所述，与水泥生产的共处理可处理将近 30 亿 t 固体废物。共处理不仅达到了工业生产的要求，又节约了能源，有效地解决了固体废弃物的去处，达到双赢的效果。

2）地沟油变废为宝

地沟油变废为宝，是指用地沟油替代波音飞机燃油使用，此时的地沟油称为生物航空燃油。据中石化相关专家介绍，目前已成功转化为生物航空燃油的原料有废动植物油脂(地沟油)、农林废物和油藻等原料，在地沟油"变身"过程中，科研人员需要将原本浓稠、黏腻的油脂黏度、沸点等降低，再转化为生物燃油。相较于传统的航空燃油，生物航空燃油可实现 CO_2 减排 55％～92％，不仅可以实现资源再生，具有可持续性，而且无需对发动机进行改装，具有很高的环保优势。

但是，将地沟油提纯到生物航空燃油级别成本非常高，成本是现有航空燃油的 3 倍左右。目前从实际应用来看，荷兰皇家航空公司采取了 50％地沟油燃料和 50％化石燃料混合使用的方法，以节约飞行成本。

根据公开资料显示，早在 2008 年，英国已有航空公司尝试了将动物油脂转化为生物航空燃油，并进行了试航；2011 年，英国汤姆森航空公司也尝试将飞机其中一个引擎中的燃料，改变成由废油处理成的燃料油，实现了试航成功。

值得一提的是，2013 年 4 月 24 日，我国的东方航空公司空客 A-320 飞机在中国上海虹桥国际机场上空，成功执行 1.5 小时的试验飞行，中国首次自主产权生物航空燃油试验飞行获得成功，这意味着令国人深恶痛绝的地沟油可以变废为宝，成为生物航空燃油。

固体废物与其他产业的共处理不仅可以实现生产的正常需求，同时还能有效的处理大量的固体废物，实现固体废物的资源化，具有巨大的开发空间。

8.4.7　垃圾制氨系统

目前，遵循 3R 原则，即 reduce、reuse 和 recycle，日本正在研究垃圾制氨系统以实现资源的循环利用。

具体的处理方法为：将垃圾经过加热、压缩等一系列预处理之后使之成为一种固体燃料，在 1400℃的高温下燃烧使之气化，从中制取 H 元素，利用空气中充足的 N_2 来制取 N 元素，从而使 N、H 元素化合生成 NH_3。

在处理过程中，由垃圾气化产生的 CO_2 作为干冰使用，产生的灰烬作为铺路材料回收利用，以完全实现生活垃圾的回收利用，同时不产生任何有毒有害气体。

该垃圾制氨技术目前正处于研发阶段，存在着设备沉积和盐沉积等问题，目前技术还不完全成熟，可作为一种垃圾处理的研究方向。

8.4.8　城市废物养殖蚯蚓

1. 蚯蚓处理固体废物的简介

利用养殖蚯蚓处理城市废物，国外进行了很多研究，美国、日本、意大利和加拿大有专门养殖蚯蚓处理有机废物的企业。

我国近年来也发展起来一项主要针对农林废物、城市生活垃圾和污水处理厂污泥的生物处理技术。由于蚯蚓分布广、适应性强、繁殖快、抗病力强以及养殖简单，可以大规模的进行饲养与野外自然繁殖。因此利用蚯蚓处理有机固体废物是一种投资少、见效快、简单易行且效益高的工艺技术。

蚯蚓处理固体废物的过程实际上是蚯蚓和微生物共同处理的过程，二者构成了以蚯蚓为主导的蚯蚓-微生物处理系统。在此系统中，蚯蚓直接吞食垃圾，经消化后，蚯蚓可将垃圾中的有机物质转化为可给态物质，这些物质同蚯蚓排出的钙盐与黏液结合即形成蚓粪颗粒，蚓粪颗粒是微生物生长的理想基质。另一方面微生物分解或半分解的有机物质是蚯蚓的优质食物，二者构成了相互依存的关系，共同促进有机固体废物的分解。

　　蚯蚓是处理生活废物的能手，除橡胶、塑料等难以被微生物降解的物质外，经过发酵的各种有机物，均能被蚯蚓吞食、消化，蚯蚓还能稳定初沉、二沉的好氧污泥，将无定形物质转化为分散的渣滓颗粒，改善介质的孔隙率，大大增加好氧微生物的接触面积。据计算，重量为 0.5g 的蚯蚓 1 亿条，日处理城市废物量可达 100t，生产蚯蚓粪 5t。

　　2. 蚯蚓处理固体废物的优势及局限性

　　蚯蚓处理固体废物的优势：①蚯蚓处理固体废物的工艺过程为生物处理过程，对有机物的消化完全彻底，无不良的环境影响，其最终的产物较单纯的堆肥具有更高的肥效；②蚯蚓处理固体废物工艺使养殖业和种植业产生的大量副产物能合理地得到利用，以达到资源化目的；③蚯蚓处理固体废物工艺对废弃物的减量化作用更为明显，据实验表明，单纯的堆肥法减容效果一般为 15%～20%，经蚯蚓处理后，其减容效果可超过 30%；④蚯蚓处理固体废物工艺中除了获得了大量的高效优质有机肥之外，还可获得由废物产生的大量蚓体。

　　蚯蚓处理固体废物的局限性：在利用蚯蚓处理固体废物时，通常选用喜好有机物质和耐较高温的蚯蚓种类，以获得最好的处理效果，但即使是最耐热的蚯蚓种类，温度也不宜超过 30℃，否则蚯蚓不能生存。此外，蚯蚓还需生存在较为潮湿的环境中，理想湿度为 60%～70%，受湿度影响较大。

　　因此，在利用蚯蚓处理固体废弃物时，应从技术上考虑不利于蚯蚓生长的因素，才能获得最佳的生态和经济效益。

第 9 章　固体废物的最终处置

固体废物的最终处置是使固体废物最大限度地与环境生态系统隔离而采取的措施，是解决固体废物的最终归宿问题，对于防治固体废物的污染起着十分关键的作用。固体废物处置的总体目标是确保废物中的有毒有害物质，无论现在还是将来都不致对人类及环境造成不可接受的危害。处置的基本要求是废物的体积应尽量小，废物本身无较大危害性，处置场地适宜，设施结构合理，便于封场后定期对场地进行维护及监测。填埋场因其造价低与其他处置技术比较而言，被广泛地运用。

固体废物处置的基本方法是通过多重屏障(如天然屏障或人工屏障)实现有害物质同生物圈的有效隔离。天然屏障指的是：①处置场地所处的地质构造和周围的地质环境；②沿着从处置场所经过地质环境到达生物圈的各种可能途径对于有害物质的阻滞作用。人工屏障为：①使废物转化为具有低浸出性和适当机械强度的稳定的物理化学形态；②废物容器；③处置场地内各种辅助性工程屏障。

9.1　处置方法概述

概括来说，固体废物的处置可分为海洋处置和陆地处置两大类。海洋处置是基于海洋对固体废物进行的处置。海洋处置主要分为两类：一类是传统的海洋倾倒，一类是近年来发展起来的远洋焚烧。陆地处置是基于土地对固体废物进行的处置。根据废物的种类及其处置的地层位置(地上、地表、地下和深地层)，陆地处置可分为土地耕作、工程库或贮留池贮存、土地填埋、浅地层埋藏以及深井灌注等。

实际上，固体废物的处置，是一个既包括处理又包括处置的综合过程。对于一种固体废物来说，适宜的处置设施一般包括下述一个或数个处理和处置过程：①浓缩、干燥以及压缩等减容预处理；②无害化解毒处理；③化学稳定化或固化；④焚烧或热解；⑤土地处理；⑥深井灌注；⑦土地填埋；⑧尾矿坝或贮留池；⑨工程库；⑩其他。土地填埋处置是固体废物陆地处置中运用最广的最终处置方式，将在后面相关节中进行较为详细地介绍，本节仅就海洋处置及陆地处置中的深井灌注和土地耕作的有关问题加以简单介绍。

9.1.1　海洋处置

1. 海洋倾倒

海洋倾倒是选择距离和深度适宜的处置场，利用船舶、航空器及其他载运工具，向海洋倾倒废物或其他有害物质的行为。海洋倾倒的理论认为，海洋是一个庞大的废物接受体，对污染物质有极大的稀释能力，对容器盛装的有害废物，即使容器破坏，污染物质浸出，也会由于海水的自然稀释和扩散作用，使海洋环境中污染物保持在容许水平的限度。

为防止海洋污染，需对海洋倾倒进行科学管理。根据废物的性质、有害物质含量和对海洋的环境影响，把废物分为三类：一类是禁止倾倒的废物；二类是需要获得特别许可证才能倾倒的废物；三类是获得普通许可证即可倾倒的废物。

一类禁止倾倒的废物包括：①含有机卤素、汞、镉及其化合物的废物；②强放射性废物；③原油、石油炼制品、残油及其废弃物；④严重妨碍航行、捕鱼及其他活动或危害海洋生物的、能在海面漂浮的物质。

二类需要严格控制的废物包括：①含有砷、铅、铜、锌、铬、镍和钒等物质及化合物的废物；②含有氯化物、氟化物及有机硅化合物的废物；③弱放射性废物；④容易沉入海底，可能严重障碍捕鱼和航行的笨重的废弃物。

三类废物是指除上述两类废物之外的低毒或无毒的废物。

海洋倾倒的操作程序：首先是根据有关法律规定选择处置场地；然后根据处置区的海洋学特性、海洋保护水质标准和废物的种类选择倾倒方式，进行技术可行性和经济分析；最后按设计的倾倒方案进行投弃。

根据海洋倾废管理条例，海洋倾倒由国家海洋局及其派出机构主管；海洋倾倒区由主管部门会同有关机构，按科学合理、安全和经济的原则划定；需要向海洋倾倒废物的单位，应事先向主管部门提出申请，在获得倾倒许可证之后方能根据许可证规定的废物种类、性质及数量进行倾倒。

对于放射性废物和重金属有害废物，需在海洋倾倒前进行水泥固化处理。装置废物的容器需有明显的标志。国际原子能机构规定，海洋倾倒的放射性废物容器，需标出国名、单位名称、重量和照射量率。对于 $5 \times 10^{-4} Sv/h$ 以下的容器，标记为无色；$(5 \sim 20) \times 10^{-4} Sv/h$ 的容器，标记为白色；$(2 \sim 5) \times 10^{-3} Sv/h$ 的容器，标记为黄色；$5 \times 10^{-2} Sv/h$ 以上的容器，标记为红色；盛装 15g 以上混合裂变产物的容器，标记为紫色。

2. 远洋焚烧

远洋焚烧是指以高温破坏为目的而在海洋焚烧设施(船舶或其他人工构筑物)上有意地焚烧废物或其他物质的行为。远洋焚烧适于处理处置各种含卤素有机废物，如含氯有机废物 PCBs。根据美国进行的焚烧鉴定试验，含氯有机物完全燃烧产生的水、二氧化碳、氯化氢以及氮氧化物，由于海水本身氯化物含量高，并不会因为吸收大量氯化氢而使其中的氯平衡发生变化。此外，由于海水中碳酸盐的缓冲作用，也不会因吸收氯化氢使海水的酸度发生变化。远洋焚烧与陆上焚烧的区别在于，产生的氯化氢气体冷凝后可直接排入海中，焚烧残渣无需处理，也可直接排入海中。

同海洋倾倒管理程序一样，需要进行远洋焚烧的单位，首先要向主管部门提出申请，在其海洋焚烧设施通过检查、获得焚烧许可证之后，方能在指定海域进行焚烧。

远洋焚烧的焚烧器结构因处理废物种类而异。有的既可以焚烧固体废物，又能焚烧液体废物。一般多采用由同心管供给空气和液体的液、气雾化焚烧器。有机废物一般贮存在甲板下船舱中，船舱采用双层结构，以防因碰撞泄漏造成海洋污染。

远洋焚烧的基本要求：一是控制焚烧系统的温度，不低于 1250℃；二是控制烟火，炉台上不应有黑烟或火焰延露；三是保障通讯畅通无阻，焚烧过程能随时对无线电呼叫作出反应；四是控制焚烧效率，至少为 99.95%±0.05%。焚烧效率计算见式(9-1)。

$$燃烧效率 = \frac{C_{CO_2} - C_{CO}}{C_{CO_2}} \times 100\% \qquad (9-1)$$

式中，C_{CO_2}——燃气中二氧化碳的浓度；

　　　C_{CO}——燃气中一氧化碳的浓度。

海洋处置与填埋处置相比具有显著优点。为此，美国、日本及欧洲经济共同体成员国都进行过海洋处置。但是海洋处置方法在国际上尚存在很大争议，目前，对于海洋处置主要存在两种看法：一种观点认为，海洋具有无限的容量，是处置多种工业废物的理想场所，处置场的海底越深，处置就越有效；对于远洋焚烧，由于空气净化工艺较陆地焚烧简单，处理费用比陆地焚烧便宜，但比海洋倾倒贵，每吨处理费用为 50～80 美元，认为海洋焚烧即便不是一种理想方法，也是一种可接受的方法。另一种观点认为，这种状态持续下去会造成海洋污染、杀死鱼类以及破坏海洋生态等问题。由于生态问题是一个长期才显现变化的问题，虽然在短时期内对海洋处置所造成的污染很难得出确切结论，但也必须充分加以考虑。

近年来，一些国家也对海洋处置持谨慎态度。例如，美国环保局认为，海洋处置存在有关生态方面的争议，尚需进一步研究。1986 年 5 月下旬，美国环保局否决了化学废物管理处关于在海上进行一次化学废物研究性焚烧的申请，并规定在包括远洋焚烧在内的管理条例颁布之前，不许在海上进行任何类型的焚烧。我国基本上持否定态度，为了严格控制向海洋倾倒废物，我国制定了有关海洋倾废管理条例。

对于海洋处置主要应考虑以下几方面的问题：①对生态环境的影响如何；

②同其他处置方法相比是否经济可行；③是否满足有关海洋法规的规定。

基于对环境问题的关注，为了加强对固体废物海洋处置的管理，许多工业发达国家都制定了有关法规，还签订了国际协议。例如，1972 年美国颁布的《海洋保护、研究和保护区法》，79 国在英国伦敦通过的《防止倾倒废物及其他物质污染海洋的公约》，我国 1985 年颁布的《中华人民共和国海洋倾废管理条例》，均对海洋处置申请程序、处置区的选择、倾倒废物的种类、倾倒区的封闭提出了明确规定。

9.1.2　深井灌注处置

1. 深井灌注处置定义

深井灌注处置是指把液状废物注入地下与饮用水和矿脉层分开的可渗透性的岩层中。一般废物和有害废物，都可采用深井灌注方法处置。适于深井灌注处置的废物可分为有机和无机两大类。它们可以是液体、气体或固体，在进行深井灌注时，将这些气体和固体都溶解在液体里，形成真溶液、乳浊液或液固混合体。深井灌注方法主要是用来处置那些实践证明难于破坏、难于转化、不能采用其他方法处理处置，或者采用其他方法处理处置费用昂贵的废物。在某些情况下，它是处置某些有害废物的安全处置方法。

工业废物的深井灌注处置已经有几十年的历史，是能为环境所接受的液体废物处置方法。不过也有人认为这种处置方法缺乏远见，担心深井一旦产生裂隙可能导致蓄水层的污染。

2. 深井灌注处置的主要工作

场地的选择、井的钻探与施工，以及环境监测等几个阶段。

1）场地选择

深井灌注处置系统要求适宜的地层条件，并要求废物同建筑材料、岩层间的液体以及岩层本身具有相容性。供深井灌注的地层一般是石灰岩或砂岩，不透水的地层可以是黏土、页岩、泥灰岩、结晶石灰岩、粉砂岩和不透水的砂岩以及石膏等。在石灰岩或白云岩层处置及容纳废液的主要条件是岩层具有空穴型孔隙、断裂层或裂缝。在砂石岩层处置，废液的容纳主要依靠存在于穿过密实砂床的内部相连的间隙。

深井灌注处置的关键是选择适于处置废物的地层。适于深井处置的地层应满足以下条件：处置区必须位于地下饮用水源之下；有不透水岩层把注入废物的地层与地下水源和矿藏隔开，使废物不致流到有用的地下水源和矿藏中去；有足够的容量，面积较大，厚度适宜，空隙率高，饱和度适宜；有足够的渗透性，且压力低，能以理想的速度和压力接受废液；地层结构及其原来含有的流体与注入的废物相容，或者花少量的费用就可以把废物处理到相容的程度。

在地质资料比较充分的条件下，可根据附近的钻井记录估计可能有的适宜地层位置。为了证实确定不透水层的位置、地下水水位以及可供注入废物地层的深度，一般需要钻勘探井，对注水层和封存水取样分析。同时进行注入试验，以选择确定理想的注入压力和注入速率，并根据井底的温度和压力进行废物和地层岩石本身的相容性试验。

2）钻探与施工

深井灌注处置井的钻探与施工和石油、天然气井的钻探技术大体相同。值得注意的是深井的套管要多于一层，外套管的下端必须处在饮用水基面之下，并且在紧靠外套管表面足够深的地段内灌上水泥。深入到处置区内的保护套管，在靠表面处也要灌上水泥，以防止淡水层受到污染。在钻探过程中，还要采集岩芯样品，经过分析。进一步确定处置区对废物的容纳能力。

凡与废物接触的器材，都应根据其与废物的相容性来选择。井内灌注管道和保护套管之间的环形空间需采用杀菌剂和缓蚀剂进行保护处理。

3）操作与监测

处置操作分地上预处理和地下灌注两步。预处理主要是在地面设施中进行，目的是为了防止处理区岩层堵塞、减少处置容量或损坏设备。在某些条件下，废物的组分会与岩层中的流体起反应，形成沉淀，最终可能会堵塞岩层。例如，难溶的碱土金属碳酸盐、硫酸盐及氢氧化物沉淀，难溶的重金属碳酸盐、氢氧化物沉淀以及氧化还原反应产生的沉淀等。通常采用化学处理或液固分离的预处理方法，使上述组分除去或中和。

防止沉淀的另一种方法是向井里注入缓冲剂，把废液和岩层液体隔离开来。

地下灌注是在有控制的压力下，以恒定的速率向处置区灌注。灌注速率一般为 $300\sim4000\text{L/min}$。

深井灌注系统配备有连续记录监测装置，可以连续记录灌注压力和速率。在灌注管道和保护套管设置有压力监测器，以检验管道或套管是否发生泄漏。如出现故障，应立即停止操作。

深井处置的费用与生物处理的费用相近。

对某些工业废物来说，深井灌注处置可能是对环境影响最小的切实可行方法。深井灌注系统如图 9-1 所示。

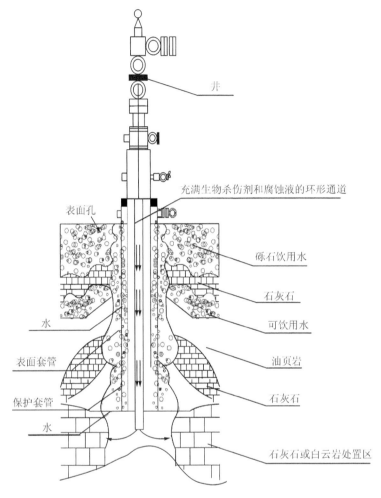

图 9-1　深井灌注系统

9.1.3　土地耕作

土地耕作是使用表层土壤处置工业固体废物的方法。它是把废物当作肥料或土壤改良剂直接施用到土地上或混入土壤表层。

1. 土地耕作的机理

土壤中含有一系列微生物种群，它们能将有机物和无机物分解成为较高生命所需的形式而不断在土壤中进行物质循环。土地耕作就是通过微生物的作用来促进和完成这种天然循环的过程。加入土壤的可降解废物，经过微生物分解、浸出、沥滤以及挥发等过程，一部分便结合到土壤底质中去，这是一个复杂的生物-化学过程，一些碳会转化为 CO_2。当土壤中含有适当的有机氮和磷酸盐时，残余的碳可被微生物的细胞群吸收，最终使有机物像天然有机物一样"固定"在土壤中，既改善了土壤的结构，又提高了土壤的肥效。废物中不能生物降解的组分，则永久地贮存在土地耕作区这个"仓库"里。可以说，土地耕作是一个对有机物消化处理、对无机物永久"贮存"的综合性处理处置方法。土地耕作处置是基于土壤的离子交换、吸附、微生物生物降解以及渗滤水浸取、降解产物的挥发等综合作用机制。因此，这种处置方法对废物的质与量均有一定的限制，通常处置含有较丰富且易于生物降解的有机质和含盐较低、不含有毒害性物质的固体废物。当这类废物在土壤中经上述各种作用后，大部分有机质被分解。一部分与土壤底质结合，改善土壤结构，增长肥效，另一部分挥发于大气中。未被分解的部分则永久存留于土壤中。这种处置方法可用于经加工、处理后的城市垃圾与污水处理厂的污泥，以及石油化工企业中产生的某些固体废物。

2. 影响土地耕作的因素

土地耕作处置过程受许多物理和化学因素影响。主要影响因素有：固体废物性质、土地耕作深度、废物和土壤微生物体内的接触、适宜氧的存在、温度、pH、有效无机营养物的存在和水分含量等。

1) 固体废物性质

适于土地耕作的固体废物要含有易被生物降解，可释放出氮、磷有利于提高土壤肥力的有机成分和可改良土壤结构的无机物，但不应有很高的盐量或重金属离子含量。此外，废物中不应含有足以引起空气、底土或地下水污染的危险性组分。对于可能引起环境或安全问题而不适于用土地耕作法处置的废物，可通过预处理改变或去掉某些组分，然后进行土地耕作处置。

2) 土地耕作深度

表 9-1 列出了不同深度土层中微生物的种群和数目分布。从表中可以看出，上层土壤中含有的微生物数量最多，固体废物在此土层降解迅速而彻底，随深度逐渐加深微生物的种群和数目逐渐减少。因此，土地耕作处置深度以 15～20cm 比较适宜。

表 9-1　不同深度土层中微生物的种群和数目分布

土层深度/cm	微生物的种群和数目/(个/g)				
	好氧菌	厌氧菌	放线菌	霉菌	藻类
3～8	7 800 000	1 950 000	2 080 000	119 000	25 000
20～25	1 800 000	379 000	245 000	50 000	5 000
35～40	472 000	98 000	49 000	14 000	500
55～75	10 000	1 000	5 000	6 000	100
135～145	1 000	400	—	3 000	—

3）固体废物和土壤微生物体内的接触

固体废物的比表面积和生物降解率直接相关。固体废物的比表面积越大，和微生物接触的越充分。采用几次连续耕作或进行预处理的方式，如对体积较大的固体废物进行破碎，使固体废物和微生物接触充分，则降解的速度越快、越彻底。

4）适宜氧的存在

有机废物好氧生物降解比厌氧生物降解快且完全。氧是好氧降解的必要条件，因此在土地耕作处置过程中，必须使土壤维持适量的游离氧含量。

5）气候条件

固体废物的降解速度随温度降低而降低。$20 \sim 30$℃为微生物繁殖的最佳温度，在冰冻条件下，生物降解作用基本停止。因此土地耕作要根据季节进行。

6）地形条件

一般情况下，土地耕作地形要平整，坡度控制在 5%以内，防止表土层流失。

7）其他影响因素

土壤的 pH、含水率和孔隙率等因素也影响土地耕作的效果。土壤的 pH，能影响微生物的活动与重金属的浸出性，采取适当措施将土壤的 pH 维持在 $7 \sim 9$。土壤的含水率适宜区间为 6%～22%，过高则土壤的透气性差，过低则无法满足微生物自身繁殖需要，都会降低降解速率。

3. 土地耕作操作程序

1）场地选择

土地耕作处置场地的选择要从工程、环境、水文和地质等方面综合考虑。美国《资源保护与回收法》对选择土地耕作处置场地的要求是：避开断层和塌陷区；避免同通航水道直接相通；距地下水位至少 1.5m，距饮用水源至少 150m；耕作场地位于细粒土壤区域且符合规定的土壤类型。

所谓细粒状土壤是指半数以上的土壤颗粒尺寸小于 $73\mu m$。适于土地耕作的土壤类型有：OH 为中高塑性有机黏土，CH 为高塑性无机黏土，肥沃黏土；MH 为无机泥沙、硅藻土质细砂或粉质土壤；Cl 为低于中等塑性无机黏土，砂砾状黏土，沙状黏土，贫瘠黏土；OL 为有机土壤和低塑性有机粉砂土壤。

为了确保场地的适宜性，还应取 $2.5 \sim 3.6m$ 代表性土芯样品，分上、中、下 3 层进行分析并作土壤特性试验。分析的项目主要有：重金属、氯、硝酸盐、钠盐、pH、废物中各主要组分（如油、特殊有机物、农药或放射性废物）、一般土壤类型和土壤阳离子交换容量。

2）废物分析

待土地耕作处置的废物除了按上述土壤分析要求检测所有成分外，还应包括土壤类型和废物的生物稳定性。

3）场地准备

土地耕作场地四周应设置篱笆，并应按照土地耕作要求平整土地。耕作区的表面坡度应小于 5%，耕作区域之内或 30m 以内的井、穴和其他与底面直接相通的通道应予堵塞。如果需要，耕作区的土壤 pH 应等于或大于 6.5，一般应在 7.0～9.0。

4）废物的铺撒和混合

废物的铺撒和混合应注意不使混合区变成厌氧环境，不应对饱和土壤施用废物，不要在地温低于或等于 0℃ 时施用废物；土壤废物混合物 pH 在 6.5 以上；辅助氮和磷的添加量不应超过推荐的施用速度。

废物铺撒后要与土壤均匀混合。土地耕作处置废物的量视其中有机物、油、盐类和金属含量而定。据报道，在耕作区中油渣添加到 5%～10%（质量）时，能被有效地处理掉。一般需 6 次翻耕。

5）废物施用后的管理

为促进生物降解要定期对土地耕作处置区翻耕，并应定期在土地耕作区取样分析，以便掌握废物降解速度和决定下次施用废物的时间。此外，还应在耕作区以下的土层采土芯分析，以监测废物浸出液是否污染地下水。

土地耕作是一种较简单的固体废物处置方式，它具有工艺简单、费用适宜、设备维修容易、对环境影响较小、能够改善土壤结构和提高肥效等优点。土地耕作法主要用来处理处置可生物降解的石油废物。目前，在美国大约有一半的石油废渣采用此法处置，其他有机化工和制药业所产生的可降解废物也已使用或准备使用这种方法。

此外，还有一种土地填埋处置方法，即浅地层埋藏方法。浅地层埋藏方法是指地表或地下的、具有防护覆盖层的、有工程屏障或没有工程屏障的浅埋处置，埋藏深度一般在地面下 50m 以内。浅地层埋藏处置场由壕沟之类的单元及周围缓冲区构成。这种方法主要用来处置中低放固体废物。由于其投资较少，容易实施，在国外应用较广。

9.1.4　生物反应器填埋技术

生物反应器填埋（bioreactor landfill）是在传统卫生填埋技术的基础上发展起来的，其核心是通过有目的的渗滤液回灌控制系统，强化填埋垃圾中微生物的生物过程，从而加速垃圾中可降解有机组分的转化和稳定。自 20 世纪 70 年代起，美国、英国和加拿大等国相继开始了生物反应器填埋场的研究。通过渗滤液回灌可以缩短填埋垃圾的稳定化进程（使原需 15～20 年的稳定过程缩短至 2～3 年）。该方法除具有加速垃圾的稳定化、减少渗滤液的场外处理量、回灌后的渗滤液水量水质得到均衡和降低渗滤液污染物强度等优点外，还有比其他处理方案更为节省的经济效益。但是受厌氧填埋场特性的限制，回灌并不能完全消除渗滤液，且回灌后的渗滤液氨氮含量高，仍需要进一步处理后才能排放。

9.2　土地填埋处置概述

土地填埋处置是从传统的堆放和填地处置发展起来的一项最终处置技术，目前尚无统一的定义。早在公元前希腊米诺文明时期，克里特岛的首府康诺索斯就曾把垃圾填入低洼的大坑内，并用土分层覆盖。1904 年美国襄樊市建成了第一个城市垃圾填埋场，随后其他地区也相继建成并运营了填埋场，这些填埋场的建立，奠定了土地填埋的最早期技术基础。同其他环境技术一样，它是一个涉及多种学科领域的处置技术。土地填埋处置具有工艺简单、成本较低以及适于处置多种类型固体废物的优点。目前，土地填埋处置已成为固体废物最终处置的主要方法。但是土地填埋处置也引起了其他环境问题，如浸出液的收集控制问题。因此，对土地填埋处置方法尚需进一步改进与完善。

20 世纪 30 年代，美国开始对传统填埋法进行改良，提出一套系统化，机械化的科学填埋方法，称为卫生填埋。卫生土地填埋处置的种类很多，采用的名称也不尽相同。卫生填埋是用工程手段，采用有效技术措施，防止渗滤液及有害气体对水体和大气的污染。将运到土地填埋场的废物在限定的区域内铺散成 40～75cm 的薄层，压实，并在每天操作之后用一层厚 15～30cm 的土壤覆盖，压实。废物层与土壤覆盖层共同构成一个单元，当土地填埋达到最终的设计高度后，再在该填埋层之上覆盖 50～70cm 的黏土，再加 20～30cm 的耕植土，压实后就得到一个完整的卫生填埋场。废物层与土壤覆盖层构成单元见图 9-2。

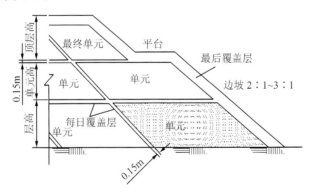

图 9-2　废物层与土壤覆盖层构成单元

9.2.1 卫生土地填埋场的分类及特点

根据填埋场的不同特征，卫生土地填埋场有许多种分类方法，主要有：按构造分类、按地形特征分类、按建筑规模或处理能力分类、按填埋场反应机理分类、按固体废物防止法规分类等。

1. 按构造分类

1）自然衰减型

填埋场不设防渗衬垫和渗滤液收集设施，允许部分渗滤液渗入到地下黏土层，并向填埋场走位慢慢扩散，依靠土壤过滤自净的扩散性，使其逐步得到净化。这类型填埋场的主要设计指标是黏土不饱和区的最小厚度。自然衰减型填埋场运行费用及管理难度较低，适用于无害废物的处理处置。随着处置技术的发展，该处置技术的使用在逐渐减少。

2）全封闭型

填埋场在填埋场的底部和四周设置人工衬里，使垃圾与环境完全隔离，并设有渗滤液的收集，导排和检查系统，以防止地下水的污染。封闭型填埋场运行费用及管理难度高，适用于城市危险废物、一般工业废物和城市生活垃圾的处理处置。全封闭型填埋场发展前景广泛。

3）半封闭型

填埋场介于自然衰减型和全封闭型填埋场之间。半封闭型填埋场的底部设有单密封系统，渗滤液收集和导排设施。但由于它的顶部密封没有严格采用防渗衬层，因此，可能有部分降水进入填埋作业区，以至扩散到周边环境。半封闭型填埋场目前正被广泛采用，因其运行费用及管理难度较高，适用于一般工业废物、城市生活垃圾的处理处置。

纵观我国 20 年来的垃圾处理处置发展趋势，全封闭型填埋场发展前景广泛。

2. 按填埋场地形特征分类

1）山谷型

山谷型填埋场如图 9-3 所示。它是把废物直接铺撒在斜坡上，压实后用工作面前直接得到的土壤加以覆盖，然后再压实。主要是利用山坡地带的地形，实际是沟槽法和地面法的结合。山谷型填埋场地处重丘山地，库容大，填埋区工程设施由垃圾坝、渗滤液收集系统、大气系统、防排洪系统和覆土备料场等组成，垃圾填埋多采用斜坡作业法。适宜于地下水位较低，且有充分厚度的覆盖材料可取的坡地。沟槽大小需根据场地大小、日填埋量及水文地质条件决定，通常长度为 30~120m，深 1~2m，宽 4.5~7.5m。

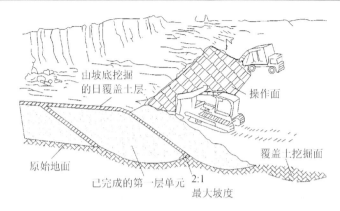

图 9-3 山谷型填埋场

2）坑洼型

坑洼型填埋场如图 9-4 所示。坑洼型填埋场地处低洼丘地，库容通常较小，填埋区工程设施由引流、防渗、导气等系统组成，多采用坑填作业。

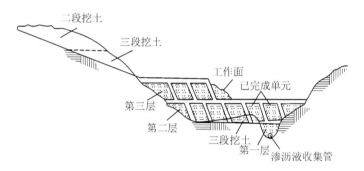

图 9-4 坑洼型填埋场

3）滩涂型

滩涂型填埋场如图 9-5 所示。滩涂型填埋场地处海边或江边滩涂地形，采用围堤筑路、排水清基等手段辟为填埋场，库容较大，填埋区工程设施由排水、防渗、导气和覆土场等系统组成，多采用平面作业法。

4）平地型

平地型填埋场如图 9-6 所示。这种方法主要应用于地形、地质条件不宜开挖沟槽的平原区。填埋场起始端先建土坝作为外屏障。在坝内沿坝长方向堆卸废物，使其形成每层厚约 0.4～0.8m 连续叠堆的条形堆，并逐层压实。每天完成条堆高度 1.8～3.0m，最后用 15～30cm 土覆盖，形成地面堆埋单元。覆盖土由邻近地区与坑底采集。一个单元的长度视场地条件与操作规模而定，宽度一般为 2.4～6.0m，如此堆埋操作直至完成填埋场的最终高度封场为止。

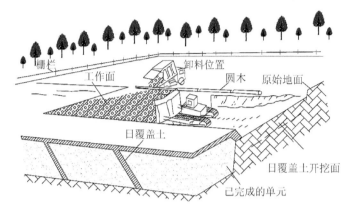

图 9-5　滩涂型填埋场

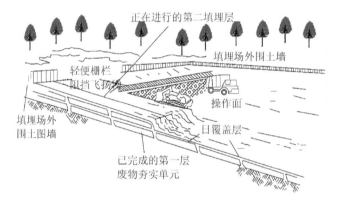

图 9-6　平地填埋场

3. 建筑规模或处理能力分类

1）按建筑规模分类

Ⅰ类：总容量≥1200 万m³；

Ⅱ类：500 万m³≤处理能力<1200 万m³；

Ⅲ类：200 万m³≤处理能力<500 万m³；

Ⅳ类：100 万m³≤处理能力<200 万m³。

2）按处理能力分类

Ⅰ级：处理能力≥1200t/d；

Ⅱ级：500t/d≤处理能力<1200t/d；

Ⅲ级：200t/d≤处理能力<500t/d；

Ⅳ级：处理能力<200t/d。

4. 按填埋场的反应机理分类

按填埋场的反应机理可分为厌氧性填埋、好氧性填埋和准好氧性填埋。

1）好氧填埋场

在垃圾体内布设通风管网，人工送风。优点是垃圾稳定快，高温灭菌，蒸发减少及消除渗滤液；不足是单位造价高，结构复杂，施工难度大。适用于干旱少雨的中小城市，以及有机物含量高、含水率低的生活垃圾处理处置。在我国包头市有应用的实例。

2）厌氧填埋场

厌氧填埋场无需供氧，垃圾填埋体内基本处于厌氧分解状态。其优点是投资和运营费低，管理简单，适应性广。在我国应用较广，如上海老港、杭州天子岭、广州大田山和北京阿苏卫等地均有应用。

3）准好氧填埋场

准好氧填埋场，如图 9-7 所示，与好氧填埋的机理、结构、特点等相似，但供氧是通过自然通风，而非强制鼓风。1975 年，日本福冈市建造了第一个准好氧填埋场——Shin-Kamaia 填埋场。

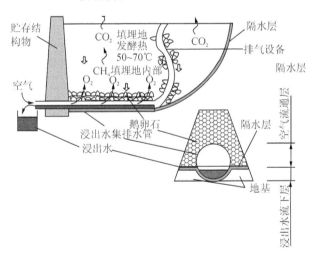

图 9-7　准好氧填埋场

准好氧填埋场的运行原理及净化机理：填埋初期，准好氧填埋场的垃圾堆体内的微生物活动引起填埋场内部的温度升高。填埋场内外温度的差异使得填埋场内形成一空气负压（空气对流的条件），促使场外大气中的氧气沿着开放的渗滤液集水管、通风竖井自然吸入，然后透过渗滤液收集管和通风竖井管壁上的小孔渗入周边的垃圾层。这样填埋场的地表层、渗滤液集水管和通风竖井的周围成为好氧区域，在这个好氧区域的垃圾发生好氧分解，产生 CO_2 和 H_2O 等，气体经由排气设备送出，而部分含硫物质、含氮物质分别被氧化成 SO_4^{2-} 和 NO_3^-。而在空气不能到达的地方，如填埋层中央部分等处则处于厌氧区域，此处填埋的垃圾进行厌氧分解，有机物被分解为 CH_4、H_2O 和少量的氨，硫化物被还原为硫化氢，垃圾中含有的镉、汞、铅等重金属与硫化氢反应，生成不溶于水的硫化物存留在填埋层中。二者的过渡地带则处于兼氧区域。准好氧填埋场的垃圾堆体内的微生物活动包括好氧分解、厌氧分解和兼性好氧分解。厌氧条件下，含碳有机物主要被分解为 CO_2 和 CH_4，含氮有机物被分解为 CO_2 和 NH_3。好氧条件下，含碳有机物主要被分解为 CO_2 和 H_2O，含氮有机物被分解为 NO_3^- 和 N_2。对比有机物的好氧与厌氧分解，前者的分解较快，在短时间内即可完成，后者的分解耗时较长。因此准好氧填埋场的关键就是保持空气的持续自然流入，从而保持填埋场的部分好氧状态(Aziz et al.，2010)。

　　5. 按固体废物污染防治法规分类

　　按固体废物污染防治法规，可分为一般固体废物填埋和工业固体废物填埋。为便于管理，一般可根据所处置的废物种类，以及有害物质释出所需控制水平进行分类。通常把废物分为三大类，因此土地填埋处置方法及场地也相应分为三类。

　　1) 惰性废物填埋

　　惰性废物填埋(waste landfills for inert waste)是土地填埋处置的一种最简单的方法。它实际上是把建筑废石等惰性废物直接埋入地下。填埋方法分浅埋和深埋两种。

　　2) 无害废物土地填埋

　　无害废物土地填埋(waste landfills for non-hazardous waste)适于处置工业无害废物，因此场地的设计操作原则不如安全土地填埋那样严格，如场地下部土壤的渗透率仅要求为 10^{-5} cm/s。卫生土地填埋是处置一般无害固体废物，而不会对公众健康及环境安全造成危害的一种方法，主要用来处置城市垃圾。

　　3) 有害废物土地填埋

　　有害废物土地填埋(waste landfills for hazardous waste)对象是具有较大安全隐患的危险固废，如重金属、反应性、腐蚀性和放射性等固体废物。

9.2.2　安全土地填埋技术

　　安全土地填埋主要用来处置有害废物，因此对场地的建造技术要求更为严格。如衬里的渗透系数要小于 10^{-8} cm/s，浸出液要加以收集和处理，地表径流要加以控制等。安全土地填埋是一种改进的卫生土地填埋方法，还称为化学土地填埋或安全化学土地填埋。目前采用较多的是安全土地填埋法。图 9-8 是全封闭型危险废物安全填埋的剖面图(宁平，2007)。

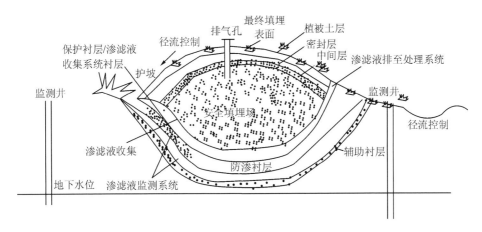

图 9-8　全封闭型危险废物安全填埋剖面图

　　固体废物安全填埋处置技术实质上就是废物地上安全填埋技术，在地面上找一个适当位置，建设一个具有密封、排水及排气等各种功能的，能安全储存废物的环保工程，该工程称之为固体废物或城市垃圾安全填埋场。

　　安全填埋场的出现使废物有了归宿，迅速的改变了过去人们对废物乱丢乱放的无序的状态，很明显地使环境面貌出现了改观。随着科学技术不断地发展，人们环保意识的不断提高和经济的迅速发展，固体废物安全填埋技术向更高的水平发展，主要立足于环境保护更安全可靠，尽量避免难以预料的危害出现。因此，建立了不同的固体废物安全处理与处置技术规范、标准与法律和法规；发展了不同技术水平的密封技术、排水技术；渗滤液处理技术；终场后的土地复垦与利用技术等。

　　自20世纪60和70年代发展起来的安全填埋处置固体废物技术之后，美国、德国、日本和英国等国开展了对固体废物的产生量、成分、种类和性质，以及对环境污染控制和治理方法的调查，在这个基础上他们分别建立了自己对固体废物污染控制、治理方法的法律和法规，标准和规范。

　　日本制定了《废弃物处理及清扫法》，提出了对废物恰当地处理和为生活环境保洁的规定，以达到保护生活环境和改善公共卫生的目的。1993年，日本以减少人类对环境的负荷为理念制定了《环境基本法》，此后，日本政府以《环境基本法》为基础，制定了一整套促进建立循环型社会的法律法规，如《家电回收法》、《汽车回收法》、《促进容器与包装分类回收法》、《食品回收法》和《绿色采购法》等。

　　1980年美国制定了《固体废弃物处置法》，目的是采取各种方法保护环境，控制和防止固体废物的污染，增强人体健康促进固体废物的回收再利用。与此同时美国又制定了一个《资源保护和回收法》，通过法律开展有关改善美国固体废物管理、资源回收系统的建设和应用，从固体废物中回收有价值的原料和能源物质。

德国为了保护环境控制污染，针对固体废物的安全处置制定了许多法律法规和标准。早在 1972 年 6 月颁发了《废物安全填埋法》，该法中规定按行政区域每个城市都要建设一个中心垃圾填埋场。此后又发布了一个《废弃物消除和管理法》，以削减废物产生量为原则，尽量从固体废物中回收可利用的材料和能源。对固体废物的避免、利用和安全处置提出更高水平的要求。1991 年颁发了《TA ABfALL(废物技术导则)》，1993 年又发布了《TASi（对前期处理的废物进行填埋处置的技术导则)》。这些文件分别对各种废物（工业危险废物、放射性废物和居民生活垃圾等)的处置提出了相应要求，并对各种处理方法制定了标准和规范，同时对安全填埋场的技术结构也确定了标准，对各种废物也制定了排放标准。德国是对固体废物的处理和处置水平要求比较高的国家，制定的法律法规和标准也比较多，内容具体并且可操作性强。英国 1991 年颁布了《可控废弃物管理规定》、1994 年的《废弃物许可证管理规定》和《废物管理条例》、1995 年的《环境法》、1998 年的《废物减量法》、1999 年的《污染防治法》以及 2003 年的《家庭生活垃圾再循环法》，在 2012 年 7 月，英国议会经审议又通过了《废弃物条例》，进一步要求做好废弃物分类工作，以保证废弃物的回收操作符合欧盟指令的要求。

从发展的角度看，世界各国都改变了将废弃物直接送往垃圾场填埋的传统做法，开始注重加强对废弃物整个生命周期的管理，强调废弃物的减量化、资源化和循环再利用的理念。

9.2.3　填埋场的工艺流程

填埋场的工艺总体上要服从三化原则，生活垃圾卫生填埋典型工艺流程如图 9-9 所示(李颖，2005)：

垃圾填埋场由于所处的自然条件和垃圾性质的不同，如山谷型、平原型和滩涂型，其堆高、运输、排水和防渗等各有差异。这些外部的条件，对填埋场的投资和运营费用相差很大，需精心设计。

由于填埋区的构造不同，不同填埋场采用的具体填埋方法也不同。比如在地下水位较高的平原地区一般采用平面堆积法填埋垃圾；在山谷型的填埋场可采用倾斜面堆积法；在地下水位较低的平原地区可采用掘埋法；在沟壑、坑洼地带的填埋场可采用填坑法填埋垃圾。实际上，无论何种填埋方法主要由卸料、推铺、压实、覆盖和灭虫五个步骤构成。

（1）卸料。采用填坑作业法卸料时，往往设置过渡平台。采用倾斜面作业法时，则可直接卸料。

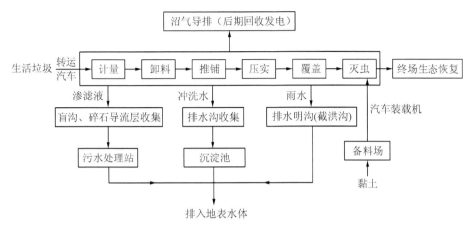

图 9-9 生活垃圾卫生填埋典型工艺流程

（2）推铺。卸下垃圾的推铺由推土机完成，一般垃圾推铺厚度达到 30～60cm 时，进行一次压实。

（3）压实。压实是填埋场作业中一道重要工序，填埋垃圾的压实能有效地增加填埋场的容量，延长填埋场的使用年限和提高土地资源的开发利用力度；能增加填埋场强度，防止坍塌，阻止填埋的不均匀性沉降；能减少垃圾孔隙率，有利于形成厌氧环境；可减少渗入垃圾层中的降水量及蝇、蛆的滋生，有利于填埋机械进入作业区。为了得到最佳压实密度，压实机可通过 3～4 次，并保持小坡度。垃圾压实的机械主要为压实机和推土机。

（4）覆盖。填埋场的垃圾除了每日用一层土或者其他覆盖材料覆盖以外，还要进行中间覆盖和终场覆盖。日覆盖、中间覆盖和终场覆盖的功能各异，各自对覆盖材料的要求也不同。

日覆盖的目的是：①减少臭味；②控制垃圾飞扬；③防止疾病通过媒介（如鸟类、昆虫和鼠类等）传播。④减少火灾危险等。日覆盖要求确保填埋层稳定并且不阻碍垃圾的生物分解，因而要求覆盖材料具有良好的通风性能。一般选用沙质土等进行日覆盖，覆盖厚度为 15cm 左右。我国的生活垃圾在近几年已普遍采用 HDPE 或 LDPE 膜进行日覆盖。

中间覆盖常用于填埋场的部分区域需要长期维持开放（两年以上）的特殊情况，它的作用是：①可以防止填埋气体的无序排放；②防止雨水下渗；③将层面上的降雨排出填埋场外等。中间覆盖要求覆盖材料的渗透性能较差。一般选用黏土等进行中间覆盖，覆盖厚度为 30cm 左右。

封场的区域要进行终场覆盖，其功能包括：①减少雨水和其他外来水渗入填埋场内；②控制填埋场气体从填埋场上部释放；③抑制病原菌的繁殖；④避免地表径流水的污染，避免垃圾的扩散；⑤避免垃圾与人和动物的直接接触；⑥提供一个可以进行景观美化的表面；⑦便于填埋土地的再利用等。

卫生填埋场的终场覆盖系统由多层组成，主要分为两部分：一是土地恢复层，即表层；二是密封工程系统，从上至下由保护层、排水层、防渗层和排气层组成。覆盖材料的用量与垃圾填埋量的关系为 1∶4 或 1∶3。覆盖材料包括自然土、工业渣土和建筑渣土等。自然土是最常用的覆盖材料，它的渗透系数小，能有效地阻止渗滤液和填埋气体的扩散，但除了掘埋法外，其他类型的填埋场都存在大量取土而导致占地和破坏植被问题。工业渣土和建筑渣土作为覆盖，不仅能解决自然土的取用问题，而且能为废弃渣土的处理提供出路。将垃圾筛分后的细小颗粒作为覆盖土也能有效地延长填埋场的使用年限，增加填埋容量。

（5）灭虫。当填埋场温度条件适宜时，幼虫在垃圾层被覆盖之前就能孵出，以致在倾倒区附近出现大量苍蝇，当出现这种情况时，需在填埋操作区的喷洒杀虫药剂进行控制。

9.3　填埋场选址与评价

填埋场厂址的选择与评价是填埋场设计、修建、运行和维护的基础性工作，其质量的优劣会对环境和人群产生直接或潜在的长期影响，需要引起足够的重视。

9.3.1　填埋场场址的选择

1. 填埋场选址的原则和因素

1）填埋场选址遵循的原则

（1）环境保护原则。确保填埋场周边生态环境，水环境，大气环境和人类生存环境的安全。

（2）经济原则。科学、合理地选择，达到工程造价低，使用效率高。

（3）社会性原则。不能破坏和改变周边居民的生产和生活，得到公众的支持。

（4）安全性原则。考虑水文、地质条件以及场址的防灾等安全生产要素。

2）影响填埋场选址的因素

（1）地形、地貌。因为填埋场每日卸料终了与最终封场均需用土壤覆盖，因此，场地选址的土壤条件应作为一个重要因素来考虑。其中包括土壤的可压实性、渗水性、可开采面积、深度、地下水位与开采量等资料，这些资料均需通过实际勘探获得。地形条件对填埋方式起决定性作用，又制约采土方法。如选用坡度平缓的平原地为填埋场时，其土质优良者，宜采用开槽填埋，开槽挖掘的土方作为覆盖土。不宜开槽的平原或峡谷，以及天然坑塘与矿坑作为填埋场时，则必需在场外采土。此外，地形条件对填埋场地表径流的排泄也有较大影响。

（2）气候条件。因为气候条件会影响进出填埋场的道路条件，风的强度、风向、降雨量和降雨强度会影响居民的生活环境。因此，在填埋场选址的过程中，对上述因素须作深入的考虑。填埋场场址应位于居民区下风向，这样填埋场气体收集后燃烧排空，对当地大气环境影响不大，对居民生活影响较小。

（3）环境水文地质。城市垃圾填埋场环境水文地质的核心问题，是垃圾渗沥液漏对地下水的污染，而垃圾渗沥液场地渗漏量又受控于填埋场的水文地质条件。因此，场址应位于地下水最高丰水位标高至少 1.5m 以上，以及地下水主要补给区、强径流带之外。场地应避开大地构造单元的薄弱地带，并应避开储水条件好或较好的张性、张扭性等断裂带，以防污染断裂带的深层地下水（康建雄等，2004）。

（4）环境保护。填埋场选址应符合城市总体规划、区域环境规划、城市环境卫生专业规划及生活垃圾卫生填埋技术规范，同时应注意加强对此地带生态环境的保护，加强对市区环境容量的研究，切忌透支环境容量过度开发。

（5）经济因素。经济因素的影响主要从三方面来衡量。一是填埋场的建设费用是一次性的投资费用。它包括场地地形、容量、筑路及防治环境污染对场地所做的处理等费用。最好选择天然环境地质条件好的场地以节约投资。二是土地的征用费用和土地资源化。一般在填埋场选址时，土地的征用费用尽量小，尽可能多利用荒山、荒地。三是垃圾填埋场的覆土。垃圾填埋场的覆土一般为填埋库区容积的 10%～20%，如此大的覆土量占用耕地或从远距离运输都是不经济的。

（6）社会及法律。填埋场的选择必须与当地的法律、法规一致，公众对填埋场的反应也必须加以考虑。尽量选择人口密度小，对社会不会产生明显不良影响的地区。可靠的用地确保有充分的土地可以操作和放置垃圾，并保证有五年以上垃圾处理量的规划。

（7）填埋场防洪应符合国家规定。

3）填埋场不宜设置的地区

填埋场不应设在下列地区：①地下水集中供水水源的补给区；②洪泛区；③淤泥区；④填埋区距居民居住区或人畜供水点 500m 以内的地区；⑤填埋区直接与河流和湖泊相距 50m 以内地区；⑥活动的坍塌地带、地下蕴矿区、灰岩坑及溶岩洞区；⑦珍贵动植物保护区和国家自然保护区；⑧公园、风景、游览区、文物古迹、考古学、历史学以及生物学研究考察区；⑨军事要地、基地，军工基地和国家保密地区。

2. 填埋场选址需要利用的资料

填埋场选址工作应充分利用现有的区域地质调查资料包括气象资料、地形图、土壤分布图、土地使用规划图、交通图、水利规划图、洪泛图、地质图和航测图片等。搜集这些区域地质调查资料对选址是非常重要的。

3. 填埋场设计规模的计算

填埋场设计规模是填埋场选址的重要依据。填埋场设计规模是由垃圾的类型、产生的数量及其他多种因素决定的。因此，在填埋场选址时必须首先搞清楚垃圾的类型，是危险品还是非危险品，是城市垃圾还是工业垃圾，垃圾的不同特点，对填埋场的选址与设计要求也有所不同。其次需要考虑垃圾产生的数量。因为城市垃圾的产出速率变化无常，因此在计算城市垃圾产出量时，大体可按每人每天产生垃圾 $0.9 \sim 1.8 \mathrm{kg}$ 计，城市垃圾的单位体积重量可按 $650 \sim 815 \mathrm{kg/m^3}$ 计。再次需要综合考虑上一小节提到的影响填埋场选址的各种因素及使用周期。

1) 垃圾日产生量

填埋场的设计先要估计出填埋场使用期城市人口数，然后以每年的人口数乘以产出速率就得到每年的垃圾量，采用式(9-2)计算。

$$W_n = P_n \times \alpha / 1000 \tag{9-2}$$

式中，W_n——第 n 年的日产垃圾量，$\mathrm{t/d}$；

　　　P_n——第 n 年的城市人口数量；

　　　α——第 n 年的垃圾人均日产率，$\mathrm{kg/(d \cdot 人)}$。

2) 填埋场容积计算

填埋场建设一般要满足其使用寿命 $8 \sim 10$ 年以上，填埋场容积与填埋场面积、填埋高度、垃圾的可压缩性、日覆盖层厚度、垃圾的分解特性和负荷高度等因素有关。

填埋场容积等于垃圾总的体积加上每天覆盖、中间覆盖及最终覆盖土的体积。对大多数城市垃圾填埋场，每天用土覆盖是一定要进行的，其与垃圾体积之比为 $1:4 \sim 1:5$。中间覆盖和最终覆盖的体积就等于覆盖面积乘以覆盖层的厚度。

填埋场库容量计算公式如下所示

$$Q = SR_6 H \tag{9-3a}$$

$$Q = S_1 H \tag{9-3b}$$

式中，Q——垃圾填埋库容，$\mathrm{m^3}$；

　　　S——垃圾填埋场的用地面积，$\mathrm{m^2}$；

　　　R_6——填埋场土地的利用系数；

H——填埋场预计平均高度，m；

S_1——垃圾填埋库区面积，m^2。

3）填埋场使用年限计算

填埋场的设计规模必须根据填埋场的使用年限而定。从理论上讲，填埋场使用年限越长越好，但考虑到填埋场的经济性、填埋场地形的可能性以及填埋场终场利用的可行性，填埋场使用年限的确定必须在选址规划和填埋场封场利用时就进行考虑。一般填埋场使用以 5～15 年为宜。

填埋场使用年限计算公式如下所示

$$Y = (Q - V) \times \frac{R_1 C}{365 Q_1} \tag{9-4}$$

式中，Y——填埋场使用年限，a；

Q——垃圾填埋场库存容量，m^3；

V——覆土量，m^3；

R_1——垃圾平均密度，t/m^3；

C——垃圾压实沉降系数，$C=1.0～1.8$；

365——日历年天数，d；

Q_1——日处理垃圾量，t/d。

4）填埋场用地面积和填埋终场平地利用率

生活垃圾卫生填埋场的库区用地面积计算，可根据日处理量，计划使用年限及平均填埋厚度（深度）进行计算，如下所示

$$S = 365 Y \left(\frac{Q_1}{R_1} + \frac{Q_2}{R_2} \right) \times \frac{1}{H C R_5 R_6} \tag{9-5}$$

式中，S——垃圾卫生填埋场的用地面积，m^2；

365——日历年天数，d；

Q_1——日处理垃圾量，t/d；

R_1——垃圾平均密度，t/m^3；

Q_2——日覆土量，t/d；

R_2——覆土的平均密度，t/m^3；

H——填埋场预计填埋平均高度，m；

C——垃圾压实沉降系数，$C=1.0～1.8$；

R_5——堆积系数与作业方式，$R_5=0.35～0.70$；

R_6——填埋场土地的利用系数，$R_6=0.75～0.95$。

填埋场土地的利用率＝终场后可利用平地面积/填埋场总面积。填埋终场后得到的平地越宽，可利用的途径就越广，土地的再利用价值也就越高。

9.3.2　填埋场技术评价

填埋场选址与建设的最终成果和必须要达到的目的之一，是根据实地勘察的

结果以及调查资料和测量数据，对场地的防护能力、安全程度、稳定性、环境影响和污染预测等作出可靠评价。

1. 场地防护能力的评价

根据地质勘察工作得到的场地区域、外围和基础的地质结构、地层、岩性和地质构造条件，以及填埋垃圾的性质，对场地的防护能力作出定性评价，也可根据专门渗透试验对场边的防护能力作出定量评价。

2. 场地安全程度评价

场地安全评价包括定性和定量评价。定性评价依据场地的综合地质条件进行；而定量评价是依据场地存在的地质屏障层的厚度和渗透性确定场地的安全寿命。假如，填埋场工程设计要求安全寿命应达到 100 年，但通过勘察资料计算，地质屏障系统安全寿命只能达到 50 年，则应在密封屏障系统采取措施使其再承担 50 年的安全寿命，才能达到填埋场设计的安全标准。场地的安全程度不仅涉及地质屏障系统和密封屏障系统，也取决于工程所使用材料的寿命，故场地安全评价应对场地地质条件、工程技术措施、施工质量和所应用的材料、设备的寿命进行综合。

3. 场地稳定性评价

场地稳定性评价主要是对场地天然或人工边坡和基础稳定性评价。场地基础稳定性与区域地质构造和地震烈度有关，而基础的沉降、变形主要与岩、土体的力学性质有关。应根据岩、土体力学性质试验和实验成果正确预计基础沉降量，避免不均匀沉降的出现。根据计算的沉降量值对密封层的施工采取预处理措施。因此，场地稳定性也是保证场地安全的极重要因素。

4. 场地环境影响评价

当填埋场工程与自然保护、水源保护、经济发展规划和景观保护等条例有冲突时，要重点作出这方面的环境影响评价。在某些限制条件制约下，填埋场工程不得不选在距居民区(或零散居民点)较近的位置上。从长远观点上要考虑其对居民生存环境的影响，要作出公正评价。

5. 场地污染可能性评价

建设垃圾填埋场的主要目的之一就是保护水环境，因此要对场地周围地表水系统和地下水系统进行污染预测。预测当垃圾渗滤液突破防渗层时是否能达到所允许的极限标准。如果可能出现泄漏，在论证它是否能污染被保护的水体的基础上，要求在区域综合地质调查中绘出地下水和地表水完整的区域循环系统，阐明在地质环境中是否存在有阻止污染带运移及扩散的地质体或导致污染增强的地质体。

9.4　环境影响预测和评价

将环境影响预测和评价单独列出进行重点分析，是因为填埋场对环境的影响与污染防治等，直接关系到子孙后代的生存。因此，填埋场在建设之前做好环境影响预测和评价，认真分析环境保护措施和环境影响，降低后期发生环境污染事件的概率、防止污染等具有积极意义。应该注意的是，填埋场地的建设必须与环境影响评价与环境污染防止同时进行，即在项目进行可行性研究的同时，必须对环境影响及环境污染做出评价；环境污染防治设施，必须与主体工程同时设计、同时施工、同时投产使用。

9.4.1　环境影响评价工作等级

单项环境影响评价划分为三个工作等级，即一级评价，二级评价和三级评价。一级评价最详细，二级次之，三级简略。评价工作的等级是指需要进行环境影响评价的各专题工作深度的划分。评价工作的等级划分依据以下因素进行：①建设项目的工程特点，包括工程性质、工程规模、能源与资源的使用量及类型和污染源排放特点(排放量、排放方式、污染物种类及浓度)等；②项目所在地区的环境特征，包括自然环境特点、环境敏感程度、环境质量现状及社会经济状况等；③国家或地方颁布的有关法律和法规，包括环境质量标准和污染物排放标准等。对于某一具体建设项目，在划分各评价工作的工作等级时，根据建设项目对环境的影响、所在地区的环境特征或当地环境的特殊要求等情况可作必要调整。

9.4.2　环境影响的评价内容与方法

环境影响评价的内容与方法包括环境影响识别、工程分析、环境状况调查、环境影响的预测与评价和城市垃圾处理费用效益评估等。

1. 环境影响识别

环境识别是通过咨询讨论、现场勘查、收集信息、分析信息以及充分利用已有的环境识别技术等方法，确定评价工作的范围和评价因子，编制环境影响识别表。

环境影响识别的工作方法：

(1) 咨询讨论。对于拟建填埋场进行主要环境影响识别工作的一项首要的、也是最基本的方法是咨询讨论。咨询讨论就是咨询与论证。参与咨询讨论的人员必须广泛，应该包括所有项目环境评价人员、相关学科的专家、政府、居民代表以及其他有关当事方，如规划当局、环保团体等。咨询讨论的主题需明确，参与人员对论证的主题内容了解并有准备。早期进行的咨询和论证有助于对填埋场的重大环保问题进行识别，有助于以后编制正式的环评报告书以及项目的设计工作。

（2）现场勘查，收集信息。现场勘查，收集信息是一项基础性的工作。进行环境影响的识别工作，需要对拟建填埋场项目和研究领域熟悉了解。通常通过参观或现场踏勘场址、收集有关的图纸、报告以及监测资料，调查当地土地使用情况和出现的重要环境问题等形式进行信息收集。现场参观和踏勘最好由环评小组全体人员参加。

（3）充分利用已有的环境识别技术。现已有许多可用来对环境要素和环境影响进行客观和综合性的识别，并帮助理解资源和环境影响之间相互关系的方法。这些方法提供了对各种资料、数据的分类和表示手段，它们通常经改进后用来识别环境影响的重要程度和大小程度。常用的影响识别技术有核查表法、矩阵法、网络法、迭代法、因果图表法和计算机模拟法。

在进行环境影响识别时，须要对关心该项目的社会各方已察觉的、可能的重要问题和重要环境影响加以考虑；对所有可能的环境影响加以识别，既包括自然方面，也包括社会人文方面；对必须进行评估的具体参数和相应的数据库加以识别；对项目可能的环境影响的时间和空间要素加以识别；把拟建项目引起的环境影响与其他因素产生的环境影响加以区别。

2. 工程分析

工程分析就是通过对开发行动（由各种活动组成，如废物运输、贮存、场地挖掘、施工和封场等）进行解析，结合周边的环境与资源特征，从中辨识并进一步筛选出对环境有重大影响的活动作为重点进行研究。

3. 环境状况调查

1）环境现状调查应注意的事项

一是确定调查范围及应调查的有关参数。根据建设项目所在地的环境特点，结合各单项环境影响评价的工作等级，确定各环境要素的环境现状调查范围，并筛选出应调查的有关参数。二是当评价区域范围边缘附近有较大的污染源时，调查范围应大于评价范围。三是现有资料不能满足需要时，要进行现场的调查和测试。四是对搜集到资料认真分析筛选，选择可用部分，与环境密切相关的资料应翔实而全面，尽可能量化，对不能量化的（如社会环境调查资料），应做详细的说明。

2）环境现状调查的方法

环境现状调查的方法主要有三种，即收集资料法、现场调查法和遥感法等。收集资料法应用范围广、收效大、节省人力物力和时间，在进行环境现状调查时应首选这种方法获取现有的资料，但资料不能直接使用，必须经过必要的分析和筛选。因此，只采用此法不能满足要求。现场调查法针对性强，能直接获得第一手数据和资料，可以弥补第一种方法的不足。但工作量大，需要耗费大量的人力、物力和时间，有时还受季节、仪器、技术水平的限制。遥感法可以从整体上了解一个区域的环境特点，可以收集到用一般方法不能获得的有关地表和地貌等方面的资料，但受资料判断和分析技术的制约，此法的结果常不够准确，不适宜于微观环境的调查，只能起辅助性作用。

3）环境现状调查的内容

环境现状调查包括的内容非常广，如地理位置、地质、地形、地貌、气候与气象、地面水、地下水、土壤与水土流失、动植物与生态、噪声、社会环境、人口、工业与能源、农业与土地利用、交通运输、文物与景观和人群健康状况等。

4. 环境影响的预测与评价

预测的范围、时段、内容及方法由相应的评价工作等级、工程与环境状况和当地环保要求确定。预测范围一般小于或等于现状调查的范围；预测时段分为建设阶段、生产运行阶段和服务期满三个阶段，预测时要考虑冬季和夏季、丰水和枯水，同时还要预测正常运行与发生突发事件两种情况；环境影响预测的内容要满足评价工作的等级、工程与环境状况和当地环保要求，预测不仅涉及建设项目对自然环境的影响，还要考虑对社会和经济的影响，既要考虑污染物在环境中的污染途径，又要考虑污染物对人体、生物及环境的危害。

在固体废物处理处置中，渗滤液、填埋气、噪声及振动、恶臭、选址和环境风险等对环境的影响，是预测与评价的重点（吴莹等，2014）。

1）渗滤液对环境的影响与评价

渗滤液对环境的影响主要包括两个方面：

第一方面，渗滤液正常排放对环境的影响。渗滤液是通过水、降水及地表径流的渗入产生的。如果垃圾本身含水很少，特别是在处置前进行脱水或稳定化预处理，则垃圾的自身含水可以不予考虑；如果场址的选址合理，填埋场底部远在地下水位之上，同时设置防渗衬垫，则地下水入渗问题可以忽略。因此，渗滤液的主要来源是降水和地表径流水。渗滤液是垃圾填埋场中水污染的主要污染源。垃圾填埋场中的渗滤液属于一种高浓度的有机废水，主要成分有 COD、NH_4^+-N、BOD_5，还含有大量的钾、镁、钙、铁、砷、镉和铜等重金属。这些渗滤液如果在后期处置过程中稍有不慎就会对周边的地表水和地下水产生较大的污染，导致受污染的水中 COD、NH_4^+-N、BOD_5 浓度升高，大肠杆菌超标等问题。

渗滤液影响环境预测的关键是渗滤液产生数量的估算。渗滤液产生量的估算方法很多，有水量平衡法、水文模型法（HELP）和经验公式法等。水量平衡法的值信度较高，但工作量比较大，使用起来比较困难。HELP 模型是美国生活垃圾填埋场普遍采用的用于研究渗滤液产生量以及污染物迁移的模型，该模型利用详细的气象资料和土壤等相关数据，估算每天流入，流出填埋场的水量，若缺乏资料，则该模型难以应用。渗滤液产生量的预测可采用卫生土地填埋场渗滤液产生量估算的经验公式得

$$Q = CIA/1000 \qquad\qquad (9\text{-}6)$$

式中，Q——渗滤液水量，m^3/d；

　　　C——渗滤系数；

　　　I——降雨量，mm/d；

　　　A——填埋面积，m^2。

渗滤液数量确定之后，即可根据填埋场的结构特点进行评价。评价项目一般为填埋场衬垫结构的安全性及渗滤液释出对环境的影响。

第二方面，衬垫破裂事故条件下渗滤液大量泄漏对环境的影响。对于天然黏土衬垫结构的土地填埋场，一般要根据渗滤液的数量评价衬垫的厚度是否能满足设计要求。根据达西定律，通过单位面积衬垫的渗滤液数量与衬垫的渗透系数、衬垫之上渗滤液高度成正比，与衬垫的厚度成反比。计算公式为

$$Q = AKJ = AKH/D \qquad\qquad (9\text{-}7)$$

式中，Q——穿过防渗层的渗滤液流量，m^3/d；

　　　A——面积，m^2；

　　　K——防渗层的渗透系数，m/d；

　　　J——水力梯度；

　　　H——渗滤液梯度，m；

　　　D——防渗层厚度，m。

从式(9-7)中可以看出，衬垫的厚度和衬垫材料的渗透系数是保证衬垫防渗能力的主要设计指标。通常，衬垫材料一经确定，上式中的 K 基本确定。只要严格按施工技术要求建造，K 值变化不大。影响场地结构安全评价的关键是衬垫上渗滤液的高度。根据安全土地填埋场地的设计规范，填埋场内不允许有积水，一旦有渗滤液产生，立即进行泵出处理。这种理想条件是上式计算的极限情况，若衬垫之上积有很薄一层水，可近似看作$(H+D)/D=1$，通过衬垫渗出的渗滤液量很少，在这种情况下，衬垫的厚度只要满足场地的结构强度要求就可以了。

实际上，对于衬垫结构的安全性评价，主要是指在事故情况下衬垫的结构是

否满足要求。所谓事故是指渗滤液收集系统出现故障，渗滤液不能及时泵出，而在衬垫上聚集了大量的渗滤液。如果设计时渗滤液的控制高度为 1m，通过单位面积衬垫渗出的渗滤液数量限制为 0.2L。当衬垫的厚度为 1m，渗透系数为 9×10^{-5} m/d 时，计算结果表明，通过单位面积衬垫的渗滤液量为 0.18L，小于 0.2L 的设计限值，说明衬垫能满足要求。如果衬垫的设计厚度为 0.5m，其他条件不变，计算结果表明，通过单位面积衬垫的渗滤液量为 0.27L，大于设计限值，则衬垫不能满足要求，必须加厚，重新设计。对于土工合成材料衬垫，如高密度聚乙烯衬垫，渗透性很低，其厚度只要能满足强度要求即可。

渗滤液正常排放对环境的影响，以及衬垫破裂事故条件下渗滤液大量泄漏对环境的影响与评价，要同场地的水文地质条件结合起来进行。评价时，首先要根据渗滤液的产生数量和所处置垃圾的数量确定渗滤试验的液固比，然后按标准渗滤方法进行渗滤试验，以确定渗滤液中污染物质的浓度。对于渗滤液的正常排放，主要评价渗滤液经处理达到排放标准后，排放是否会污染环境，是否会污染地表水，环境容量是否允许。对于渗滤液泄漏事故评价，主要评价衬垫破裂后渗滤液释出在土壤中的渗透速度、迁移方向、迁移距离、土壤的自净的效果及对地下水的影响。还要评价衬垫一旦破坏应采取何种补救措施以及补救的效果如何。

2）填埋气对环境的影响与评价

填埋气计量分析：目前有关垃圾填埋场的填埋气计量方法选择较多的是 Monod 模型，其他模型介绍见本书后几节，这种模型的原理是：垃圾填埋场内的产气速率很快达到高峰，随着时间的推移，产气速率会以指数规律下降，用公式表示为

$$G_t = WG_0 ke^{-kt} \tag{9-8}$$

式中，G_t——为第 t 年垃圾的产气速率，m^3/a；

　　　W——填埋场的垃圾填埋量，t；

　　　G_0——单位重量垃圾理论最大产气量，m^3/t；

　　　k——垃圾的产气系数，1/a；

　　　t——年份，a。

在实际应用中，通常根据上述公式计算每一天的垃圾填埋场填埋气产生量，然后再对每年的垃圾填埋气速率进行叠加，便可以计算出每年填埋场总的产气量。

填埋气处理的方式：垃圾填埋气（landfill gas，LFG）是垃圾填埋降解过程中的产物，对其进行有效的收集和利用是防止出现二次污染，提高垃圾填埋资源化的重要内容。目前，垃圾填埋场恶臭气体的净化方法主要有燃烧法、水洗法、化学氧化法和吸收法等。对于填埋气的处理主要采取的是集中处理技术，即通过加快垃圾填埋场降解速度，提高土地利用效率，并将有用的物质进行二次回收利

用，实现变废为宝效果。具体来说，第一是要加强垃圾填埋前的预处理，对有用的物质加以回收利用，其他的进行粉碎，加速降解速度；第二是采用渗滤液回灌技术，调整垃圾堆体的含水率，提高填埋气产生速率和产量；第三是加强垃圾填埋降解过程的管理，根据垃圾降解的不同阶段，合理调控填埋气、渗滤液产量和浓度以及堆体温度等，达到加速降解过程的目的，通过集中收集，用以发电、用作化工原料等，实现废物的高效利用。

3）噪声及振动的影响与评价

噪声及振动问题评价主要是评价垃圾运输、场地施工、垃圾填埋操作、封场各阶段由于机械的振动或噪声对环境的影响。评价时首先要搞清噪声源及分类。根据土地填埋场的特点，噪声的来源主要为运输车辆、施工机械、填埋机械及预处理设备。因此，噪声包括交通噪声和建筑施工噪声。在噪声源调查的基础上，可根据各种机械的特点进行噪声声压级预测，看其是否满足噪声控制标准，对附近居民的影响如何，应采取何种减振防噪措施，以及实施后的效果怎样。

4）恶臭的影响与评价

对于卫生土地填埋场、工业垃圾和生活垃圾共同处置的填埋场地，必须评价释气及恶臭对环境的影响。释气评价要根据处置垃圾的种类确定气体的产率、产生量和气体的成分；要参照排气系统的结构，评价排气系统的可靠性、排气利用的可能性以及排气对环境的影响。恶臭评价主要是评价运输、填埋操作过程及封场后的环境影响。恶臭的测试方法有浓度试验、官能试验和定性试验。现场调查时可连续或间歇测定臭气的种类及平均浓度。评价时要根据垃圾的种类预测各阶段臭气的产生位置、种类、浓度及其对环境的影响，同时提出相应的防臭措施。

5）环境风险的应对

垃圾填埋场在实际运行过程中还可能产生一定的环境风险，例如，填埋气富集后堆体发生爆炸、垃圾富集后溃坝以及填埋场塌陷等风险。因此，在开展垃圾填埋场环境影响评价时应该要提前做好风险分析，并提出切实有效的措施加以预防，以减少事故风险的发生概率。对于垃圾溃坝的预防，应该要充分论证垃圾坝在坝体自重、填埋体土压力和渗透压力三种作用力下的抗滑稳定性，做好坝体的设计，及时做好渗滤液的导排；对于垃圾堆体的爆炸预防，根据物理性爆炸和化学性爆炸的不同机理，提出相应的方法措施。例如，及时导出堆体中的 LFG，以防发生物理性爆炸；阻隔空气进入垃圾层和 CH_4 混合，防止垃圾层发生化学爆炸；加大盖层厚度、增加填埋体与周边坡道的坡度来预防填埋场塌陷，此外还可以通过开挖、压实等办法减小压缩性空间商的差异所引起的塌陷。

6）事后评价

事后评价是指对开发行动付诸实施后的环境监测和评价结论进行检验，提出事后评价报告。环境影响评价是在行动之前开展的，而在行动实施之后的环境影响是否按预测和评价的结果所表明的那样出现，这些必须由事后的监测和调查结果进行检验。这样有助于加强评价机构和人员的责任感，总结经验，提高评价工作技术水平，在出现问题时，明确法律责任。

9.4.3　城市垃圾处理费用效益评估

城市垃圾处理工程，是一类以环境保护为目的而进行的项目，与生产型企业项目相比，其投资效益具有间接性和无形性，通常产生的直接效益很小甚至为负值，带来的社会经济收益不易察觉或难以用货币表示。因此，评价城市垃圾处理工程，除了考虑其工程经济方面外，还要考虑其环境工程经济方面，在综合分析了项目的总效益后，再客观的评定其经济指标。

垃圾处理的费用效益分析，是建立在工程经济评价(财务评价)和环境经济评价(环境费用—效益分析)之上的。如果总效益大于总费用，则项目评价通过；否则，项目否决。

1. 城市垃圾处理的环境费用—效益分析方法

环境费用效益分析的方法主要分为三类：直接市场法、替代市场法和意愿调查法(何品晶，2015)。

1) 直接市场法

直接运用货币价格测算可以观察和度量的环境质量变动的方法。包括市场价值法、机会成本法、防护费用法、恢复费用法、影子工程法和人力资本法。

(1) 市场价值法。就是利用因环境质量变化引起的产值和利润的变化来计算环境质量变化的经济效益或经济损失。适用于水体污染和大气污染对农业造成的损失，通常用农产品的市场价格乘以产量的变化来计算。

(2) 机会成本法。就是用环境资源的机会成本计算环境质量变化带来的经济效益或经济损失。固体废物占用农田对农业造成的经济损失和水资源短缺造成的工业经济损失都可以用机会成本法评价。

(3) 防护费用法。把防止一种资源不受污染所需的费用，作为环境资源破坏带来的最低经济损失。例如，为防止固体废物堆放对地下水的污染，便需建立隔水层或防护墙，而其工程投资就是固体废物堆放引起地下水污染的防护费用。

(4) 恢复费用法。将受到损害的环境质量恢复到受损害之前状况所需要的费用就是恢复费用。

(5) 影子工程法。是恢复费用法的一种特殊形式，是在环境破坏后人工建造一个工程来代原来的环境功能，用建造新工程的费用来估计环境污染或破坏所造成经济损失的一种方法。例如，整块土地因土壤污染无法使用而被废弃时，可以采用土地影子价格，并引入反映土地价值衰减量的衰减率，地价损失可按

式(9-9)、式(9-10)计算得

$$P = R/i \tag{9-9}$$

$$B_i = P\varepsilon S \tag{9-10}$$

式中，B_i——土壤污染造成的地价损失，万元；

　　　　P——土地影子价格，万元/m²；

　　　　R——每年土地纯收入，万元/m²；

　　　　i——银行利率；

　　　　ε——土地价值衰减率；

　　　　S——城市土地污染面积，m²。

（6）人力资本法。是将人看作劳动力，是生产要素之一，用来评价环境污染对人体健康造成的货币损失。包括预防和医疗费用、死亡丧葬费等直接经济损失，以及间接经济损失。间接经济损失可按式(9-11)计算得

$$B_e = VE(T_2 - T_1) \tag{9-11}$$

式中，B_e——发病率下降的年经济效益，万元；

　　　　V——一个劳动者日平均净产值，元/d；

　　　　E——由于污染引起患病的劳动者人数，万人；

　　　　T_2、T_1——污染治理前后，每个劳动者的平均工作日数，d。

2）替代市场法

替代市场法就是使用替代物的市场价格来衡量没有市场价格的环境物品价格的方法，主要包括后果阻止法、资产价值法和旅行费用法。

（1）后果阻止法。是指环境质量的恶化已经无法逆转时，用其他的投入或支出的金额来衡量环境质量变动的货币价值的方法。

（2）资产价值法。是指在其他条件大体相同的前提下，周围环境质量的不同而导致同类资产的价格变化，用这一价格差异来衡量环境质量变动的货币价值。

（3）旅行费用法。就是用旅行费用来间接衡量环境质量变动的货币价值。

3）意愿调查法

意愿调查法是指在缺乏价格数据时，不能应用市场价格法，可以通过向专家或环境资源的使用者进行调查，以获得环境资源的价值或环保措施的效益。常用的方法有专家评估法和投标博弈法。

（1）专家评估法。就是通过专家对环境资源价值或环境保护效益进行评价的一种方法。

（2）投标博弈法。是被询问者参加某项投标过程确定支付要求或补偿的愿望的方法。

2. 城市垃圾处理成本构成

城市垃圾处理成本，是指一定区域范围内城市垃圾处理经营者处理城市垃圾

的社会平均合理费用,由营业成本和期间费用构成。营业成本包括垃圾收集、运输及处理成本。主要由人员工资及福利费、材料费、动力费、修理费和折旧费等构成。期间费用是指为组织管理城市生活垃圾收集、运输、处理而发生的合理费用和财务费用。

3. 城市垃圾填埋处理的成本核算和经济效益

1) 填埋场处理城市垃圾成本核算

城市垃圾处理工作从垃圾产生收集开始,到垃圾封闭后填埋场的最终管理结束,垃圾处理工作的每一项要素构成的总成本为其资本和运营成本的总和。主要的资本有土地成本、建筑物和建设成本及其机动车成本。通常这些资本都是固定成本,因为一般来说它在填埋运行期间就已确定和固定。为维护而需要的劳动费用和填埋场运行期间所用的覆盖材料的费用都被划分为运营成本。运营成本是可变的。因为它们总是随着垃圾处理的速度和总量的增加而增加。填埋成本部分取决于所处理的垃圾种类、运行规模、填埋物和覆盖材料的可利用性及建设过程的分期性。分期填埋建设要比将填埋场一次建成的成本低。在填埋场建设成本的变量中,改变填埋场地条件和填埋建设的规范要求是很重要的因素。在每个地区,填埋处理的成本取决于安放设施的土地成本、填埋场的设计、劳工成本和必须遵守的政府法规。

与总的卫生填埋成本有关的具体要素有开发前成本、初期建设成本、年运营成本、封闭和后封闭成本。

开发成本包括:确定设施场地(工程、法律及初步的土力学探测)、场地绘图(地形边界勘测)及最终土力学勘测、工程设计及申请法定批准、法律及公众论证会、征购土地、行政管理辅助服务费和不可预见费。

最初建设成本包括:入口及进出道路、通入场地和土地平整、侵蚀和沉降控制设施、衬垫和衬垫系统、渗滤液回收和填埋气回收、管道系统、渗滤液处理系统、场地景观、计量系统、计量室和办公楼、设备维护设施、公众便利区、场地铺面、施工工程、控制监测及其他(照明、门、标记等)。

建设成本及年运营成本包括:现场工作人员和管理、设施管理、设备运行及维护、设备租赁、道路维护、日常环境监测(地下水、地表水和填埋气)、工程服务、设备保险、正在进行的开发和施工成本、在市政污水处理系统中处理渗滤液、渗滤液排入市政污水处理系统前进行的预处理和不可预见费。

封闭及后封闭成本包括:为制订封闭计划所需的工程费、场地的最终划分和植被的再植、侵蚀和沉降控制设施的维护、填埋气系统的维护、渗滤液收集和处理系统的运行和维护等。由于与卫生填埋有关的设备费用很高,所以发展中国家往往并不为填埋场购置足够的有关设备以确保场地的有效运行。在一个工业化国家，维护重型填埋设备的年成本(润滑剂、轮胎修理及零部件等)约为设备原始资本成本的 16%～18%。发展中国家的实际成本在相当程度上取决于设备的年限、种类、维护程序及发展中国家固有的各种不同因素。

填埋场分项投资比例可参照表 9-2。

表 9-2　填埋场分项投资占总投资比例

项　目	比例/%
场地清理、进场道路、垃圾坝、雨污分流、覆盖土存放、环境监测设施	20～45
防渗系统、渗滤液收集处理系统	25～50
填埋机械和化验设备	10～20
生产管理用房、其他辅助设施和工程前期费用	10～20

2) 经济效益

经济效益有直接经济效益和间接经济效益，直接经济效益包括垃圾处理收费、沼气(填埋气体)利用利润和填埋土地再利用可获得的地价等。间接经济效益包括填埋气体利用具有减少温室气体排放的净效益，填埋场可修复崎岖地形提高了土地的利用价值，也减少了发生地质灾害的风险。

9.5　填埋场的总体设计

为了充分有效地利用土地并合理有序地组织场地内各项设施的布置，总体设计显得十分重要。在总体设计时，应充分掌握各项设施之间的相互关系，确定各项设施在全局中的地位和布置。填埋场的总体设计是一个综合性的工作，是一个需要各个不同学科通过研究设计资料、最后将工程方案汇总的过程。

9.5.1　卫生填埋场建设的基建程序

垃圾卫生填埋场工程是一项环境保护工程，它的基建程序一般需经历场址初选，项目可行性研究的审批，初步设计、施工设计及施工前期工作，以及施工等几个阶段。

(1) 场址初选。此阶段包括：场址初步选择；编制项目建议书；项目建议书上报主管部门批复立项；编制项目预可行性研究报告；送主管部门初审、规划勘测红线。

(2) 项目可行性研究的审批阶段。此阶段包括：工程地质、水文地质初步勘测；测绘地形图(1∶1000)；编制项目可行性研究报告——设计招标；环境影响大纲评价——环评大纲审批；项目水土保持方案编制——项目方案评审；项目灾害性评估；可行性报告及专家论证；环境影响报告书——环境审批；项目可行性报告审批以及投资概算审批。

（3）初步设计、施工设计及施工前期工作。此阶段包括：工程 1：500 地形图测绘及地质资料详细勘查，设计招投标，完成初步设计，并通过审查；征地红线—审批—征地补偿；土壤、农作物、植被以及周围环境及人群健康本底调查；有关技术施工难题组织科技攻关；施工"三通一平"工作。

（4）施工阶段。此阶段包括：施工招投标（含工程监理、设计监理招投标）；领取有关规划和建筑施工许可证等；工程施工；人员培训；交工初验；竣工验收（一年试运行后）；资料归档。

9.5.2 填埋场总体设计

根据填埋垃圾类别，厂址水文地质条件，确定填埋方式。包括：填埋场构造，作业单元的划分，渗滤液控制设施，气体控制设施和填埋场覆盖层结构等。由于填埋场构造、填埋作业单元的划分、填埋场容量确定的内容，在有关章节已有论述，这里不再赘述。本节重点介绍有关防渗系统、气体收集与利用系统等的设计要求。

1. 防渗系统

防渗技术是垃圾填埋最重要的技术之一，其作用是将填埋场内外隔绝，防止渗滤液进入地下水，阻止场外地表水、地下水进入垃圾填埋体以减少渗滤液产生量，同时也有利于填埋气体的收集和利用。

1）防渗方式及防渗材料

填埋场场底防渗设施按铺设的方向分为垂直防渗和水平防渗两种方式。

垂直防渗主要有帷幕灌浆、防渗墙和 HDPE 垂直帷幕防渗；水平防渗主要有压实黏土和人工合成材料衬垫等。表 9-3 为水平防渗与垂直防渗技术比较。根据《城市生活垃圾卫生填埋技术的标准》（GJJ17—2004）规定："填埋场必须进行防渗处理，防止对地下水和地表水的污染，同时还要防止地下水进入填埋区"，防渗层的渗透率不大于 10^{-7} cm/s，这也是世界上绝大多数国家的最低标准。

表 9-3 水平防渗与垂直防渗技术比较

工程措施	渗透率（渗透系数小于 10^{-7} cm/s）	深层地下水防渗效果	浅层地下水防渗效果	能否阻止地下水位过高引起的污染
垂直防渗	很难达到	无效	有效	不能阻止
水平防渗	能达到	有效	有效	能阻止

（1）垂直防渗。垂直防渗是对于填埋区地下水有不透水层的填埋场而言的，在这种填埋场的填埋区四周建垂直幕墙只需在山谷下游的谷口建设，幕墙与两山相接，将整个山谷封闭，避免场内地下水外流。垂直防渗对于山谷型填埋场来说投资较省，但对于其他类型填埋场其投资与人工防渗投资持平。

垂直防渗的优点是投资少（对于山谷型填埋场而言），缺点是对于防渗幕墙的效果不能保证。防渗幕墙一般是采用灌浆的形式实现的，对于地下岩层裂痕较多的地方，裂隙纵横交错，灌浆难以将其堵严。

根据施工方法的不同，通常采用垂直防渗工程有土层改性法防渗墙，打入法防渗墙和工程开挖法防渗墙等。

（2）水平防渗。水平防渗是目前应用最广泛的一种方式，水平防渗是在填埋场场底和侧面铺设人工防渗材料和天然防渗材料。防止填埋场渗滤液对填埋场地下水的污染，同时阻止周围地下水流入填埋场内，防止填埋场气体无控释放。

水平防渗按照防渗材料的来源不同分为两种：自然防渗和人工防渗。

第一种，自然防渗。自然防渗是指采用天然黏土或改性黏土作防渗衬垫的防渗方法。

天然黏土衬垫系统出现在填埋厂设计建造的早期，随着垃圾渗滤液环境污染问题的日益突出以及人们对环境的日益重视，这种简单的方式已经不能满足防渗的要求，取而代之的是以柔性膜为核心的复合或者双层防渗衬垫。但是，天然黏土即使在今天依然发挥着重要的作用，以天然黏土和柔性膜作为复合防渗衬垫是目前国内外填埋场防渗工程中采用最多的一种方式。天然黏土通过压实，当其渗透系数小于 10^{-7} cm/s 时，便可以作为一个防渗层，和渗滤液收集系统、保护层、过滤层等一起构成一个完整的防渗系统。不过这种防渗系统只适合于防渗要求低、抗损性低的条件。天然黏土衬垫的设计应考虑黏土的渗透性、含水率、密实度、强度、塑性、粒径与级配、黏土层的厚度和坡度等因素对防渗效果的影响。

改性黏土就是当填埋场区及其附近没有合适的黏土资源或者黏土的性能无法达到防渗要求时，将亚黏土、亚砂土等天然材料中加入添加剂进行人工改性，使其达到防渗性能要求。改性黏土衬垫选择和设计与天然黏土衬垫相类似。改性黏土类衬垫的渗透系数不应大于 1.0×10^{-7} cm/s，且场底及四壁衬垫厚度不应小于 2m。

第二种，人工防渗。人工防渗是指采用人工合成有机材料（柔性膜）与黏土结合作防渗衬垫的防渗方法。根据填埋场渗滤液收集系统、防渗层和保护层、过滤层的不同组合，一般可分为单层衬垫防渗系统、双层衬垫防渗系统、双复合衬垫防渗系统和复合衬垫防渗系统等（图9-10）。

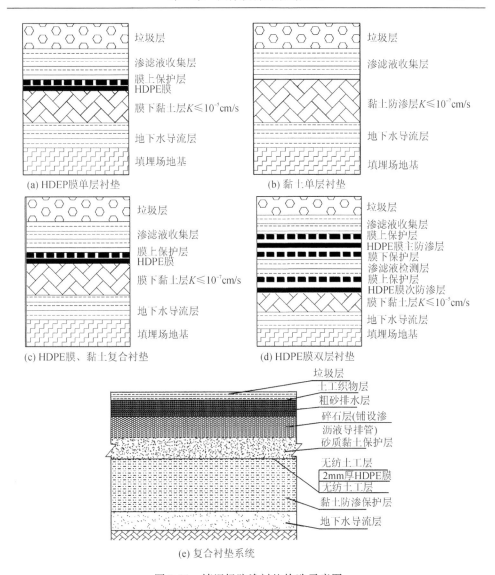

图 9-10　填埋场防渗衬垫构造示意图

单层衬垫防渗系统只有一个防渗层,其上是渗滤液收集系统和保护层,其下是地下水收集系统和一个保护层,见图 9-10(a) 和图 9-10(b)。该类衬垫系统构筑简单、防渗性能较差,一般用在防渗要求较低、抗损性低的场合。

填埋区底部单层衬垫结构要求:基础,地下水导流层,厚度应大于 30cm;膜下保护层,黏土厚度应大于 100cm;渗透系数不应大于 1.0×10^{-5} cm/s;HDPE 土工膜;膜上保护层;渗滤液导流与缓冲层,厚度应大于 30cm;土工织物层。

填埋区边坡单层衬垫结构要求:基础,地下水导流层,厚度应大于 30cm;膜下保护层,黏土厚度应大于 75cm;渗透系数不应大于 1.0×10^{-5} cm/s;HDPE

土工膜；膜上保护层；渗滤液导流与缓冲层。

双层衬垫系统包括两层防水层，在两层之间设有排水层。故它的两层之间是分开的，这是与复合防渗层不同的。

双层衬垫系统有其独特的优点，透过上部防渗层的渗滤液或者气体受到下部防渗层的阻挡而在中间的排水层中得到控制和收集。在这一点上它优于单层衬垫系统，但从施工和衬垫的坚固性等方面看，它一般不如复合衬垫系统。

双衬垫系统的主要使用条件如下：①安全设施要求特别严格的地区；②基础天然土层很差（$K > 10^{-5}$ cm/s），地下水位又较高（距基础底小于 2m）的地区；③建设混合型填埋场时，即生活垃圾与危险垃圾共同处置的填埋场宜用双衬垫。

双层复合衬垫系统相对于双层衬垫系统而言，不同之处在于上部防渗层采用的复合防渗结构。防渗衬垫上方为渗滤液收集系统，下方为地下水收集系统，见图 9-10(c) 和 9-10(d)。双层复合防渗系统综合了单层复合衬垫系统和双层衬垫系统的优点，具有抗损坏能力强、坚固性好和防渗效果好等优点，但是造价较高。双层复合衬垫系统在我国目前使用得较少，主要是造价问题，但是这种防渗系统在美国城市垃圾填埋中得到广泛使用。双复合衬垫的底层为厚度大于 3m 的天然黏土衬垫或厚度大于 0.9m 的第二层压实黏土衬垫，依次向上为第二层合成材料衬垫及二次渗滤液收集系统、0.9m 厚的第一层压实黏土衬垫、第一次合成材料衬垫及第一次渗滤液收集系统，顶部是 0.6m 的砂砾铺盖保护层。渗滤液收集系统由一层土工网和土工织物组成。合成材料的厚度应大于 1.5mm，底层和压实黏土衬垫的渗透系数应小于 10^{-7} cm/s。

复合防渗层是多层结构的防渗系统，各层次具有一定的功能，提高了防渗系统的安全性。复合防渗层在国外应用相当广泛，但由于各国国情不同，目前复合防渗层的结构还没有统一的标准，即使同一国家不同地区的填埋场由于垃圾性质、场地地形地质的不同，防渗透层结构也不尽相同，常见的复合防渗层构造见图 9-10(e)。但总的说来一个完整的复合防渗系统应包含以下几个层次：

(1) 渗滤液排水层。该层上部直接与垃圾接触，起着收集和排出渗滤液的作用。该层常规做法是铺设 400mm 厚粗砂层，粗砂层内按一定间距设置排水盲沟，盲沟内设穿孔管，汇集垃圾填埋体中流出的渗滤液并排出填埋坑外。

(2) 保护层。保护层用来保护防渗层的安全，如在 HDPE 膜上下覆盖无纺土工布可防止膜被尖锐的东西刺穿和减轻地基变形对膜的拉力；土工膜上部铺设的 500mm 厚黏土层，使土工膜在数十米高的垃圾堆体的压力下受力均匀，也是起保护层作用。

(3) 防渗层。该层主要由防渗材料构成，从国内外工程实例来看，该层的结构千差万别，有两层土工膜中间夹一层膨润土的，也有一层土工膜上铺一层膨润土的，还有土工膜与压实黏土组成复合衬垫的以及重复使用单层土工膜防渗层组成双层复合衬垫的。总的来讲，该层至少应设一层土工膜，防渗层层数越多，安全性能越强，但造价也相应越高。在具体工程实践中，应根据垃圾性质、场地环境等因素具体分析和选择。

（4）地下水排水层。如果设计地区地下水水位较高，为了防止防渗层受到地下水浮力和渗透的影响，应设地下水排水层，具体结构类似于渗滤液排水层，一般在防渗层下铺设 400mm 厚粗砂层，并设排水盲沟，以将地下水单独排出场外。

（5）地基。地基在整理时必须夯实、平整、碾压，筑成符合要求的坡度。地基的处理必须符合整个填埋场渗滤液收集系统的要求。设计上还应验算地基承载力和不均匀沉降。

（6）边坡上的防渗层。与填埋场坑底防渗层的结构不同，边坡上防渗层不必设渗滤液排水层和地下水排水层，只是在土工膜上下各加无纺土工织物，上层无纺土工织物上设一层废弃的汽车轮胎，以防机械碾压边坡垃圾时，破坏防渗层，表面再铺设 500mm 厚黏土保护层。

（7）锚固沟。为了固定土工膜和无纺土工布，在填埋坑周边须开挖锚固沟，边渗层在填埋坑底部和边坡铺设完后，将边坡埋入锚固沟，用原土填平、整实。锚固沟的设计可采用常规静力平衡的办法进行，计算中作如下假设：假定锚固沟顶、底两端存在二个无摩擦的滑轮，以保证土工膜的连续性，通过静力平衡方程，建立土工膜承受拉力与锚固长度和深度之间的关系，由土工膜的允许拉力可设计出锚固沟的长度和深度。

2）防渗方式的选择

填埋场衬垫系统的选择对于填埋场设计至关重要。选择填埋场衬垫系统应考虑以下因素：环境标准和要求；场区地质、水文及工程地质条件；垃圾的性质及与衬垫材料的兼容性；衬垫系统材料来源；施工条件；经济可行性等。衬垫系统的选择过程很复杂，为了设计建设适用的衬垫系统必须进行大量研究。衬垫系统的最初选择过程应包括环境风险评价。根据衬垫系统的不同结构设计和填埋场场区条件，如非饱和带岩性和地下水埋深等，运用风险分析方法确定填埋场释放物对环境的影响，从中选择合理的衬垫系统。

对于渗滤液而言，需要确定其可接受的产生量，应考虑接收水体的敏感性、非饱和带的深度、稀释能力、渗滤液可能的组成、产生速率及在接收水体中的稀释等因素。对于填埋场气体而言，填埋场所在地区的地质条件、水文地质条件、是否存在建筑物及建筑物的距离、填埋场设施、服务设施、植被、居民区等以及其他限制条件，都是确定填埋场气体释放和迁移时要考虑的因素。

如果填埋场场底低于地下水位，则衬垫设计应考虑地下水渗入填埋场的可能性及对渗滤液产生量的影响，控制因地下水位上升而对衬垫系统施加的上升压力以及地下水对衬垫系统的长期影响。

3）防渗材料的选择

防渗层是由透水性小的防渗材料铺设而成的，渗透系数小、稳定性好、价格便宜是防渗材料选择的依据。目前，常用的防渗材料主要有四种：黏土、膨润土、土工膜和土工织物膨润土垫（geosynthetic clay liners，GCL）。

（1）普通黏土。压实黏土被广泛应用于填埋场的衬垫和覆盖系统，天然黏土单独作为防渗材料一般是在环境要求不太高或者水文地质条件比较好的情况下采用，但是天然黏土必须符合一定的标准。黏土的选择主要根据现场条件下所能达到的压实渗透系数来确定。具体方法是：在最佳湿度条件下，当被压实到90%～95%的最大普氏（Proctor）干密度时，其渗透性很低（通常为 10^{-7} cm/s 或者更小）的黏土，可以作为填埋场衬垫材料。一般讲，具有下列特性的黏土适宜作衬垫材料：液限（W_L）在 25%～30%；塑限（W_p）在 10%～15%；粒径 0.074mm 或更小的粒径所占的比例在 40%～50%；粒径小于 0.002mm 的黏土含量（质量分数）在18%～25%。

根据某些学者的研究，透水率、抗剪强度、最小收缩势与黏土的干密度和含水量有关。通过叠加法可找出同时满足三个设计标准的区域，因此只要控制合适的填筑含水量和干密度，就可以将某种黏质土压实成低透水性、又有足够强度，在干燥时又具有最小收缩势和不开裂的隔离衬垫材料。

（2）膨润土。是一种优良的天然黏土，其主要成分是蒙脱石矿物，膨润土的渗透系数 K 小于 10^{-7} cm/s，具有极强的防水性，这主要是由于该土壤吸水后，体积会迅速膨胀，形成一层连续不透水柔性隔离层，而且可以自动修补土层中的缝隙，阻止水分子通过。随时间的推移，膨润土还会吸收周围环境的细小颗粒，特别是重金属，吸收后抗渗性能还会增加，膨润土这种优良特性已被广泛应用于国内外各种卫生填埋场的防渗结构设计中。

（3）土工膜。是一种薄的、柔韧的、连续的、不透水的合成材料，具有长期化学稳定性及良好的机械性能，多用于填埋场之底及边坡防渗透系统中，也可用于填埋场封场系统。最常用的是高密度聚乙烯（high density polyethylene，HDPE）膜。在制造土工膜时需要掺入一定量的添加剂，使在不改变材料基本特性的情况下，改善其某些性能和降低成本。例如掺入炭黑可以提高抗日光紫外线能力及延缓老化；掺入铅、盐、钡、钙等衍生物可以提高材料的抗热、抗光照稳定性，掺入杀菌剂可防止细菌破坏等。根据经验和理论计算，一般认为土工合成材料的使用寿命至少30 年，事实上大部分公司制造的土工合成材料，使用寿命在 70 年以上。

（4）土工织物膨润土垫（GCL）。是由两层或多层土工织物（或土工膜）中间夹一层膨润土粉末以针刺（缝合或粘接）而成的一种复合材料，可以替代一般黏土密封层。国外大量用于垃圾卫生填埋场的防渗结构，它可单独使用，也可与土工膜组合使用。GCL 的主要组成部分是膨润土粉末层，它具有高膨胀性和高吸水能力，湿润时透水率很低，裹在膨润土外面的土工合成材料一般为无纺土工织物，也有采用机织土工织物或土工膜的，主要起保护和加固作用，GCL 具有一定的整体抗剪强度。常用人工合成防渗膜及其性能见表 9-4。

表 9-4　常用人工合成防渗膜及其性能

材料名称	合成方法	适应性	缺点	价格
高密度聚乙烯	由聚乙烯树脂聚合而成	比重可达到 0.94，良好的防渗性能；对大部分化学物质具有抗腐蚀性能力；具有良好的机械和焊接特性；低温下具有良好的工作特性；可制成各种厚度，0.5~3.0mm；不易老化	抗不均匀沉陷能力较差；抗穿刺能力较差	中等
聚氯乙烯	氯乙烯单体聚合物，热塑性塑料	耐无机物腐蚀；具有良好可塑性；高强度；操作简单、易焊接	易被有机物腐蚀；耐紫外线辐射能力差；气候适应性不强；易受微生物侵蚀	低等
氯化聚乙烯	由氯气与高密度聚乙烯经化学反应而成，热塑性合成橡胶	良好的强度特性；易焊接；对紫外线和气候因素有较强的适应能力；低温下有良好的工作特性；耐渗性能好	耐有机物腐蚀能力差；焊接质量不强；易老化	中等
异丁橡胶	异丁烯与少量的异戊二烯共聚而成，合成橡胶	耐高低温；耐紫外线辐射能力强；氧化性和极性溶剂略有影响；胀缩性强	对碳氢化合物抵抗能力差；接缝难；强度不高	中等
氯碘化聚乙烯	由聚乙烯、氯气、二氧化硫反应生成的聚合物，热塑性合成橡胶	防渗性能好；耐化学腐蚀能力强；耐紫外辐射及适应气候变化能力强；耐细菌能力强；易焊接	易受油污染；强度较低	中等
乙丙橡胶	乙烯、丙烯和二烯烃的三元共聚物，合成橡胶	防渗性能好；耐紫外辐射及适应气候变化能力强	强度较低；耐油、耐卤代溶剂；腐蚀能力差；焊接质量不高	中等
氯丁橡胶	以氯丁二烯为基础的合成橡胶	防渗性能好；耐油腐蚀、耐老化；耐紫外辐射；耐磨损、不易穿孔	难焊接和修补	较高
热塑性合成橡胶	极性范围从极性到无极性的新型聚合物	防渗性能好；拉伸强度高；耐油腐蚀；耐老化、抗紫外线辐射	焊接质量不高	中等

续表

材料名称	合成方法	适应性	缺点	价格
氯醇橡胶	饱和的强极性聚醚性橡胶	耐拉伸强度较高； 热稳定性好； 耐老化； 不受烃类溶液、燃料、油类等影响	难于现场焊接和修补	中等

4) 垃圾渗滤液控制

(1) 渗滤液的来源。中国环境保护部 2010 年 2 月 3 日发布的《中华人民共和国国家环境保护标准(HJ564—2010)——生活垃圾填埋场渗滤液处理工程技术规范(试行)》中指出：渗滤液是指垃圾在堆放和填埋过程中由于压实、发酵等物理、生物和化学作用，同时在降水及其他外部来水的渗流作用下产生的含有机或无机成分的液体。其来源主要有以下几个方面：①大气降水的渗入，主要包括降雨和降雪流入到渗滤液中；②地表水的渗入，是指来自地表径流水，径流的数量主要取决于填埋场所在地周围的地势、覆土材料的种类和渗透性能，还有地表上的植被情况及有无排水设施等；③地下水的渗透，根据填埋场的地理位置，当填埋场的位置位于地下水位，且若没有设置防渗系统，地下水有可能会渗入到垃圾填埋场内；④垃圾自身所含水及通过大气降水被吸附的水分，垃圾自身的含水量可以作为渗滤液的主要来源之一；⑤有机物分解生成水。垃圾本身的有机组分在填埋场内经微生物厌氧和兼氧分解作用产生的水分，其水含量与垃圾的成分、分量、温度、酸碱度和微生物群等因素有关。

通过上述分析，我们得知垃圾渗滤液的产生量与垃圾填埋场所在的地理位置，所在区域的水文条件、季节及气候变化有关，同时还与垃圾性质和自身的含水量、填埋的方式和时间等有关，因此，渗滤液的水质和水量变化较大。

综上所述，填埋场渗滤液的产生主要来自三个部分，即降水入渗、垃圾含水及垃圾分解产生的水分。其中降水入渗对渗滤液产生量的贡献最大。雨水进入填埋场后，经与垃圾接触，使其中的可溶性污染物由固相进入液相，垃圾中的有机物在微生物的作用下分解产生的可溶性有机物(如挥发性脂肪酸等)也同时进入渗滤液，使得渗滤液中含有大量有机和无机污染物。

(2) 渗滤液的水质特点。对于普遍采用的厌氧填埋场来说，渗滤液的水质具有如下特点：①颜色与气味：水质呈淡茶色或暗褐色，色度在 2000～4000，有较浓的腐化臭味；②pH：填埋初期 pH 为 6～7，呈弱酸性，随时间推移，pH 可提高到 7～8，呈弱碱性；③有机物：垃圾渗滤液中含有大量的有机物。对于相对不稳定的填埋过程而言，大约 90% 的可溶性有机物是短链的可挥发性的脂肪酸，其中以乙酸、丙酸和丁酸为主要成分，其次是带有较多个羧基和芳香族烃基的灰黄霉酸；对于相对稳定的填埋过程而言，挥发性脂肪酸（易生物降解）随垃圾的填埋时间延长而减少，而灰黄霉酸物质（难生物降解）的比重则增加。有机物组分的变化，导致渗滤液 BOD_5/COD 值下降，即渗滤液的可生化性降低，生化处理效果较差。有资料表明，渗滤液中的 BOD_5/COD 值（大于 0.6）在垃圾填埋 1 至 2 年间逐步增加并达到最大值，此阶段的 BOD_5 多以溶解性有机物为主。此后 BOD_5 的浓度保持在一定范围内，十年以上的填埋场渗滤液 BOD_5/COD 值（小于 0.3）（Calace et al.，2001）；④氨氮：渗滤液可根据填埋场的“年龄”分为两大类：一类是“年轻”填埋场的渗滤液；另一类是较“老”填埋场的渗滤液。“中老年”填埋场渗滤液中重要水质特征之一是氨氮浓度很高，导致其处理难度增大。由于目前多采用厌氧填埋技术，因而渗滤液中的氨氮浓度在填埋场进入产甲烷阶段后不断上升，其达到高峰值后延续很长的时间并直至最后封场，甚至当填埋场稳定后仍可达到相当高的浓度（2000mg/L 以上）（Kjeldsen et al.，2002）。Shiskowski 和 Mavinic(1998)对加拿大 Bums Bog 垃圾填埋场渗滤液进行了为期 160 天的研究表明，氨氮浓度由 200mg/L 增加到 1200mg/L，最高达到 1500mg/L。此外，渗滤液中氨氮的含量常占总氮的 85%～90%。高浓度的氨氮及其随时间变化的特性不仅加重了渗滤液对受纳水体的污染程度，也给渗滤液处理工艺的选择带来了困难，增加了处理的复杂性；⑤磷：垃圾渗滤液的含磷量通常较低，尤其是溶解性的磷酸盐浓度更低。渗滤液中溶解性磷酸盐的含量主要由 $Ca(OH)_2$ 浓度控制。渗滤液中溶解性磷酸盐含量受到浓度和碱度的影响，导致渗滤液生物处理时缺磷严重；⑥重金属：城市生活垃圾填埋场所产生的渗滤液中重金属离子浓度通常比较低。Kjeldsen等(2002)研究报道很多重金属含量低于美国饮用水标准，主要原因是重金属在填埋体内发生了吸附、沉淀和螯合反应。若将工业垃圾与生活垃圾混合填埋，渗滤液中重金属离子溶出量将明显增加。由于国内城市垃圾没有经过严格的分类和筛选，所以国内垃圾渗滤液的金属离子浓度与国外城市垃圾渗滤液中的金属离子浓度有差异。渗滤液中铁的浓度可高达 2050mg/L，铅的浓度可达 12.3mg/L，锌的浓度可达 130mg/L，钙的浓度甚至高达 4300mg/L(杨霞等，2000)；⑦总溶解性固体：固体物质垃圾渗滤液中含有较高浓度的溶解性固体，在渗滤液中的浓度通常随填埋时间延长而变化，一般在填埋 6 个月到 2.5 年间达到最大值(1000mg/L)。同时含有高浓度的 Na、K、Cl、SO_4 等无机类溶解性盐。此后，随填埋时间的增加，无机盐浓度逐渐下降，直至达到最终稳定；⑧微生物：从渗滤液中分离出的细菌中最常见的是杆菌属的棒状杆菌和链球菌。其他普通的细菌是无色菌、粒状菌、好氧单胞细菌、梭状芽孢杆菌、李司忒氏菌、微球菌、摩拉克氏菌、假单胞杆菌、奈瑟氏菌属、沙雷氏菌属及葡萄球菌等。有的渗滤液中还检测出肠道病毒。

（3）渗滤液的变化过程。渗滤液的产生是一个比较稳定的过程，一般包括以下五个阶段：即初始调整阶段、过渡阶段、酸化阶段、甲烷发酵阶段和成熟阶段（图 9-11）。

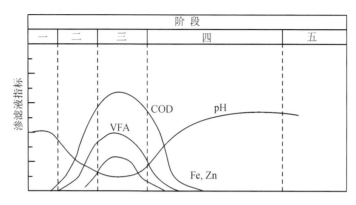

图 9-11　渗滤液组成演化规律

　　初始调整阶段（调整期）：在此阶段固体废物的水分逐渐积累，成分和性质方面也开始发生初步的变化，垃圾中易降解组分与氧气发生好氧降解反应，生成二氧化碳和水，反应放热，垃圾填埋场温度会逐渐升高，此阶段渗滤液中含有高浓度的有机物质。

　　过渡阶段（过渡期）：在此阶段进入厌氧环境下，垃圾的降解主要是好氧降解向厌氧降解的过渡，以兼性厌菌及真菌为主的微生物在此阶段开始发挥作用，渗滤液 pH 开始降低，显酸性，在这一阶段的最后，可测出一定数量的 COD 和 VFA。

　　酸化阶段（酸形成期）：当填埋场持续产生氢气的时候，表明垃圾填埋场进入酸化阶段。在这一阶段中填埋场内部基本为厌氧条件，反应主要是厌氧反应，兼性和专性厌氧微生物细菌对垃圾起到主要降解作用，渗滤液中 COD、挥发性有机酸和金属离子浓度在此阶段达到最大值，此后逐渐下降，同时 pH 继续下降，酸性增强。

　　甲烷发酵阶段（甲烷形成期）：氢气的产生量开始缓慢减少是进入此阶段的重要标志，在这一阶段中兼性厌氧菌开始起作用，所有可降解垃圾被缓慢但却很有效地分解，有机酸和氧气在厌氧菌（主要为甲烷菌）的作用下转化为甲烷，甲烷含量稳定在 55% 左右，pH 在 6.8～8.0，渗滤液中电导率、COD、BOD_5 和金属离子浓度慢慢下降。

　　成熟阶段（成熟期）：易降解的组分几乎全部分解完是进入最后的成熟稳定阶段的重要标志。在这一阶段中，以二氧化碳和甲烷为主的填埋气仍是主要组分，但其产率却显著下降，pH 显弱碱性，垃圾渗滤液中的有机物浓度不断持续减少，常含有一定量难生物降解的腐殖酸和富里酸。

　　总体来说，垃圾填埋场渗滤液污染物的组成和浓度与填埋时间的长短、季节的变化和气温的变化等都有着很密切的关系，即使是在同一垃圾填埋场，采样的地点和深度不同，垃圾渗滤液的性质特征也不尽相同。所以，整个填埋场的垃圾渗滤液实际上是渗滤液在不同阶段和不同水质条件下综合的结果。

　　(4) 影响渗滤液水质变化的因素。垃圾渗滤液产生量主要与气候变化、大气降水、水文条件、季节交替、垃圾组分和含水率等因素有关，而垃圾渗滤液的水质特征除与上述因素有关外，还与填埋方式(厌氧填埋、准好氧填埋和好氧填埋等)、垃圾填埋场的服务年限、自然条件(地理位置、地质地貌和气候状况等)、垃圾压实状况、垃圾渗滤液收集和导排方式等因素有关。因此，垃圾渗滤液不仅是一种高浓度有机废水，而且其水质和水量的变化很大，水质成分也较为复杂。①垃圾成分的影响。垃圾渗滤液水质受垃圾成分的影响很大，其 COD、BOD_5 主要由厨余垃圾中的有机物产生，垃圾中厨余含量的高低直接影响渗滤液 COD、BOD_5 浓度的高低。另外炉灰、沙土等对渗滤液中有机物具有吸附和过滤作用，故垃圾中炉灰、沙土的含量也将影响渗滤液的有机物浓度。由于每个城市的生活水平和生活习惯各不相同，故其产生的垃圾成分差别较大，致使填埋场渗滤液中 COD、BOD_5 浓度从几百至数万不等。②填埋时间的影响。调整期：填埋初期，垃圾体水分逐渐积累且有氧气存在，微生物作用缓慢，渗滤液量少。过渡期：垃圾体水分逐渐达到饱和，微生物由好氧转为厌氧或兼氧性，渗滤液开始产生，可测到挥发性有机酸。酸形成期：COD 浓度极高，pH 下降，此时可生化性好。甲烷形成期：COD 浓度急剧下降，pH 上升，此时可生化性变差。成熟期：微生物作用趋于停止，自然环境恢复。表 9-5 中数据反映了渗滤液中主要污染物指标随填埋场"年龄"变化的规律。③填埋工艺的影响。不同的填埋工艺对渗滤液水质有较大的影响。填埋场铺设排洪沟排出地表径流，场底铺设含有 HDPE 膜的复合衬垫或双层衬垫防渗，能有效控制地表径流和地下水进入填埋场，此时渗滤液浓度也较高。如果填埋场仅采用一般的黏土衬垫，或采用帷幕注浆工艺防止渗滤液污染下游地下水，地表径流未截流或截流效果不佳，渗滤液浓度较低，但渗滤液水量将大大增加。另外，厌氧填埋构造比好氧填埋构造产生的渗滤液水质差。④环境温度和湿度的影响。填埋场的渗滤液产生量还和填埋场内部温度和湿度有关。填埋场的环境温度影响微生物的生长和化学反应的过程。在垃圾堆体中，湿度升高有助于微生物的生长繁殖，加快垃圾的降解，使渗滤液水量增加；反之，零下温度时垃圾部分冻结，渗滤液的产生量减少，部分化学反应受到抑制。⑤含水量的影响。水在渗滤液的产生过程中起着重要作用，它使垃圾中的可溶物质从垃圾中渗滤出来，同种垃圾在潮湿和干燥两种环境下同时处置时，其产生的渗滤液的性质不同。当垃圾的含水量在 60% 以下时，湿度增加，有利于堆体中营养物质的迁移，加速微生物生长繁殖和有机物的降解。

表 9-5　渗滤液中主要污染物指标随填埋场"年龄"变化的规律

考察指标	小于 5 年(年轻)	5～10 年(中年)	大于 10 年(老年)
pH	小于 6.5	6.5～7.5	大于 7.5
COD/(g/L)	大于 10	小于 10	小于 5
COD/TOC	大于 2.7	2.0～2.7	小于 2.0
BOD$_5$/COD	大于 0.5	0.1～0.5	小于 0.1
VFA/(%TOC)	大于 70	5～30	小于 5

5) 渗滤液导排系统

渗滤液收集系统通常由导流层、收集沟、多孔收集管、集水池、提升多孔管、潜水泵和调节池等组成，如果渗滤液收集管直接穿过垃圾主坝接入调节池，则集水池、提升多孔管和潜水泵可省略。按照《城市生活垃圾卫生填埋处理工程项目建设标准》的要求，所有这些组成部分要按填埋场多年逐月平均降雨量(一般为 20 年)产生的渗滤液产出量设计，并保证该套系统能在初始运行期及较大流量和长期水流作用的情况下运转而功能不受到损坏。典型的渗滤液导排系统断面及其和水平衬垫系统、地下水导排系统的相对关系见图 9-12。

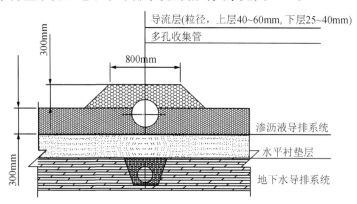

图 9-12　渗滤液导排系统

(1) 导流层。为了防止渗滤液在填埋库区场底积蓄，填埋场底应形成一系列坡度的阶地，填埋场底的轮廓边界必须能使重力水流始终流向垃圾主坝前的最低点。如果设计不合理，出现低洼反坡、场底下沉或施工质量得不到有效控制和保证等现象，渗滤液将一直滞留在水平衬垫层的低洼处，并逐渐渗出，对周围环境产生影响。导流层的目的就是将全场的渗滤液顺利地导入收集沟内的渗滤液收集管内(包括主管和支管)。

在导流层工程建设之前，需要对填埋库区进行场底的清理。在导流层铺设的范围内将植被清除，并按照设计好的纵横坡度进行平整，根据《城市生活垃圾卫生填埋处理工程项目建设标准》的要求，渗滤液在垂直方向上进入导流层的最小底面坡降应不小于 2%，以利于渗滤液的排放和防止在水平衬垫层上的积蓄。在场底清基的时候因为对表面土地扰动而需要对场地进行机械或人工压实，特别是已经开挖了渗滤液收集沟的位置，通常要求压实度要达到 85％以上。如果在清基时遇到了淤泥区等不良地质情况，需要根据现场的实际情况（淤泥区深度、范围大小等）进行基础处理，如果土方量不大的情况下可直接采取换土的方式解决。

导流层铺设在经过清理后的场基上，厚度不小于 300mm，由粒径 40～60mm 的卵石铺设而成，在卵石来源困难的地区，可考虑用碎石代替，但碎石因表面较粗糙，易使渗滤液中的细颗粒物沉积下来，长时间情况下有可能堵塞碎石之间的空隙，对渗滤液的下渗有不利影响。

（2）收集沟和多孔收集管。收集沟设置于导流层的最低标高处，并贯穿整个场底，断面通常采用等腰梯形或菱形，铺设于场底中轴线上的为主沟，在主沟上依次间距 30～50m 设置支沟，支沟与主沟的夹角宜采用 15 的倍数（通常采用 60），以利于将来渗滤液收集管的弯头加工与安装，同时在设计时应当尽量把收集管道设置成直管段，中间不要出现反弯折点。收集沟中填充卵石或碎石，粒径按照上大下小形成反滤，一般上部卵石粒径采用 40～60mm，下部采用 25～40mm。

多孔收集管按照埋设位置分为主管和支管，分别埋设在收集主沟和支沟中，管道需要进行水力和静力作用测定或计算以确定管径和材质，其公称直径应不小于 100mm，最小坡度应不小于 2％。选择材质时，考虑到垃圾渗滤液有可能对混凝土产生侵蚀作用，通常采用高密度聚乙烯（HDPE），预先制孔，孔径通常为 15～20mm，孔距 50～100mm，开孔率 2％～5％，为了使垃圾体内的渗滤液水头尽可能低，管道安装时要使开孔的管道部分朝下，但孔口不能靠近起拱线，否则会降低管身的纵向刚度和强度。典型的渗滤液多孔收集管断面见图 9-13。

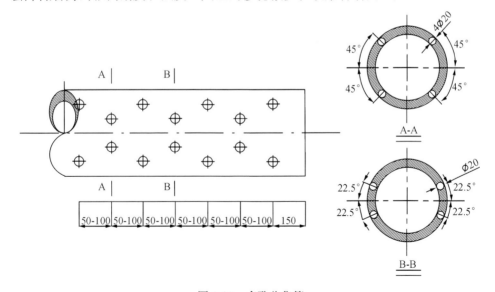

图 9-13　多孔收集管

渗滤液收集系统的各个部分都必须具备足够的强度和刚度来支承其上方的垃圾体荷载、后期终场覆盖物荷载以及来自于填埋作业设备的荷载，其中最容易受到挤压损坏的是多孔收集管，收集管可能因荷载过大，导致翘曲失稳而无法使用，为了防止发生破坏，第一次铺放垃圾时，不允许在集水管位置上方直接停放机械设备。

6）渗滤液处理方法和研究现状

由于未加处理的垃圾渗滤液会渗入地下水、污染土壤，对环境和人类具有严重危害性(Sabahi et al., 2009)，因此垃圾渗滤液必须经过有效的处理，达到国家排放标准。但是渗滤液与一般工业废水和生活污水对比，其处理难度和成本都要高很多，而目前还没有完善的经济高效的处理工艺，这使得垃圾渗滤液的处理成为污水处理方面的一个世界性技术难题，因此，对于垃圾渗滤液的处理受到了广泛关注和深入研究。现今，国内外垃圾渗滤液的处理方法主要包括有与城市污水的合并处理、土地处理和单独处理三种方案。

（1）与城市污水的合并处理。合并处理是把未经处理的垃圾渗滤液引入到填埋场附近的污水处理厂，数量较大的城市污水能缓冲和稀释渗滤液，以及利用城市生活污水里的营养物质，使垃圾渗滤液与城市生活污水同时进行处理。但是，城市污水处理厂可以接纳的垃圾渗滤液是非常有限的。研究显示，垃圾渗滤液与污水的比例超过 0.5%，活性污泥的负荷量会增加一倍。而且，由于垃圾渗滤液本身特有的水质及变化特点，采用合并处理这种方案时，应该加以控制，否则易给城市污水处理系统带来严重的冲击负荷，甚至会影响或破坏其正常运行。加之，合并处理受到填埋场附近有无污水处理厂的条件限制，还要考虑渗滤液在运输工程中的运费和运输工具等，因此合并处理未能得到广泛推广应用。

（2）土地处理法。土地处理法是指利用土壤颗粒的过滤作用以及通过吸附、离子交换或沉淀作用，将垃圾渗滤液中的悬浮固体及溶解成分去除的处理方法。目前主要有两种处理方法：回灌处理法及人工湿地。

方法一：回灌处理法最早是由美国 Pohland 和 Trucksess(2000)在 20 世纪 70 年代提出的，主要是利用垃圾填埋层这个"生物滤床"净化垃圾渗滤液。垃圾渗滤液通过覆土层、垃圾层后会发生物理反应、化学反应和生物反应，使其被降解、截留及减少。回灌处理方式的优点主要有设施简化、运行费用低、基建投资省和耐冲击负荷等。据估计，英国约有 50%、美国也近 200 多座填埋场采用的是回灌技术，该工艺能够处理可生化性较好的渗滤液。但回灌处理不足之处是容易堵塞土壤，氨氮大量积累，处理后的浓度较高，需再处理等，所以很少采用回灌处理单独处理渗滤液，此项技术在我国的应用并不普遍。

方法二：人工湿地是近几年出现的一种新工艺，是人为制造出的适合水生或湿地植物生长的"环境"，其中有大量的多种活性微生物。水中可溶性固体、有机物、COD、BOD$_5$、氮、磷及重金属等污染物经这些微生物的生化反应，转变成为植物生长所需的营养物质，从而降解污染物。其优点是管理方便、费用低等，缺点是处理效果跟季节变化有关，且处理有机物的浓度也较低。人工湿地不适应北方寒冷的地区，而适应在植物生长茂盛且生长期长的南方地区，人工湿地系统多用于渗滤液的深度处理。Mojiri 等(2016)利用人工湿地技术处理渗滤液和城市生活污水，色、COD、氨氮、镍和镉去除率分别为 90.3%，86.7%，99.2%，86.0% 和 87.1%，并且检测到香蒲(typha)对镍和镉具有高积累性。人工湿地处理渗滤液在国内的实例相对不多，此项技术未在我国普遍应用。

（3）单独处理。单独处理是在垃圾填埋场外建立独立的处理系统，其处理方法主要有：生物处理法、物理化学法以及物化—生物组合工艺。单独处理的优点是能够根据水质、水量不同的渗滤液，合理选择处理运行工艺，易于获得和控制运行参数，不受限于污水混合比，而且能大量处理渗滤液，是目前国内外广泛采用的处理方案。

生物处理法：早在 20 世纪 70 年代，已有学者研究用生物法处理渗滤液(Boyle and Ham，1974)初期垃圾渗滤液的生物处理法就是利用微生物在一定条件下可以大量繁殖的特点，及其自身的新陈代谢作用，吸附降解污染物，从而分离和去除污染物的方法。根据微生物的呼吸类型，生物处理一般主要包括有好氧、厌氧和厌氧-好氧生物结合处理(兼氧性处理)三种。有些学者认为 COD 浓度在 5000mg/L 以上的高浓度渗滤液建议采用厌氧方法进行前段预处理，然后采用好氧或其他后续处理方法；COD 浓度在 500mg/L 以下的渗滤液建议使用好氧生物处理法；COD 浓度在 500～5000mg/L 的渗滤液可以根据实际情况选择好氧或厌氧处理。

好氧生物处理是污水中有分子氧存在的条件下，通过好氧微生物（好氧菌起主要作用，也包含兼氧性微生物）降解有机物，使其稳定、无害化处理的方法，具有良好的运行效能，可有效去除 COD、BOD$_5$ 和重金属，主要处理方法有活性污泥法和生物膜法两大类，还有生物滤池、序批式反应器(sequencing batch reactor，SBR)、生物转盘(biological rotating contactor，RBC)和稳定塘等方法。活性污泥法是好氧生物过程，主要是向污水中通入大量氧气，加快微生物的生理活动，通过微生物降解污染物质的过程。因其处理费用低、效率高而得到广泛应用。Henderson 等(1997)通过 RBC 及 SBR 去除垃圾渗滤液中氨氮，结果显示在负荷为 4.5g/(m/d)，水力停留时间(hydraulic retention time，HRT)HRT＝0.3d，t＝18℃时，渗滤液经 RBC 处理后 NH_4^+-N 去除率达 100%；当负荷为 400g/(m/d)，HRT＝0.7d，t＝20℃时，渗滤液经 SBR 处理后 NH_4^+-N 去除率达 100%。

厌氧生物处理是在无氧条件下，利用兼氧性与厌氧细菌，降解和稳定有机物的生物处理方法，具有运行费用低，无需提供氧，易操作，可提高污水可生化性的优点，其处理工艺主要包括：厌氧折流板反应器（anaerobic baffled reactor，ABR）、膨胀颗粒污泥床（expanded granular sludge blanket reactor，EGSB）反应器、上流式厌氧污泥床（up-flow anaerobic sludge bed/blanket，UASB）、厌氧生物滤池和厌氧序批式反应器（anaerobic sequencing batch reactor，ASBR）等。沈耀良等（2000）对苏州市七子山填埋场的渗滤液和城市污水混合液采用 ABR 进行处理，研究结果显示：BOD_5/COD 在进水时为 0.2～0.3，出水时则提高至0.4～0.6；当容积负荷达到 $4.71kgCOD/(m^3 \cdot d)$ 时，可以形成 1～5mm、沉降性好的棒状颗粒污泥，该工艺能很好地改善混合废液的可生化性。徐竺等（2002）用 UASB 对垃圾渗滤液进行实验研究，结果显示：UASB 具有良好的处理效果，在中温（35～40℃）消化时，进水 COD（浓度 3000～8000mg/L）的去除率达到95%左右，即便是在常温消化下，其 COD 的去除率也能达到 90%左右。

厌氧-好氧生物结合处理技术有，循环式活性污泥法（cyclic activated sludge system，CASS），CASS-砂滤处理工艺，氨吹脱-厌氧-SBR.

物理化学法：物理化学法是利用物理化学的原理和化工单元操作设计处理工艺，它与生物处理法相比，在投资和运行费用上要多出 10 多倍，一般都是与生物处理相结合，作为渗滤液的预处理或深度处理工艺，其主要处理方法有吸附法、化学沉淀法、吹脱法、高级氧化技术和膜分离处理技术等。

吸附法：吸附法作为一种高效的物化处理手段，主要是通过使用各种不同类型的吸附剂，如活性炭、高岭土、焦炭、焚烧炉底灰、沸石、硅藻土、粉煤灰和蒙脱石等多孔性固体物质处理废水。目前该方法广泛应用在化工废水、重金属污染、印染废水等的污水处理领域。筛选出一种合适而低廉的吸附剂，是吸附法处理废水的关键。在垃圾渗滤液的处理中，吸附法主要作用是去除渗滤液的色度、金属离子和难降解的有机物污染物等。Aziz 等（2004）对渗滤液采用活性炭吸附处理，氨氮和金属离子的去除率分别达到 42%和 96%。虽然活性炭能较好地去除渗滤液中的 COD、NH_4^+-N 和金属离子，但是活性炭的价格和运行费用都很高。汤红妍等（2013）用改性硅藻土和聚合氯化铝（PAC）进行复配制备成复合混凝剂，对垃圾渗滤液进行预处理。结果表明，复合混凝剂中 PAC 含量 80%，投加量3 g/L的最佳条件下，COD 的去除率可达 68.1%，并可显著提高渗滤液的可生化性；色度去除率达到 90%，同时对氨氮、重金属都有一定的去除效果。Yuan 和Bartkiewicz（2009a，2009b）采用颗粒氢氧化铁（granular ferric hydroxide，GFH）吸附剂和离子交换树脂对重金属去除，去除率达到 90%以上。

化学沉淀法：主要利用加入某种化学沉淀剂，发生化学反应，将溶解性离子转化成不溶性固体，达到去除难降解有机物、COD、NH_4^+-N 和重金属的目的。絮凝沉淀是常用也是最重要的一种化学沉淀方法，它主要是加入絮凝剂，使悬浮物及胶体颗粒加速沉降。Amokrane 等(1997)在 COD 为 4100mg/L 的渗透液中加入 0.035mol/L 的铁盐和铝盐,研究表明:三氯化铁对有机物的去除率为 55%,硫酸铝对有机物的去除率为 42%;还是使用同样的絮凝剂,Tatsi 等(2003)在 COD 为 5350mg/L 的渗透液中,得到的结果也很相似,加入 1.5g/L 三氯化铁的 COD 去除率为 80%,相同量硫酸铝的 COD 去除率为 38%,这说明铁盐絮凝剂的处理效果好于铝盐。白轩等(2013)采用 MgO、磷矿粉共沉淀法生成磷铵镁复合肥去除垃圾渗滤液中的氨氮和 COD,实验结果显示在给定条件下(氨氮浓度 1200mg/L,COD 浓度 3180mg/L),垃圾渗滤液 COD 去除的最优实验条件为 MgO 添加量 5.0g/L、磷矿粉添加量 100g/L,反应时间 4h,处理后 COD 去除率为 62.1%,氨氮去除率为 87.5%;氨氮去除的最优实验条件为 MgO 添加量 10g/L、磷矿粉添加量 60g/L,反应时间 4h,处理后 COD 去除率为 42.1%,氨氮去除率为 96.1%。Rasool 等(2016)采用植物类混凝剂罗勒属植物(Ocimum basilicum L)作为渗滤液预处理,联合臭氧氧化作为后处理,结果显示颜色去除率为 92%以上,COD 减少了 87%。

吹脱法:生物处理前,去除氧氮很有效的方法是进行空气吹脱。其优点在于可以根据垃圾渗滤液体积及强度变化不断调整,其缺点是低温时处理效率快速下降。"中老年"垃圾填埋场的渗滤液中营养比例会严重失调,氨吹脱预处理方法可以调整 C/N。在去除 NH^{4+}-N 的同时,吹脱法也可以去除氰化物、硫化物及对生化处理有抑制作用的挥发物质等,对后续的生化处理是很有利的。沈耀良等(2000)在对苏州七子山垃圾填埋场渗滤液吹脱预处理试验中发现,在温度为 25.5℃,pH 为 11.0 左右,供气量为 10L/min 的条件下,吹脱时间 5h,吹脱效率达 68.7%~82.5%。

高级氧化技术(Yang and James.,2006;Lopez et al.,2004;Qureshi et al.,2002):是利用羟基自由基的强氧化能力,使难降解的有机污染物被氧化成小分子的有机污染物,甚至完全去除。目前,其处理方法主要有光催化氧化法、电化学氧化法和 Fenton 氧化法等。Yang 将 Fenton 法和混凝技术相结合处理 COD 为 1100~13 000mg/L 的垃圾渗滤液,COD 去除率达 61%。

膜分离处理技术:新型膜分离技术进行渗滤液的处理在国内外发达地区已逐渐被采用,其主要包括反渗透(Ushikoshi et al.,2002)、超滤及微孔过滤等(Trebouet et al.,2001)。2008 年我国垃圾填埋场新标准发布以后,为了满足新标准的要求,越来越多的填埋场采用膜生物反应器(membrane bio-reactor,MBR)。杨宪平和牛瑞胜(2011)对渗滤液采用厌氧反应器—膜生物反应器—纳滤工艺进行处理,结果表明:渗滤液中 COD 的去除率为 99.4%,BOD₅ 去除率为 99.6%,使用陶瓷膜作为超滤膜,陶瓷膜的清洗维护简便且耐酸、耐碱、耐高温,较好地解决了膜污染的问题。

物化-生物结合工艺：渗滤液是高浓度、高分子化合物多、高毒性的废水，只是采用单一的处理工艺很难使其处理后达标排放，越来越多的学者着眼于研究采用物化法和生物法组合的处理工艺处理渗滤液，且处理效果很好。程洁红和马鲁铭(2004)对渗滤液利用厌氧-SBR-混凝沉淀联合工艺进行处理，处理后渗滤液中 COD 和氨氮可达到 148.4mg/L 和 2.2mg/L，COD 和氨氮的去除率分别为 91.2%和 90.4%，有机物和氨氮去除效果较好。汪晓军等(2007)提出用混凝-Fenton-曝气生物滤池(biological aerated filter，BAF)工艺来处理 SBR 出水(COD 浓度为 600～800mg/L)，该工艺可行的关键在于各个处理单元的联合应用，最终出水的 COD 浓度低于 80mg/L。Moro 等(2015)利用电化学联合新型生物滤池技术，研究结果显示 COD 经处理后达到意大利废水排放标准。近几年，我国加大了对渗滤液处理的投资力度，北京市的阿苏卫填埋场、深圳下坪垃圾填埋和浙江杭州天子岭垃圾填埋场等不断引进国外先进技术，使我国的渗滤液处理水平迈入了新的时期。但是，出于经济和运行费用的考虑，我国的渗滤液处理仍以生物技术为主，国外的渗滤液处理则以物理化学处理技术的研究和应用为主，而对于渗滤液这种有机污染物、氨氮、重金属浓度较高的高污染废水来说，仅仅靠单一的生物、物理化学处理技术无法将其处理达标排放，渗滤液的处理应从提高处理效果，降低处理成本的角度考虑，灵活采用生物法与物化法结合的多种复合方法进行处理。

2. 气体收集与利用系统

1) 填埋气体的组成

一般分为主要气体和微量气体两部分。填埋气体的主要成分为甲烷、二氧化碳、硫化氢以及氨气等气体，其中甲烷和二氧化碳是填埋气体中的最主要气体。当甲烷在空气中的浓度处在 5%～15%时，遇明火会发生爆炸。在填埋场内部，由于垃圾体缺少氧气和火种，没有发生爆炸的危险。但是，假如填埋气体迁移扩散到场区边缘并与空气混合，则会形成浓度在爆炸范围内的甲烷混合气体。填埋气体微量气体组成：据监测分析表明，填埋气体除含有大量的甲烷、二氧化碳成分外，还含有浓度小于 4000mg/L 的挥发性有机化合物，其中包括硫化氢、硫醇、氯乙烯、甲苯、己烷、氯甲烷和二甲苯等。微量气体含量虽然很少，但其成分比较复杂，毒性较大，对公众健康具有危害性(表 9-6)。美国从 66 个填埋气体样品中均发现了微量有机化合物的存在。英国从 3 个不同填埋场采集的气体样品中检测到了 116 种有机化合物，且其中大部分为挥发性有机化合物。国外所发现的填埋气体中挥发性有机化合物浓度较高的填埋场，往往是接受含挥发性有机物的工业垃圾的老填埋场。在一些新填埋场，其填埋气体中挥发性有机化合物的浓度均较低。

表 9-6　垃圾填埋场气体的典型成分

成分	体积比/%	成分	体积比/%	成分	体积比/%
甲烷	63.8	氢气	0.05	乙醚	0.005
二氧化碳	33.6	一氧化碳	0.01	丙烷	0.002
氧气	0.16	乙烷	0.005	硫化氢	0.1
氮气	2.4	乙烯	0.018		

2）填埋气体对环境的影响

填埋气体像渗滤液一样，所有填埋场中都会产生。填埋条件不同，其中的生物化学反应程度不同，产生的填埋气体组分也会变化。填埋气体经垃圾堆体、填埋覆盖土和邻近的土壤迁移，进入大气，对环境产生如下影响：

（1）引起温室效应。全球变暖被普遍认为是在大气中增加温室气体的浓度所致，包括 CO_2、CH_4、N_2O 和 O_3 等。大气中 CH_4 以约每年 1% 的速度增加，CO_2 以约 0.4% 的速度增加。CH_4 由于其内部的辐射特性，每增加一个 CH_4 分子产生的热效应是增加一个 CO_2 分子产生热效应的 24 倍。一般认为 CH_4 要对地球趋热负 20% 的责任。

（2）引起臭味。填埋气体气味是以微量浓度存在于其中的硫化氢和硫醇引起。这些化合物可在极低的浓度被感官嗅到（0.005mg/L 和 0.001mg/L），引起人的不快。

（3）毒害影响和健康问题。填埋气体可以引起窒息和中毒。在狭小空间充满填埋气体将取代此处的氧气，引起空气中氧气不足。健康影响一般与填埋气体中的微量气体有关，如氯乙烯、硫化氢等。一些微量化合物达到足够的浓度时是有毒的，与之长期接触可以致病。

（4）引起爆炸。当空气中的甲烷浓度超过它的最低爆炸极限时，就存在爆炸危险。最低爆炸极限是甲烷浓度占空气体积的 5%。爆炸危险与小空间的通风，甲烷的迁移和积累有关。填埋气体中的甲烷含量较高，且具有较高的热值，是一种利用价值较高的清洁燃料，如产量较大，加以回收利用，既可以达到温室气体减排目的，又可减缓社会能源需求压力，这样将产生巨大的经济和环境效益。

3）填埋气体的产气过程和产量预测

（1）气体产生过程。填埋气体的产生是个非常复杂的过程，其生物化学原理至今尚未完全阐明。但究其本质，就是有机物的厌氧消化，即在无氧条件下，有机物在厌氧菌作用下转化为甲烷和二氧化碳的生物化学过程，这点已经为世界认同。综合国内外研究可将填埋场释放气体的产生过程分为下述五个阶段：

好氧分解阶段（初始调整阶段）。废物一进入填埋场，好氧阶段就开始进行，原因是有一定数量的空气随废物夹带进入填埋场内。复杂的有机物通过微生物的胞外酶分解成简单有机物，简单有机物通过好氧分解成小分子或者二氧化碳，好氧阶段通常在较短的时间内就能完成。这时填埋场中氧气几乎被耗尽，好氧阶段微生物进行好氧呼吸，释放出较大能量。

水解消化阶段（过渡阶段）。氧气被完全耗尽，厌氧环境开始形成并发展。复杂有机物如多糖、蛋白质等在微生物作用或化学作用下水解、发酵，由不溶性物质变为可溶性物质，并迅速生成挥发性脂肪酸、二氧化碳和少量氢气。由于水解作用在整个阶段中占主导地位，也将此阶段称为液化阶段。水解速率受接种物、微生物浓度、温度和 pH 限制。

产酸阶段。此时垃圾堆体转变为纯的厌氧环境，厌氧微生物群落数量增多且活动加快。首先，垃圾中的大分子有机组分，如核酸、多糖、蛋白质和脂肪等，在发酵细菌的作用下水解为糖，并进一步分解为二氧化碳、氢气和各种小分子有机酸，如丙酸、丁酸、乳酸、长链脂肪酸和醇类等；随后，在产酸菌的作用下，这些有机酸被转化为乙酸及其衍生物、二氧化碳和氢气。此阶段是填埋气体中二氧化碳和氢气产生的主要阶段，浓度分别可达到 80％和 20％（体积分数）。

产甲烷阶段。此阶段甲烷菌居于支配地位，它利用产酸阶段的产物如氢、二氧化碳、醋酸、甲醇、甲酸和甲烷等碳类化合物为基质，将它们转化为甲烷。在某些情况下，甲烷菌在产酸阶段结束时就会开始繁殖。此阶段是填埋气体中甲烷产生的主要阶段，持续时间最长，可达数十年甚至上百年。

稳定化阶段。在填埋垃圾中的可降解有机组分被转化为甲烷和二氧化碳之后，填埋垃圾进入成熟阶段，或称为稳定化阶段。此时大部分有机组分均已被微生物利用，剩余的多为难生化降解的有机物，虽然它们在水分不断通过垃圾层向下迁移时仍将会被转化，但填埋气体的产生速率明显下降。此阶段产生的填埋气体主要为甲烷和二氧化碳。但是由于各填埋场的封场措施不同，某些填埋场产生的气体中也可能含有少量的氢气和氧气。

不同产气阶段填埋气体的组成如图 9-14 所示。

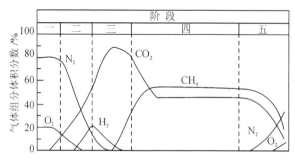

图 9-14　不同产气阶段填埋气体的组成

　　填埋场各产气阶段的持续时间是不同的，它受填埋垃圾的可生物降解性、温度、湿度、初始压实程度及是否可以得到营养物质等因素的影响。

　　(2) 影响填埋气体产生速率和总量的因素。填埋堆体犹如一个巨大的反应釜，其内进行着复杂的生物化学反应。影响填埋气体产生速率和总量的因素有：垃圾组成、水分、温度、养分、pH 和缓冲能力、微生物量、垃圾密度和粒径等。

　　垃圾组成：是影响填埋气体产生速率和总量的重要因素。一定量的垃圾产气总量取决于垃圾的有机物类型和含量。

　　含水率：填埋场中多数有机物必须经过水解成为溶于水的颗粒才能被微生物利用产生甲烷，因而填埋场中废物的含水率是影响填埋场释放气体产生的一个重要因素。另外水分提供产气必需的水环境，水分的存在有益于形成微生物和养分传递的环境。填埋场内的水含量常常受气候条件(温度、降雨)、垃圾的自身含水、填埋场衬垫设计、渗滤液收集系统、覆盖类型和渗滤液的再循环等因素的影响。许多研究表明，含水率是产气速率的主要限制因素。当含水率低于垃圾的持水能力时，含水率的提高对产气速率的影响不大；当含水率超过持水能力后，水分在垃圾内运动，促进营养物、微生物的转移，形成良好的产气环境。垃圾的持水能力通常在 0.25～0.50，因此 50%～70% 的含水率对填埋场的微生物生长最适宜。决定含水率的因素包括填埋垃圾的原始含水率，当地降水量，地表水与地下水的入渗，以及填埋场对渗滤液的管理方式，如是否回灌等。

　　温度：填埋堆体内部的厌氧降解过程是一个放热过程，大多数产甲烷菌是嗜中温菌，在 15～45℃ 可以生长，最适宜温度范围是 32～35℃，温度在 10～15℃ 以下时，产气速率会显著降低。内部温度一般高于环境空气温度。在填埋堆体内，填埋场中微生物的生长对温度比较敏感，温度条件影响着微生物的类型和产气速率。产气速率随堆体温度降低而降低。填埋堆体温度受填埋深度影响，填埋较深时，温度趋于平衡；填埋较浅时，温度常受表面因素和天气条件影响而产生变化。

　　pH 和缓冲能力：填埋场中对产气起主要作用的产甲烷菌适宜于中性或微碱性环境，因此产气的最佳 pH 范围为 6.6～7.4。当 pH 在 6.0～8.0 以外时，填埋产气会受到抑制。

　　养分：主要包括碳、氢、氮、磷等，以维持降解微生物的细菌所需的养分。据研究，当垃圾的 C/N 比在 20：1～30：1 时，厌氧微生物生长状态最佳，产气速率最快。原因是，细菌利用碳的速度是利用氮的速度的 20～30 倍。当碳元素过多时，氮元素首先被耗尽，剩余过量的碳，使厌氧分解过程不能顺利进行。

　　微生物量：填埋场中与产气有关的微生物主要包括水解微生物、发酵微生物、产乙酸微生物和产甲烷微生物四类，大多为厌氧菌，在氧气存在状态下，产气会受到抑制。微生物的主要来源是填埋垃圾本身和填埋场表层和每日覆盖的土壤。大量研究表明，将污水处理厂污泥与垃圾共同填埋，可以引入大量微生物，显著提高产气速率，缩短产气之前的停滞期。

垃圾的密度和粒径：通过影响养分、水分在堆体中的传递而影响产气。如果垃圾密度大，粒径小，产气就多。

覆土：一般要及时覆土，覆土层越厚，产生的填埋气体越多，反之越少。

（1）产气量的预测。在产气量模型的研究中，由于填埋场垃圾的成分、填埋方式的复杂性以及影响填埋气产生因素的多样性，国际上一般都采用经验模型粗略的预测填埋气的产气量。如采用垃圾的 COD 或 TOC 预测填埋气的理论产气量，再利用经验系数将其转换为实际产气量。填埋气产气率预测模型多为动力学模型，比较经典的有 Scholl-canyon 动力模型、Palos-verdes 动力学模型和 Sheldon-Arleta 动力模型，另外还有大西洋电气公司模型和 GTLEACH-I 模型等。总结起来，计算甲烷气体产气量和产气率的模型在大的方面分为两种，即统计学模型与动力学模型。

统计模型有以下几种：

一是质量平衡理论产气量模型。此模型由政府间气候变化委员会（the Inter-governmental Panel on Climate Change，IPCC）1995 年推荐，主要是用来计算生活垃圾的产甲烷气体总量，用式（9-12）表示为

$$E_{CH_4} = MSW \times \eta \times DOC \times r \times (16/12) \times 0.5 \qquad (9\text{-}12)$$

式中，MSW——城市生活垃圾总量，t；

　　　η——垃圾填埋率，%；

　　　DOC——垃圾中可降解有机碳的含量，%，IPCC 推荐该值发展中国家为
　　　　　　　15%，发达国家为 22%；

　　　r——垃圾中可降解有机碳的分解百分率，%，IPCC 推荐值为 77；

　　　系数 0.5——假设产生的填埋气中甲烷的含量占 50%。

运用该模型计算产气量快捷方便，只要知道某个城市的生活垃圾总量以及填埋率就能估算出产气量。但由于没有考虑垃圾的成分，计算值往往比较粗略，仅适用于估算较大范围的产气量，如一个国家，一个城市等。

二是生物降解理论最大产气量模型。该模型为 Gardner(1993)提出，其依据垃圾成分分析，并通过生化反应计算产气量，计算公式如下所示

$$C = \sum_{i=1}^{n} KP_i(1-M_i)V_iE_i \qquad (9\text{-}13)$$

式中，C——单位质量垃圾可产生的甲烷量，L(CH$_4$)/kg(湿垃圾)；

　　　K——经验常数，单位质量的挥发性固体标准状态下可产生的甲烷量，值
　　　　　　为 526.5L(CH$_4$)/kg；

　　　P_i——某有机组成占单位质量垃圾的湿重百分比，%；

M_i——某有机组成的含水率，%；

V_i——有机组成的挥发性固体含量，干重%；

E_i——某有机组分中挥发性固体的可生物降解特性，并排除了不可降解有机碳的影响，更切合实际。

三是二阶统计模型。二阶统计模型是 Gurikala 和 Robinson(1997)利用多元回归的方法建立的甲烷产气率统计模型。设甲烷的产气速率（MR）与十个因素有关，分别为新闻纸含水率（NMO），含水率（MO），浓度（SO_4^{2-}），浸出液 pH（pH），蛋白酶（PRO），淀粉酶（AMY），酯酶（EST），挥发性固体（VS），氮（NIT），纤维素与木质素之比（CLR），建立二阶统计模型表示为

$$MR = \beta_0 + \beta_1 TMO + \beta_2 TVS + \beta_3 TSO_4^{2-}\beta_4 TVS^2 + \beta_5 TMOCLR + \beta_6 TVSCLR + \beta_7 TCLR + \varepsilon \tag{9-14}$$

其中 TX 是有关独立变量 X 的变形形式，$TX = (X - x)/S$，x 是 X 的平均值，S 为 X 的标准偏差，TVS^2 是 VS 变形后的平方，TVSCLR 是 TVS $\times$ TCLR，TMOCLR 是 TMO $\times$ TCLR，ε 是偶然偏差。经计算 $\beta_0 \sim \beta_7$ 的值分别为 263.107，17.507，33.371，-3.689，-0.684，-6.281，14.072 和 535.652。可以看到对 MR 贡献最大的四个值分别为 MO，VS，SO_4^{2-} 和 CLR。通过实验测出这四个值后带入式(9-14)即可求得 MR 值。

除此之外，还有估算填埋气产气量与温度关系的模型(Tchobanoglous et al.，1993)，如

$$G_e = 1.868C_e = 1.868(0.014T + 0.28)C_0 \tag{9-15}$$

式中，G_e——总产气量，m^3；

　　1.868——1kg 有机碳完全气化可产生的填埋气量，m^3，成分主要为 CH_4 和 CO_2；

　　C_e——可气化碳量，kg；

　　C_0——总碳量，kg；

　　T——平均温度，℃。

模型中回归系数 0.014 和 0.28 为经验数据，综合了除 T 以外的其他因素对产气量的影响。

动力学模型：动力学模型多用来预测填埋气的产气率，比较典型的模型有：

一是 Scholl Canyon 模型（Debra et al.，2005）。该模型是一种基质限制型生物反应模型。模型假设经过很短的一段时间(忽略不计)，填埋垃圾内部的微生物环境充分形成，填埋气的产气率迅速达到最大值。此后，随着有机物（反应基质）的减少，产气率开始下降，其与时间的关系符合一级反应的规律。该模型的产气率变化只有一个阶段，用公式表示为

$$-\frac{dL}{dt} = KL \tag{9-16}$$

式中，t——时间，a；

　　　L——时间 t 之后的填埋气产生潜力，L；或剩余的有机物存量，kg；

　　　K——填埋气产气率常数，或有机物的分解速率常数，1/a。

对式（9-16）积分可得 $L = L_0 \exp(-kt)$。式中，L_0 为最终可产生的填埋气的总量，L。

所以，已产生的填埋气的量为

$$G = L_0 - L = L_0[1 - \exp(-kt)] \tag{9-17}$$

式中，G 为时间 t 之前已产生的填埋气的量，L。

填埋气的产生速率可以表示为

$$\frac{dG}{dt} = -\frac{dL}{dt} = kL = kL_0 \exp(-kt) \tag{9-18}$$

对于多年连续填埋的情况，可以按照式（9-18）计算出每年填埋垃圾的产气量并累加得出总的产气量。对于产气率，可以采用加权平均法得出，将总垃圾按照填埋时间分成若干分包，计算公式是

$$Q = \sum_{i=1}^{n} r_i k_i L_{0i} \exp(-k_i t_i) \tag{9-19}$$

式中，Q——填埋气的平均产气率，L/Kg/a；

　　　n——分包垃圾的数量；

　　　r_i——第 i 分包垃圾质量占总垃圾质量的比例，%；

　　　t_i——第 i 分包垃圾的已填埋时间，a；

　　　k_i——第 i 分包垃圾的产气率常数，1/a。

　　　L_{0i}——第 i 分包垃圾产生的填埋气的总量，L。

假设各分包垃圾的 k_i 和 L_{0i} 都相同，式（9-19）简化为

$$Q = KL_0 \sum_{i=0}^{n} r_i \exp(-kt_i) \tag{9-20}$$

根据填埋现场抽气实验，可以得到实验时刻填埋气的产气率 Q 的值，各分包垃圾的填埋时间已知，r_i 已知，根据垃圾成分可以预测 L_0 的值，这样只有 k 未知，就可以计算出 k 的值。得到 k 值后可计算时刻 t 以前已产生的气量和以后的产气潜力，以及任意时刻的产气率。

二是 Palos Verdes 模型（Bowerman et al.，1997）。该模型是在关于 Palos Verdes 填埋场的研究报告中提出来的。模型假设填埋气产气率的变化分为两个阶段。第一阶段产气率逐渐增加，产气率与已产生的气体的量成正比，也就是说产气率随时间成指数增长；第二阶段产气率逐渐减小，产气率与剩余的可产气体的量成正比，也就是产气率随时间成指数减少。用公式表示为

第一阶段：
$$\frac{dG}{dt} = K_1 G \tag{9-21}$$

第二阶段： $$\frac{\mathrm{d}L}{\mathrm{d}t} = -K_2 L \tag{9-22}$$

式中，t——时间，a；

　　　　G——时间 t 以前已产生的填埋气量，L；

　　　　L——时间 t 以后还可产生的潜在填埋气量，L；

　　　　K_1 和 K_2——第一和第二阶段的产气率常数，1/a。

　　模型同时假设在已产生的气量达到全部可产气量的一半时产气率达到最大值，产气率的变化开始从第一阶段转为第二阶段。此时的时间计为 $t_{1/2}$，即有，当 $t_{1/2}$ 时，$G = L_0/2$。同时设当 $t=0$ 时，$G=G_0$。

　　对式(9-21)积分并利用初始条件和上述假设，得到

$$G = G_0 \exp(K_1 t) \tag{9-23}$$

或是 $$G = (L_0/2)\exp[-k_1(t_{1/2}-t)] \qquad (t < t_{1/2}) \tag{9-24}$$

　　对式 (9-22) 积分可得

$$L = (L_0/2)\exp[-k_2(t-t_{1/2})]$$

或 $$G = L_0 - L = L_0\{1 - 1/2\exp[-k_2(t-t_{1/2})]\} \qquad (t \geqslant t_{1/2}) \tag{9-25}$$

　　式(9-24)和式(9-25)即为填埋气已产气量与时间的关系。可以看出，在公式的推导过程中，存在假设 $t=0$ 时，$G=G_0$。但实际情况是，当 $t=0$ 时，$G_0=0$，这时式(9-23)无意义，为了解决这一问题，模型约定 G_0 的值为 $L_0/100$。在此基础上计算 K_1 的值，代入式(9-23)得

$$K_1 = \ln 50/t_{1/2} \tag{9-26}$$

　　为了计算 K_2，需要确定产气量达到总产气量 99% 的时间 $t_{99/100}$ 代入式(9-25)得

$$K_2 = \ln 50/(t_{99/100} \times t_{1/2}) \tag{9-27}$$

　　模型为不同的垃圾成分提供了参考的 $t_{1/2}$ 和 $t_{99/100}$ 的值，从而预测填埋场各时期的产气率和已产气总量。

　　三是 Sheldon Arleta 模型。该模型与 Palos Verdes 模型的原理相似。在确定模型的参数中，利用了 Fair 和 Moore(1932)的关于污泥厌氧降解实验的有关理论。该实验研究了消化池中污泥的产气量与时间的关系。实验曲线表明污泥的最大产气率出现在反应进行到 14 天的时候，在第 40 天的时候，产气量达到了全部产气量的 99%，因此 Sheldon Arleta 模型假设达到最大产气量发生在 $t_{max} = 14/40 t_{99/100} = 0.35 t_{99/100}$ 时，同时假设达到最大产气率时已产气量为总可产气量的一半，即 $t_{1/2} = 0.5 t_{99/100}$。

　　实际应用中，Sheldon Arleta 模型将垃圾分为易分解和较难分解两类，通过不断调整两者的 $t_{1/2}$ 和 $t_{99/100}$，使计算的总产气率与某一时刻填埋场的实际总产气率相等，从而确定模型，并对以后的产气率进行预测。

　　四是 EmconMGM 模型。EmconMGM 模型(Libertil，1993)与 Palos Verdes 模型的原理也相似。这个模型是把垃圾的产气行为分为两部分，即垃圾置入后到产气高峰前的指数增长期和产气高峰后的指数衰减期，但在求垃圾的可降解有机碳厌氧分解的甲烷产生能力方面，提出了不同的方法，而且对于气体产生率有较为明确的参数。

　　垃圾中的可降解有机碳厌氧分解的甲烷产生能力为

$$G_e = 1.868 \times A \times B \times C \qquad (9-28)$$

式中，G_e——指可以回收的甲烷产量，m^3/t MSW；

　　　A——LFG 中的甲烷体积，可以在 $0 \sim 0.85$；

　　　B——指可以回收甲烷的体积分数，约为 0.4，因垃圾场而异；

　　　C——指垃圾场中碳元素的含量，kg/t MSW；

　　　1.868——甲烷生化计量系数，m^3/kgC。

　　单位质量垃圾的甲烷产量为　　　$g = f(t)$ 　　　　　　　(9-29)

$$t \leqslant t_{max} \text{ 时}, g = -g_{max} \times e^k \times (t - t_{max}) \qquad (9-30)$$

$$t > t_{max} \text{ 时}, g = g_{max} \times e^k \times (t - t_{max}) \qquad (9-31)$$

式中，g——甲烷产气率，m^3/t MSW；

　　　T——垃圾填埋后的时间，a；

　　　g_{max}——甲烷最大产气率，$g_{max} = k'' \times G_e$，m^3/t MSW；

　　　t_{max}——垃圾置入后达到甲烷最大产率的时间，4.5a；

　　　k''——生物降解系数，0.088，1/a；

　　　k'——无方向系数，$k' = [\ln(g_{max}/0.01)]/t_{max}$。

　　五是 LandGEM 模型(Landfill Gas Emissions Model)。LandGEM 模型(Debra et al.，2005)是美国 EPA 发展的以一级动力学模型为基础计算填埋气体产生量的方法。计算式为

$$Q = \sum_{i=1}^{n} 2kL_0 M_i e^{-kt_i} \qquad (9-32)$$

式中，Q——填埋场总产气量，m^3/a；

　　　n——填埋年限，a；

　　　k——填埋气体产生速率常数，1/a；[美国 CAA(Clean Air Act)建议对于典
　　　　　型的填埋场 $k = 0.05(1/a)$，而对于干型填埋场 $k = 0.02(1/a)$]

　　　L_0——产甲烷潜能，m^3/Mg；[美国 CAA 建议对于典型的填埋场 $L_o = 170(m^3/Mg)$]

　　　M_i——第 i 年填埋垃圾量，Mg；

　　　t_i——第 i 年垃圾填埋时间，a。

　　六是 CLEEN 模型(Capturing Landfill Emissions for Energy Needs)(Karanjekar et al. ，2015）。

CLEEN 模型是多元回归的方程和按比例的因子在利用一级反应规律建立的甲烷产气率统计模型，公式为

$$\lg k_{\text{lab}} = -3.026\,58 - 0.006\,728\,2R^2 + 0.069\,313R + 0.001\,728\,07RF$$
$$+ 0.010\,46T - 0.011\,52F + 0.004\,18TX + 0.005\,98Y \tag{9-33}$$

式中，k_{lab}——实验下填埋气产气率常数，或有机物的分解速率常数，1/a；

　　　R——年平均降雨量，mm/d；

　　　T——环境温度，℃；

　　　TX——填埋的纺织品所占百分数，%；

　　　Y——填埋的废物所占百分数，%；

　　　F——填埋的食物所占百分数，%。

$$F_{\text{SU}} = -0.007\,58T + 0.0135R + 0.137 \tag{9-34}$$

式中，R——年平均降雨量，mm/d；

　　　T——环境温度，℃。

　　　F_{SU}——比例系数（scale-up factor），即 $F_{\text{SU}} = k_{\text{actual}}/k_{\text{lab}}$。其中 k_{actual} 表示采用曲线拟合实际填埋场的产气率常数，1/a。

$$Q_{\text{CH}_4} = \sum_{i=0}^{n} \sum_{j=0}^{12} k \frac{M_i}{12} L_0 \text{e}^{-k t_{ij}} \tag{9-35}$$

式中，Q——填埋场总产气量，m³/a；

　　　M_i——第 i 年填埋垃圾量，Mg；

　　　$k = k_{\text{field}}$——填埋气体产生速率常数，1/a；

　　　L_0——产甲烷潜能，m³/Mg；

　　　t_{ij}——在 i 年，第 j 阶段的垃圾填埋分包量 M_i，a。

其中，
$$k_{\text{field}} = F_{\text{SU}} \times k_{\text{lab}} \tag{9-36}$$

经验模型：

一是 TOC 和 COD 经验模型。该方法假设垃圾中所有的有机碳全部转化成了 CH_4 和 CO_2。利用化学平衡式可以计算得

$$C_a H_b O_c N_d S_e + \frac{4a - b - 2c + 3d + e}{4} H_2O = \frac{4a + b - 2c - 3d - e}{8} CH_4 +$$
$$\frac{4a - b + 2c + 3d + e}{8} CO_2 + dNH_3 + eH_2S \tag{9-37}$$

经推导得，在标准状况下：$1 g COD = 0.70 L\ (CH_4 + CO_2)$

　　　　　　　　　　　　$1 g TOC = 1.867 L\ (CH_4 + CO_2)$

假如 CH_4 占 50%，可得：$1 g COD = 0.35 L CH_4$

　　　　　　　　　　　　$1 g TOC = 0.94 L CH_4$

二是概化分子式模型（侯贵光等，2009）。该模型通过对垃圾组成的大量统计

数据，提供了垃圾各组分的经验化学元素组成，在已知垃圾组分的情况下，可以计算出垃圾总体的概化分子式。假设垃圾中所有的有机碳均转化为甲烷和二氧化碳，该方法用于已知垃圾组分的情况下，其结果比 TOC 和 COD 模型要精确。

三是 Marticorena 模型(Marticorena，1993)。该模型是垃圾场产甲烷的一阶动态方程式，其假设条件是填埋场中的垃圾是半年内分层填埋的。该模型的推导过程为

$$MP = MP_0 e^{(-t/d)} \tag{9-38}$$

$$D(t) = \frac{dMP}{dt} \longrightarrow D(t) = \frac{MP_0}{de^{(-t/d)}} \tag{9-39}$$

$$F(t) = \sum_{i=1}^{t} T_i D(T-1) = \sum_{i=1}^{n} T_i \times \frac{MP_0}{d} \times e^{-(t-i)/d} \tag{9-40}$$

式中，MP ——t 时间的垃圾产 CH_4 的量，m^3/t，标准状态下；

MP_0——新鲜垃圾产 CH_4 的量，m^3/t，标准状态下；

t——时间，a；

d——垃圾持续产 CH_4 的时间，a；

$D(t)$ ——第 t 年的垃圾产 CH_4 速率，$m^3/(t \cdot a)$，标准状态下；

T_i——第 i 年的填埋垃圾吨数，t。

该模型中增加了描述垃圾产气周期的参数 d，并且假设垃圾产气量随时间按照指数规律递减。因为 d 值可以利用现场取样测定较为精确的计算，所以其估算结果比较具有针对性和相对接近真值。

(2) 加快填埋气体产生速率的方法：①渗滤液回灌：渗滤液回灌是在设有渗滤液收集系统的填埋场，将收集到的全部或部分渗滤液采取一定方式，重新返回垃圾堆体中的渗滤液处理方式。这已被大量实践和研究证明是一种切实有效的提高产气速率的方法。在干燥少降雨的地区，渗滤液回灌可以提高垃圾的含水率，加快产气速率；渗滤液回灌可以将大量渗出的有机物、营养物质、微生物返还填埋场中，避免产气有机物的损失，提高产气量，并促进物质在填埋场中的运动，提高产气速率；渗滤液回灌还可促进渗滤液蒸发，降低渗滤液处理量和处理负荷等；②加入水处理污泥：将城市垃圾与水处理污泥共同填埋，也是一种有助于产气的填埋方式。污泥中含有大量的微生物，能够加速填埋垃圾的生物降解。另外加入堆肥垃圾也有同样效果。

其他促进产气手段：修建深层的填埋场，使厌氧状态更好。

4) 填埋气体的迁移

(1) 向上迁移。填埋场的二氧化碳气体和甲烷可以通过对流和扩散释放到大气中。

(2) 向下迁移。二氧化碳的密度大于空气和甲烷，故有向填埋场底部运动的趋势，最终可能聚集在填埋场的底部。图 9-15 为填埋气体向上或向下迁移示

意图。

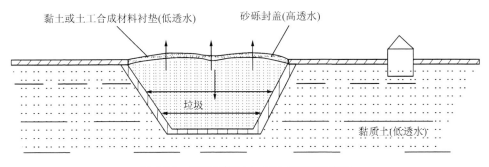

图 9-15　填埋气体向上或向下迁移示意图

（3）横向迁移。一是填埋气体通过周边可渗透介质迁移到远离填埋场的地方后，释放进入大气。二是填埋气体通过树根造成的裂痕，人造、风化或侵蚀造成的洞穴，疏松层，旧通风道和公共线路组成的人造管道，地下公共管道以及地表径流造成的地表裂缝等途径，迁移释放到环境中或进入到填埋场附近的建筑物或封闭空间中。图 9-16 为填埋气体横向迁移示意图。

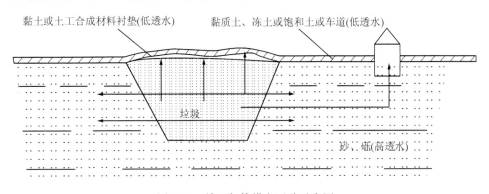

图 9-16　填埋气体横向迁移示意图

5）影响填埋气体迁移的主要因素

影响填埋气体迁移的主要因素有如下几个方面：

覆盖和垫层材料：当垃圾处于顶面覆盖层和底部防渗层严密的"包裹"中时，上下通道被堵住，填埋气体只能横向迁移；若覆盖层和底部防渗层的渗透性较大，填埋气体就会向大气层中释放或向下迁移。

地质条件：周围的地质条件影响横向迁移，填埋气体可绕过非渗透性障碍物（如黏土层）进行迁移，也可以通过疏松层或砂砾层进行迁移。

水文条件：地下水水位影响填埋气体的迁移和释放。通常春天从地表径流或融雪释放的地下水会使地下水位上升，填埋气体处于水封状态，迫使填埋气体横向迁移。

大气压：大气压的变化影响填埋气体的迁移和释放。通常情况下，大气压低时，填埋气体的迁移和释放增加。

6）填埋气体控制系统

（1）导排竖井。早期的填埋气主要用竖井收集系统，具体做法是在填埋场填埋完垃圾不久，即用挖掘机械或人工打井的方式建造竖井系统，该收集系统不易收集早期的填埋气体，在系统建成前就有大量气体逸出，为了避免这一缺点，可将填埋场分成不同的区域，分期填埋。导排竖井气体回收系统见图9-17。

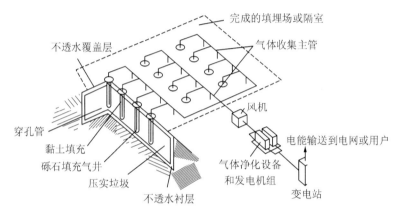

图 9-17　导排竖井气体回收系统图

（2）水平沟收集。水平式收集系统是在垃圾填埋到一定高度后，在填埋场内铺设水平收集主管，然后，将水平气管收集到的气体汇集到主收集管。一般水平收集管的垂直间距为 25mm 左右，水平间距约 50mm 左右。水平收集气体的表面积大，而且可以在填埋场设置多层，但是，该系统会受垃圾体内的污泥，管内形成的冷凝液的影响，阻塞管道，降低收集率，施工时必须充分考虑这些问题。

（3）地面收集器。填埋场在表面覆盖完成以后，便可进行表面收集系统的安装，整个系统是由排气管编织而成的收集网，填埋气通过排气细管输送到系统的几个中央采气点进行收集；另一个方法是在表面覆盖层的下面铺设开孔抽气管，可该设备必须在整个填埋场沉积密实稳定以后才能安装，所以填埋场在进入稳定的几年内，会有大量气体外逸。

填埋场占地面积大，在作业过程中会对地表和地下水的排水通道产生影响，因此设置人工排水通道是十分必要的。

9.6　固体废物安全填埋场表面密封体系与复垦技术

在填埋场作业过程中，当废物达到所设计的堆高，并达到一定面积时，则要按所设计的结构进行有计划的表面密封系统施工。施工时要考虑便于在管理中对失效组件的修复，以及在继续施工中各组件的相互联结。表面密封体系的主要作用，是长期保持着避免降雨渗入到所填埋的垃圾体中。在填埋场面积上的降雨水量一部分沿表面坡度流入边缘的排水沟排走，一部分被复垦植被吸收，有极少部分渗入下面，渗至排水层则被导出，绝不允许渗过表面密封层而进入垃圾体。填埋场作业达到服务年限封场后，在表面密封体系施工结束和复垦后，原则上填埋场就不会产生渗滤液，或者显著的减少。如果通过监测系统发现渗滤液突然增加，很可能是在某处表面密封体系出了问题，应认真查找后进行修复。

填埋场表面密封体系和基础密封体系具同等重要价值，从服务年限上考虑，基础密封体系只担负着填埋场在作业期间保护环境的作用，而表面密封体系起到的保护环境作用则是无限期的，只要填埋场存在，它就要起到防渗作用，免受降雨的长期侵蚀。因此填埋场表面密封体系的结构具有可修复性是十分重要的，因为难于预料在几十年或几百年之后，表面密封体系的材料会损坏，做带有监测系统并具有可修复性的表面密封体系结构，可使人们不必担心有损害时造成的环境影响。

固体废物安全填埋场封场后会产生很大的土地面积，这些面积如何使用，也需要认真考虑，我国上海市老港垃圾填埋场封场后，其土地面积上建了一个花卉种植园，创造了很好的经济价值。总之，封场后的填埋场面积除复垦美化环境外，还应有很多实用价值，值得人们去开发利用。

9.6.1　填埋场最终覆盖系统的组成和技术

填埋场的终场覆盖系统是指垃圾填埋作业完成之后，在它的顶部铺设的覆盖层系统。它是填埋场运行的最后阶段，同时也是最关键的阶段。填埋场的终场覆盖系统为垃圾提供覆盖保护，同时也是填埋场地土地利用和恢复的基础。填埋场终场覆盖系统的设计取决于垃圾的种类和未来土地使用计划，可从简单的土壤覆盖到完全工程化的覆盖层，包括水、气控制系统和其他有关设施。

填埋场最终覆盖系统的基本功能和作用包括：①减少雨水和其他外来水渗入垃圾堆体内，达到减少垃圾渗滤液的目的；②控制填埋场恶臭散发和可燃气体从填埋场上部释放，并有组织地进行收集，达到控制污染和综合利用的目的；③抑制病原菌及其传播媒体蚊蝇的繁殖和扩散；④防止地表径流被污染，避免垃圾的扩散及其与人和动物的直接接触；⑤具有抵抗风化侵蚀的能力，同时具有自身的边坡稳定性；⑥促进垃圾堆体尽快稳定化；⑦提供一个可以进行景观美化的表面，为植被的生长提供土壤，便于填埋土地的再利用等。填埋场终场覆盖的最终目的是为了使日后的维护工作降至最低并有效地保护公众的健康和周围环境。

生活垃圾卫生填埋场最终覆盖系统主要组成有：表土层、保护层、排水层、屏障层和基础层/气体收集层(排气层)。

由于各国各地区的法规要求不同，并非所有的生活垃圾卫生填埋场都需要全部五层，有的只需要其中两层或三层。某些覆盖层可包含一种以上的材料，如屏障层可以由土工膜和黏土层复合构成，见图 9-18。

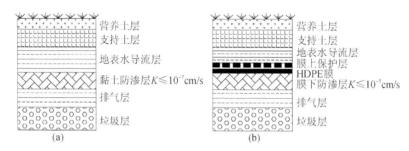

图 9-18　最终覆盖系统

(a) 屏障层具有黏土层的填埋封顶；(b) 屏障层具有黏土层和土工膜的填埋封顶

1）表土层(植被层)

表土层的作用是促进植物生长并保护屏障层，通常由当地的土壤组成，一般厚度为 150～600mm。

2）保护层

保护层的功能是防止上部植物根系以及穴居动物破坏下层，保护防渗层不受干燥收缩、冻结解冻等的破坏，防止排水层堵塞等。

3）排水层

排水层的功能是排泄通过保护层入渗进来的地表水，降低入渗水对下部防渗层的水压力。排水层并不是密封系统中必须设置的。当通过保护层入渗的水量很小，对防渗透压力很小时，可以不设排水层。

4）防渗层

防渗层的主要功能是防止入渗水进入填埋废物中，防止填埋场气体逸出填埋场，是表面密封系统的重要组成部分。垃圾填埋场的屏障层，也有人试验采用灰渣和造纸污泥等其他材料作为填埋场最终覆盖材料。

5）基础层/气体收集层(排气层)

该层在最终覆盖系统中的作用是提供一个稳定的工作面和支撑面，使得屏障层可以在其上进行铺设，并收集垃圾填埋场内产生的填埋气体。在某些填埋场覆盖系统中，单独的气体收集层也可以作为基础层。但是，其他填埋场则可能将基础层和气体收集层分开来铺设。基础层采用的材料通常是受到污染的土壤、灰渣或其他具有合适的工程属性的垃圾。气体收集层可以是含有土壤或土上布滤层的砂石或砂砾、土工布排水结构以及包含土工布排水滤层的土工网排水结构。美国环保局要求生活垃圾填埋场的最终覆盖系统至少包括侵蚀层和防渗层，侵蚀层(表土层)至少需要 150mm 的土质材料以保证植物的生长。防渗层(屏障层)由至少 400mm 厚的土质材料构成，其渗透系数必须小于或等于填埋场底部衬垫系统或现场的底土渗透系统，或者不大于 1×10^{-5} cm/s，取最小值。

我国《城市生活垃圾卫生填埋技术规范》中要求，天然衬垫厚度大于 2m，渗透系数不大于 10^{-7} cm/s，导流层由卵砾石铺设，厚度 30cm，垃圾层厚 2.5～3.0m，中间覆土 20～30cm，最终覆盖层厚 80cm 以上。

9.6.2　固体废物安全填埋场复垦技术

1. 终场覆盖材料

20 世纪六七十年代，就已开始对终场覆盖问题进行研究。1976 年，美国国会通过的资源保护与回收法对垃圾填埋场的终场覆盖做了严格的规定。此后，各国的专家学者和政府环保机构又进行了许多更深入更细致的研究，取得了大量有参考价值和值得推广的经验总结和技术成果。国外常选用的防渗材料有压实黏土、土工薄膜和土工合成黏土层，实际使用时也常常三者混合使用。

2. 终场覆盖技术

终场覆盖技术大体上可分为三类：简易单层覆盖技术，阻隔覆盖技术和植物覆盖技术。

1) 简易层覆盖技术

简易层覆盖技术是就近采用当地覆盖材料单层铺设压实的一种简单覆盖技术。适用于惰性填埋场，一些经济不发达的国家的城市生活垃圾填埋场也普遍应用。我国很多城市生活垃圾填埋场就是采用这种覆盖技术。简易层技术简单，操作方便，成本低廉，但不适用于城市生活垃圾卫生填埋场。

2) 阻隔覆盖技术

阻隔覆盖技术是以最大限度地阻隔降水下渗为最终目的产生的覆盖技术，这也是覆盖技术的主流观点。阻隔覆盖技术的终场覆盖系统的设计包括：雨水的收集和排导；地表径流侵蚀和雨水下渗控制；填埋气体的安全控制、导排以及迁移；垃圾堆体的沉降及稳定；植被根系的侵入及动物的破坏；终场后的土地恢复使用等。阻隔覆盖系统由复合层构成，整个系统分为五层，自上而下分别是植被层，营养层，排水层，阻隔层和基础层，基础层以下为垃圾堆体。

3) 植被覆盖技术

植被覆盖技术是通过降水在植物及覆盖层中的动态平衡来达到大幅度消减降水下渗，但允许少量降水下渗的技术。利用植物修复实施植物覆盖是覆盖技术的新概念，美国环保局给植物覆盖的定义是：自身可持续发展的植物构成覆盖层，对于那些给环境造成危害的物质，植物覆盖可以将其降低到环境可接受的水平而且只需要最少维护的覆盖技术。植物覆盖与上述两个技术相比具有较多的优点，它建立了天然的储存与输送水分的系统，扎根土壤的植物根系使水土得以保持，植物在生长过程中的蒸发能力提供了减少土壤水分的太阳动力。只要设计合理，这套水分储存和输送系统就能限制水分向根部下渗的量，并能像传统的覆盖技术那样有效地保护地下水。

9.7　填埋沉降和边坡稳定分析

对填埋场进行设计与审批时均需进行广泛的岩土工程分析，以论证所有填埋系统均已设计得符合长期运行的要求。垃圾填埋场的设计必须进行包括填埋沉降和堆体边坡稳定分析在内的广泛的土工分析，因此对垃圾工程性质的研究显得非常重要。

9.7.1　垃圾的工程性质

垃圾工程性质的选用会对诸如填埋场建设资金、垃圾倾倒费用、填埋单元的寿命和建设周期等问题产生很大的影响。在设计填埋场进行工程分析时，需用到的垃圾工程性质列于表 9-7，从表中可明显看出，垃圾的重力密度是最重要的参数。

表 9-7　垃圾的工程性质

工程分析项目	重力密度	含水率	孔隙率	透水性	持水率	抗剪强度	压缩性
衬垫设计	○						
渗滤液计算	○						
渗滤液收集系统设计	○	○	○	○	○		
地基沉降	○						
填埋场沉降	○		○				○
地基稳定	○					○	
边坡稳定	○					○	
渗滤液回灌	○	○		○	○		
填埋容量	○		○				

下面对有关垃圾的重力密度，含水率，孔隙率，透水性及强度工程性质予以叙述。

1. 垃圾的重力密度

重力密度，定义为单位体积内物料所受的重力。垃圾的重力密度变化幅度很大，由于垃圾的原始成分比较复杂，又受处置方式等因素的影响。它不仅受垃圾成分和含水量的影响，还随垃圾填埋深度及填埋时间不同而变动。垃圾的重力密度可通过现场用大尺寸试样盒或试坑来测定，或用匀钻取样在实验室测定，也可用地球物理法用 γ 射线在原位井中测定。

2. 含水率

填埋场中，垃圾的含水率通常用质量比含水率(ω)和体积比含水率(θ)表示为

$$\omega = (W_w/W_s) \times 100\% \tag{9-41}$$

式中，W_w——废物中水的质量，kg；

W_s——废物的干重，kg。

$$\theta = (V_w/V) \times 100\% \tag{9-42}$$

式中，V_w——废物中水的体积，m^3；

V——废物的总体积，m^3。

填埋场中生活垃圾的含水率由入场垃圾原始的含水量决定，有学者提出，固体废物原始的含水量一般为 $10\% \sim 35\%$（质量分数），填埋操作中压实对含水量有一定的影响，另外，城市固体废物含水量还受季节变化、填埋地点的不同而发生变化。

3. 孔隙率

孔隙率定义为垃圾孔隙体积与总体积之比。与普通土体相比，垃圾由于形成时间短，未形成一定的致密结构，其组成颗粒大小不一，孔隙比较大。孔隙率 n 和孔隙比 e（孔隙体积与干物质体积之比）之间有以下关系

$$n = e/(1+e) \tag{9-43}$$

$$e = n/(1-n) \tag{9-44}$$

4. 透水性

垃圾的透水性，可用饱和水力传导系数(K)，也称渗透系数来描述。新鲜的垃圾，其 K 值一般大于 1.0×10^{-3} cm/s，经压实后，其 K 值为 $1.0 \times 10^{-4} \sim 1.0 \times 10^{-5}$ cm/s，随着废物降解，沉降，K 值可降为 1.0×10^{-6} cm/s，甚至更低。

5. 强度

按照土力学原理，废物强度可用抗剪强度，内聚力和摩擦角等参数来描述。与土相似，生活垃圾的强度也随法向荷载的增加而增大。

9.7.2 填埋沉降

填埋场的沉降包括填埋场地基沉降和垃圾填埋体沉降两部分。填埋场地基沉降对填埋场底部防渗系统和渗滤液集排系统有重要影响；而垃圾填埋体的沉降分

析对填埋场的封顶系统设计、估算填埋场最终填埋容量和服务年限都是十分重要的，而且对填埋场竖向扩容设计和填埋场封顶后的使用（如修建道路或其他建筑物等）规划也是十分必要的。填埋场地基的沉降分析关键在于把握垃圾填埋体重力密度的合理取值，其他计算可采用传统土力学的方法进行。

垃圾填埋体的成分复杂，结构不稳定，具有很高的压缩性，因此在服务期内和封顶后都会产生大幅度的沉降，在填埋场封顶后，填埋体的沉降将会持续二三十年，甚至更长时间。国外学者通过对填埋场沉降的实测分析，建立了估算填埋体沉降的数学模型：Park 等（2012），Ganga 和 Janardhanan（2008）和 Reddy 等（2009）提出了基于土固结理论的分析方法，认为填埋体沉降由主沉降和次沉降组成，并利用实测资料分析了垃圾土主、次压缩系数的取值范围，该方法在填埋场沉降分析中应用较普遍；也有学者主张不区分垃圾体的主、次沉降，对填埋体沉降与应力和时间的变化关系进行联合分析，其中较有代表性的是流变模型和幂函数蠕变公式。

一般而言，在填埋达到设计高度，封闭填埋场以后，填埋场表面会迅速地沉降到拟定的最终填埋高度以下。填埋保护系统，诸如覆盖系统、污染控制屏障和排水系统的设计，会受到填埋场沉降的影响。同样，填埋存贮容量、用于支撑建筑物和道路的垃圾填埋费用和填埋场的利用，也都受填埋场沉降的影响。过大的沉降可能会使填埋场形成凹塘，积水成池，甚至会引起覆盖系统和排水系统开裂，使得进入填埋场的水分和渗漏所产生的渗滤液增加。

目前还没有预测这种沉降特性的合理模型。因此，卫生填埋场中的垃圾沉降将是一个长期困扰我们的问题，如何提高填埋场的潜在处理能力、增加填埋场的有效存贮容量和垃圾沉降预测问题，是从事填埋研究的工作者的一个重要研究方向。

1. 沉降机理

垃圾的沉降常常在堆加填埋荷载后就立即发生，并且在很长一段时期内持续发展。垃圾沉降的机理相当复杂，垃圾填埋物的极度非均质性和大孔隙程度超过了土体。沉降的主要机理如下（Babua et al.，2011）：

1）物理和机械过程

由于填埋物自重及其所受到的荷载引起，在填埋初期，主固期，次固结（次压缩）期内都有可能发生。包括垃圾的畸变、弯曲、破碎和重定向，与有机质土的固结相似，还有垃圾填埋物中的细颗粒向大孔隙或洞穴中运动和洞穴的崩塌等因素。

2）溶解过程

可溶性物质渗透形成渗滤液。

3）化学变化

垃圾因腐蚀、氧化和燃烧作用引起的质变及体积减小。

4）生化分解

垃圾因发酵、腐烂及需氧和厌氧作用引起的质量减少。

2. 影响沉降量的因素

影响沉降量的因素很多，各因素之间又是相互作用，相互影响的。这些影响因素包括：

（1）垃圾填埋场各堆层中垃圾层及土体覆盖层的初始密度或孔隙比。

（2）垃圾中可分解的成分含量。

（3）填埋高度。

（4）覆盖压力及应力历史。

（5）渗滤液水位及其变化。

（6）环境因素，诸如大气湿度。降水频率、日照时间和温度等。

（7）填埋体中渗滤液和气体的集排效率等。

尽管填埋场内发生的沉降很不规则，受到多种因素影响，但从总体上讲，其沉降过程与黏性土或泥炭的情况比较类似。在新一层垃圾土的填埋过程中和填埋结束后的短时间内，垃圾体将在重力和外力作用下产生压缩变形并达到相对稳定；随后，由于垃圾土骨架的蠕变变形和有机物分解引起的固相体积缩减，填埋体在很长时间内继续产生较大沉降。前一阶段沉降称为主沉降，后一阶段沉降称为次沉降。

3. 城市固体废物的压缩性

通常假定经典土力学压缩理论对城市固体废物也适用，因此一般采用与之相同的参数，认为总沉降量为

$$Z_{总} = Z_{瞬时} + Z_{主固结} + Z_{次固结} \tag{9-45}$$

在填埋竣工后最初三个月内，由加载引起的城市固体废物的沉降已有相当的发展。废物沉降在经历快速的瞬时沉降和主固结沉降之后，接下来是由长期的次固结引起的沉降，次固结沉降包含有机物分解引起的固相体积缩减。由于主固结沉降完成的相当快，通常将瞬时沉降和主固结沉降同列为一类——主沉降（李颖和郭爱军，2005）。

用于估算由竖向应力的增长引起的城市固体废弃物的主沉降参数包括压缩指数 C_c 和修正压缩指数 C_c'，定义为

$$C_c = \frac{\Delta e}{\lg(\sigma_1/\sigma_0)} \tag{9-46}$$

$$C_c' = \frac{\Delta H}{\lg(\sigma_1/\sigma_0) \times H_0} = \frac{C_c}{1+e_0} \tag{9-47}$$

式中，Δe——孔隙比的改变；

e_0——初始孔隙比；

σ_0——初始竖向有效应力，kPa；

σ_1——最终有效应力，kPa；

H_0——垃圾层的初始厚度，m；

ΔH——垃圾层厚度的改变，m。

废弃物在恒载作用下，可以用次压缩指数 C_a 或修正次压缩指数 C_a' 来估算主沉降完成后产生的沉降量为

$$C_a = \frac{\Delta e}{\lg(t_1/t)} \tag{9-48}$$

$$C_a' = \frac{\Delta H}{\lg(t_1/t) \times H_0} = \frac{C_a}{1+e_0} \tag{9-49}$$

式中，t_1——初始时刻，d；

t——最终时刻，d。

1）压缩指数的探讨和沉降估算

按照国外试验研究结论，选取压缩指数计算沉降的方法。

若已知主压缩指数 C_c、C_c'，次压缩指数 C_a、C_a'，则固体废弃物的总沉降量很易求得

$$\Delta H = \Delta H_c + \Delta H_a \tag{9-50}$$

式中，ΔH——固体废物总沉积量，m；

ΔH_c——固体废物总固体沉积量，m；

ΔH_a——固体废物长历时次固结沉降，m。

对于新填固体废物的沉降是

$$\Delta H_c = C_c' \times H_0 \times \lg \frac{\sigma_i}{\sigma_0} = C_c \times \frac{H_0}{1+e_0} \times \lg \frac{\sigma_i}{\sigma_0} \tag{9-51}$$

$$\Delta H_a = C_a' \times H_0 \times \lg \frac{t_2}{t_1} \tag{9-52}$$

式中，σ_i——废物层中间受到的总覆压力，kPa；

σ_0——废物层受到的前期压力，也即压实力，kPa；

t_2——废物层次固结压缩完成时间，d；

t_1——废物次固结压缩开始的时间，可取 $t_1 = 30d$；

H_0——沉降发生前废物层的初始厚度，m。

对于已填埋固体废物的沉降是

$$\Delta H_c = C_c \times \frac{H_0}{1+e_0} \times \lg \frac{\sigma_0 + \Delta \sigma}{\sigma} = C_c' \times \lg \frac{\sigma_0 + \Delta \sigma}{\sigma_0} \tag{9-53}$$

$$\Delta H_a = C_a \times \frac{H_0}{1+e_0} \times \lg \frac{t_2}{t_1} = C_a' \times H_0 \times \lg \frac{t_2}{t_1} \tag{9-54}$$

式中，$\Delta \sigma$——竖向增填或其他外加荷载引起的压力增量，kPa；其他符号同前。

问题的关键在于取得合理的主次压缩指数及修正主次压缩指数，而主次压缩

指数及修正主次压缩指数的取值主要是根据外国学者的研究结论，和国外的实验数据所获得，对国内工程实践是否适用，还有待于进一步验证。

我国学者采取国外学者的试验方法和思路做类似试验，寻找类似的规律和研究结论，只是在主次压缩指数及修正主次压缩指数的取值范围上更适合国情一些，这需要大量的试验数据和实测资料。由于主次压缩指数及修正主次压缩指数值是实测数据的反演，综合性反映了废弃物的沉降机理，只要试验类别划分的足够精细，试样采集充足有代表性，则压缩指数的可靠度可以相当高。

2）考虑主、次固结沉降和有机物分解规律计算沉降的方法

国内学者（刘疆鹰等，2002；胡敏云和陈云敏，2001）对垃圾土的有机物含量及其降解规律进行了研究，将填埋体的沉降 S，表示成孔隙比减少的沉降 S_1 与有机物分解引起的沉降 S_2 之和。

在填埋过程中的沉降：由于垃圾体是分层填埋的，分层考虑垃圾土的沉降 S_i 得

$$S_i = S_{i1} + S_{i2} = S_{i11} + S_{i12} + S_{i2} \tag{9-55}$$

式中，S_{i1}——由孔隙比减少引起的沉降，m，$S_{i1} = S_{i11} + S_{i12}$；

S_{i2}——由有机物分解引起的沉降，m；

S_{i11}——主固结沉降，m；

S_{i12}——次固结沉降，m。

$$S_{i11} = H_{0i} \times C'_c \times \lg \frac{\sigma_{0i} + \Delta\sigma}{\sigma_{0i}} = H_{0i} \times C'_c \times \lg \frac{\gamma \times Z_i}{\gamma \times 1.0}$$
$$= H_{0i} \times C'_c \times \lg Z_i \tag{9-56}$$

式中，H_{0i}——第 i 层垃圾土的初始填埋高度，m；

C'_c——垃圾土的修正主压缩指数，C'_c 初步建议值取 0.28；

σ_{0i}——垃圾土的初始填埋压力，kN/m^2，根据国内情况，各垃圾层的 σ_{0i} 可统一取为埋深 1m 处的自重应力；

$\Delta\sigma_i$——第 i 层垃圾土的自重应力增量，kN/m^2；

Z_i——第 i 层垃圾土的填埋深度，m；

γ——垃圾土的初始填埋容重，可假定各层垃圾土的值相同，一般取 $8.0 kN/m^3$；

$$S_{i12} = H_{0i} C'_a \lg \frac{t_i}{t_0} \tag{9-57}$$

式中，C'_a——垃圾土的修正次压缩系数，初步建议值 0.15；

t_i，t_0——分别为第 i 层垃圾土的填埋时间和计算次压缩的起始时间，t_0 取 5 年，即垃圾土填埋时间小于 5 年时，不计次沉降。

填埋场内有机物分解的规律，可表示为

$$\lambda = 1 - e^{-0.235t} \tag{9-58}$$

式中，λ——有机物的分解率；

t——为填埋时间，a。

若已知垃圾土的初始有机物含量 B_0，有机物的比重 d_0 和不可分解固相物质比重 d_m，则垃圾土的固相体积缩减率为

$$a = \lambda \frac{B_0/d}{(1-B_0)/d_m + B_0/d_0} = (1 - e^{-0.235t}) \frac{B_0/d_0}{1 - B_0/d_m + B_0/d_0} \quad (9-59)$$

根据实测资料分析，d_0、d_m 一般分别取 2.0 和 2.5，则有：

$$S_{i2} = \frac{a_i H_{0i}}{(1+e_0)} = (1 - e^{-0.235t}) \times \frac{B_0/d_0}{(1 - B_0)/d_m + B_0/d_0} \quad (9-60)$$

式中，a_i——第 i 层垃圾土的固相体积缩减率，%；

e_0——垃圾土初始孔隙比。

由此可计算出垃圾填埋体的总沉降量。

填埋场封顶后的沉降：填埋场封顶后，填埋体自重产生的主沉降在很短时间内完成（1~2 个月），此后的沉降主要受各垃圾土层的次沉降和有机物分解沉降的影响，仍可采用分层法计算，但 S_{i1}、S_{i2} 中的各种初始值应以填埋封顶的值为准。

对该种计算理论和方法的讨论：

（1）该方法对压缩指数（修正压缩指数）给出了 $C'_c = 0.28$，$C'_a = 0.15$ 的初步建议值。这一结论是参考了国外学者试验研究结论及 C'_c 与 C'_a 的取值范围，并结合某典型工程实测孔隙比得出的，因而该初步建议取值是否具备代表性，能否推广使用，还要进行继续研究。以假定固相体积保持不变为前提，才能得出 C'_c 与 C'_a 可以使用的范围，注意此处 C'_c 与 C'_a 的含义和以前有些不同了。做这样的实验研究，理论上有一个难点，是如何在对真实的垃圾试样测定和测算次固结压缩指数的同时，避开有机物分解的影响，使测算出的次固结压缩指数与有机物含量及分解效应无关。这是此类实验研究要突破的理论重点。

（2）该方法独立考察了次固结沉降的因素与有机物分解引起沉降的因素，并将其线性叠加，从而得到沉降量。问题在于分别考虑次压缩沉降有机物分解沉降后，对其求和，是否就等于次压缩沉降机理共同作用下的沉降。因为次压缩沉降机理与有机物分解沉降机理之间会相互作用，产生连锁反应，通常情况下，共同作用下的沉降大于单独作用下的沉降值之和。若有实测证据表明，二者相互作用产生的连锁反应非常小，可以忽略不计，或者次压缩沉降作用远小于有机物分解沉降的作用，则这种线性叠加法才有其合理性。

（3）该方法中假定垃圾填埋发生后，5 年内不考虑次固结沉降，考虑 5 年后的次固结沉降，这与观测到的事实不符。事实上主固结沉降和瞬时沉降一般在 3 个月内就完成了，此后次固结沉降与有机物分解沉降就一直发生着，按照普通土的次固结规律，早期次固结变形，应大于晚期的次固结变形，因此不考虑 5 年内的次固结沉降可能会损失较多的沉降量，造成计算误差大的问题。

（4）该方法通过归纳、分析、提炼出影响沉降计算的主要及本质的因素，单

独考虑其作用，忽略一些连带的、附加的影响因素，然后进行线性的或非线性的叠加，从而在思路上降低城市固体废物这种特殊物质的不确定性，进而找出其物理、化学的变化规律。

9.7.3　边坡稳定分析

1. 常见的边坡滑塌模式

1）平面滑坡

平面滑坡通常由沉积面或软夹层等地质间断面构成。

2）楔体滑坡

楔体滑坡的滑面由两个相交切的地质间断面构成，它们与坡面及坡顶组合将岩体切割成四面楔体。

3）圆弧滑坡

土坡（包括土坡、破碎岩体、尾砂坝和废石场）中无控制性地质间断面，滑面的形成完全取决于土的力学性质，均质土坡和强烈破碎的岩坡的滑面在剖面上接近圆弧形。

4）倾倒破坏

倾倒破坏的岩体具有薄层状或块状结构，且其倾角陡、岩体倾向与边坡倾向相反。

5）不太常见的滑塌模式

岩块折断、蠕动、薄板翘曲以及两种常见滑塌模式复合等。

2. 卫生填埋场边坡稳定性分析方法

对填埋场边坡进行稳定性分析时，一般仍多采用传统土力学中的分析方法。目前工程上边坡稳定性分析的主要方法仍然是极限平衡法，其理论基础是将滑动区域可能的滑动体视为刚体，设在滑动面上的岩土体处于塑性极限平衡状态，而后利用刚体力学的观点分别计算滑动体所受的力或力矩，建立平衡方程，求解边坡稳定系数。

快速拉格朗日分析法（fast Lagrangian analysis of continue，FLAC），是由美国明尼苏达大学和美国 Itasca Consulting Group Inc. 公司开发的有限差分计算程序。可针对不同材料特性使用相应的本构方程，能比较真实地反映实际材料的动态行为，并可以追踪材料的渐进破坏和垮落，是目前世界上公认的较为合理的计算方法之一。

除以上两种方法之外，边坡稳定性分析方法还包括有限元法、流形元法和边界元法等数值分析方法以及一些定性分析方法和不确定性分析方法。

第 10 章　固体废物综合管理策略及展望

10.1　固体废物战略规划管理

10.1.1　固体废物的综合管理

　　固体废物的综合管理是一项复杂系统的社会工程。固体废物综合管理内容多，涉及面广，它不仅涉及各种类型的垃圾产生源、不同形态和特质的废物、各种收集与处理处置方法的选择，还涉及人们的环境保护意识、合作协调意识、参与意识的形成，以及综合管理体系的构建和基础设施的建设与完善等问题。目前在我国，由于人们对于这项工作的复杂性及综合性普遍缺乏认识，环境意识淡薄，相关部门各自为政，缺乏协调，对固体废物中潜在的能源开发利用意识淡薄，加剧了固体废物管理不良现状的形成，也加大了寻求可持续固体废物管理途径的难度，致使城市垃圾的处理处置从倾倒、收集到堆放点或填埋场，缺乏综合一体化的管理体系。因此，固体废物综合管理需要社会各个阶层、团体和个人提高对固体废物管理重要意义的认识，增强环境保护意识，加强协作，积极参与，共同构建综合一体化的固体废物综合管理体系。国内外的实践经验证明，固体废物长期战略规划管理，是实现固体废物最大程度的回收以及能量的综合开发与利用，并最大限度地减少固体废物对环境的负面影响的有效途径与方法，是可持续发展的必由之路。

10.1.2　固体废物战略规划管理

　　尽管固体废物战略规划管理在发展城市固体废物综合管理体系中至关重要，尽管国家相关部门通过各种形式强调固体废物综合管理的重要性，但当地固体废物管理的决策者们由于对固体废物处理与处置的信息闭塞、观念陈旧、目光短浅，加之经费困难，投入不足、方法不当，对于新的大型固体废物处理设施和管理体系建设缺乏整体的战略规划，在制定相关管理方案时往往脱离实际，使管理方案停留在纸面上。在这种情况下，很难保证新设备或者新系统能够与当前乃至今后的垃圾处理的需求相适应，固体废物的分类收集、分类处理、综合处置，实现减量化、无害化、资源化是未来固体废物管理发展的方向。如图 10-1 所示，由于固体废物可以分为可生物降解的垃圾、可回收利用的垃圾、可燃烧的/残余垃圾，所以，在处理固体废物时，其方法也不相同，使用堆肥/生物气化的方法处理可生物降解的垃圾，能够生成堆肥和沼气；使用原料回收体系处理可回收利用的垃圾，能够回收利用；处理可燃烧的/残余垃圾，能够实现从固体废物到热/电的开发利用；最后，各种固体废物处理之后的残余物质再通过卫生填埋场进行处置。

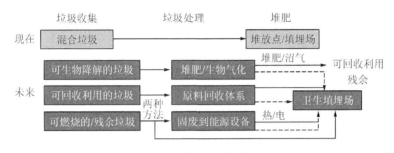

图 10-1　固体废物处理处置

10.1.3　固体废物长期战略规划制定的流程

固体废物长期战略规划制定一般要经过以下步骤：

第一步是现状分析。现状分析是制定规划的基础。现状分析的目的是明确本地区本单位在固体废物的处理和处置方面的优势、劣势，以及外部提供的机遇、挑战，为确定急待解决的问题和确定目标、指标、方案提供实证支持。在现状分析中，最常用的方法是 SWOT 分析法。如图 10-2 所示，所谓 SWOT 分析（Jonas Bystum，2005），即基于内外部竞争环境和竞争条件下的态势分析。

图 10-2　SWOT 分析法

SWOT 分析法 [S(strengths)是优势、W(weaknesses)是劣势，O(opportunities)是机遇、T(threats)是挑战] 就是将与研究对象密切相关的各种主要内部优势、劣势和外部的机会和挑战、威胁等，通过调查列举出来，并依照矩阵形式排列，然后用系统分析的思想，把各种因素相互匹配加以分析，从中得出一系列相应的结论，而结论通常带有一定的决策性。运用这种方法，可以对研究对象所处的情景进行全面、系统、准确的研究，从而根据研究结果制定相应的发展战略、计划以及对策等。

在经济飞速发展的今天，固体废物的处理与处置是企业管理和企业生存与竞争的重要内容和手段，应该提升到竞争战略的高度来认识。按照企业竞争战略的完整概念，战略应是一个企业"能够做的"（即组织的强项和弱项）和"可能做的"（即环境的机遇和挑战）之间的有机组合。

　　第二步是确定亟待解决的问题。经济的快速发展给固体废物的处理和处置带来了许多需要解决的问题，在对问题的分析中，首先要对问题进行分类，分清哪些问题是急需并可以解决的，哪些问题是急需但暂时还无法解决的，哪些问题是通过长期的努力才可以解决的。在战略发展规划中需要突出急需解决的问题。如低效率的垃圾收集系统、不适宜的处理方法，以及对废物中资源和能源的回收、再生利用缺乏协调与协作，在管理中缺乏区域联合，环境治理与保护工作目标不明确、不具体、不可监测、没有目标达到日期，可持续发展与环境保护关系处理不当等。

　　对问题的分析是确立目标与指标的基础。问题分析的方法很多，如对比排序、问题树等，其中"问题树"是常用的方法之一，如图 10-3 所示。

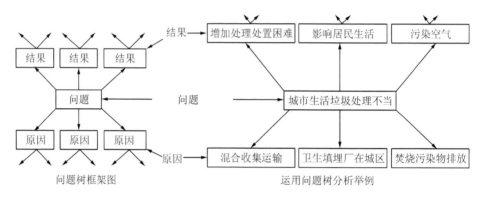

图 10-3　问题树框架图

　　第三步是确立总体发展目标。目标是想要达到的境地或标准。在分析现状、确定需要优先解决的问题基础上，确立发展的总体目标和目的并使其与国家和地区的固体废物管理政策和目标相一致。总体目标应引导固体废物管理体系向"固废分级化管理"方向发展，减少垃圾的产生并降低其危害，最大限度地进行回收利用，最终使固体废物在卫生填埋场中得到安全处置，达到减量化、无害化和资源化的目的。经验告诉我们，最为经济有效的方法是把管理体系和设施建设的重点放在固体废物产生的源头和固体废物流中。在制定规划时需要充分考察到技术、资金以及环境效益的可持续性。

　　固体废物管理战略体系的发展目标必须量化成各种指标。要想最大限度的完成根据目标量化的各种指标，在目标与指标的制定时需要遵循"SMART"原则〔S(specific) 代表具体的，M(measurable) 代表可测量的，A(attainable)代表可以达到的，R(relevant)代表现实的，T(time-bound)代表有时间限制的〕。根据 SMART 原则，制定的目标与指标必须明确、清晰、具体、可测量，并在一定的时间内是可以完成的。比如，要实现提高垃圾收集覆盖率和效率的目标，其指标可以确定为"在＊＊年内关闭或者改造现有旧的城市垃圾填埋场，建立新的卫生填埋场；或者在＊＊年内将垃圾组分中的回收利用的比例提高＊个百分点。"等，这些量化的指标可以帮助我们明确努力的方向，从而改善城市垃圾的处理处置现状。

第四步是制订实施方案。固体废物的战略管理规划是通过最为可行和最适宜的发展方案来实现的。为实现战略发展目标，可以设计不同的处理处置方案供选择，这些方案应针对不同层次的战略目标，对应不同的投资成本。

在制订实施方案时，需要注意以下几点：一是实施方案与急待解决的问题是一一对应的关系，即一个方案对应一个急待解决的问题；二是合理评估投资成本与未来融资之间的关系；三是在关注技术体系和设施开发的同时，更要注重经济方面诸如成本回收、使用者付费以及组织结构等诸多问题，并要考察到法律法规相关事宜，具有实现预定发展目标的法律框架保障；四是考虑公众意识的建立，在垃圾倾倒和源头分类回收等方面注重对公众行为的规范与培养；五是充分考虑固体废物中潜在能源的开发利用，这是非常重要的一点。固废中的能量可以通过生物和热力学方法获得，例如，垃圾中的能源可以通过垃圾厌氧状态下产生的沼气加以利用，沼气通过燃气涡轮或燃气发电机发电，同时产生可利用的热能。采用垃圾能源替代化石为燃料的火力发电，有利于减少温室效应和改善当地大气质量。填埋场产生的甲烷气体可产生比二氧化碳更强的温室效应。因此，收集利用填埋厂废气不仅基于能源利用的考虑，对于防止全球气候变暖也具有重要意义。

第五步是实施方案的评价。任何一个规划实施方案都需要对其内容、措施、实施保障以及实施的结果等进行评估，肯定方案的优点，指出存在的问题，提出改进的建议，为制定好以后的规划方案提供可靠的实证材料，因此实施方案的评价是十分必要的工作。

应该注意的是，战略规划制定的全过程是处在监测评估之中的。固体废物的战略规划关系到亿万人民的生存，是民生大事，在制定战略规划的过程中，应该采取"自上而下"与"自下而上"相结合的方式，邀请人民群众参与，广泛听取吸纳他们的意见和建议，这个过程既是规划制定的过程，也是广大人民群众接受教育、培养环境保护意识的过程。这样的规划才能被广大群众所接受，才能落地生根。

固体废物长期战略规划制定的流程如图 10-4 所示。

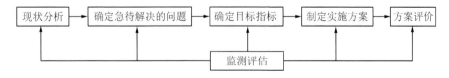

图 10-4　固体废物长期战略规划制定的流程

10.2　典型固体废物处理处置与资源化展望

近些年来,我国在典型固体废物处理处置与资源化方面,从制定法律法规到具体措施落实做了大量的工作,减量化、无害化、资源化的目标逐步实现,取得了不少可喜的成绩。但在典型固体废物处理处置与资源化方面存在的问题也不少,需要引起足够的重视,还需要做进一步的工作。目前资源化的途径归纳起来有以下几点:提取有价值的组分、生产建筑材料、生产农肥、能源回收和取代某种工业原料等。

10.2.1　城市生活垃圾

我国正成为世界上工业和生活垃圾的最大产出国,根据国家统计局数据,2013年我国城市生活垃圾产生量为179.36亿t,相比较1980年的31.3亿t(Zheng et al.,2014)增长了5.4倍多。我国城市生活垃圾的处理处置基本现状仍然是以卫生填埋、焚烧为主,焚烧处理技术应用发展较快,而堆肥处理市场逐渐萎缩。仅2008年一年的城市生活垃圾产生量就达1.55亿t,以填埋的方式处理占城市生活垃圾总量的82.7%。垃圾卫生填埋场俨然成了城市生活垃圾收集后的终端场地,是城市生活垃圾无害化处理的关键。在许多发达国家,城市生活垃圾大多选择以填埋方式进行处理,在英国以填埋方式处理的垃圾量可占城市生活垃圾总量的88%,意大利占74%,美国占55%,德国占46%,法国占45%。但是垃圾填埋场项目在项目选址技术选择等方面如果采取的措施和方法不当,很容易给周围环境带来二次污染,生活垃圾处理处置方面存在的问题日益突出。生活垃圾卫生填埋场存在的恶臭、渗沥液未达标、温室气体未加有效控制和新填埋场选址极端困难等问题已经严重影响卫生填埋技术的应用与发展。

在城市生活垃圾处理处置中,急需解决的问题,一是在远离城区的地区运用先进的防扩散防渗漏技术建设新的卫生填埋场;二是严格控制焚烧厂污染物的排放,制定新的污染物控制指标,加大对排放物的监控力度,运用先进的技术对排放的污染物进行二次处理,使其对周边空气污染降到最低水平;三是分类收集运输生活垃圾,建立分类收集、运输生活垃圾的设备,教育公民提高垃圾分类投放意识,养成分类投放生活垃圾的良好习惯,发展相应的收集运输设备,解决生活垃圾源头混合收集、运输等问题。还有焚烧技术,焚烧可以将废物转化为可利用的热能、电能和生物燃料即 Waste to Energy(WtE)。这也是今后填埋场会被焚烧厂更多取代的发展方向(Zhao et al.,2015)。WtE 系统流程图如10-5所示。

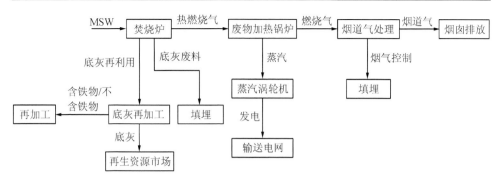

图 10-5　WtE 系统流程(Evangelisti et al.，2015)

　　还有机械-生物处理(MBT)，垃圾的机械-生物处理技术的原理就是利用机械的分选设备，把垃圾中的高热值的物质、金属和玻璃等有用物质分离出来加以利用，垃圾中的有机质部分经过生物的好氧或厌氧处理后实施填埋的方法。在这个技术实施过程中，垃圾中的金属和玻璃等材料可以循环利用，高热质的物质如塑料等被用于焚烧来发电和供暖。垃圾的机械-生物处理技术的应用，极大限度地减少了垃圾填埋场的占地面积，减少了垃圾填埋场的气体和渗滤液的产量。因此该技术的应用，在垃圾的减量化、资源化和无害化处理中起到了很大作用。在现行的 MBT 生产技术路线主要有两类，即发酵降解工艺和生物干燥稳定化工艺，如图 10-6 所示。

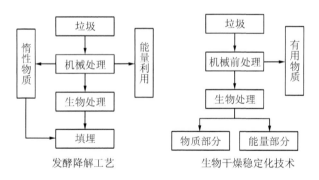

发酵降解工艺　　　　　生物干燥稳定化技术

图 10-6　生活垃圾的 MBT 处理技术工艺路线

　　我国是一个人口大国，地域辽阔，经济发展不平衡，经济发达地区与经济欠发达地区、城市与农村、南方与北方，在固体废物处理处置方面的差异很大。因此，在制定生活垃圾处理处置的法律、法规、方针和政策时应充分考虑国家的要求及地方的实际，以及广大人民群众的需求，处理好经济发展与环境保护的关系，确保可持续发展，造福子孙万代。

10.2.2　化工冶金废渣

冶金废渣产生数量巨大，成分相对复杂。除了一些特殊的废渣，如砷渣、硼渣、盐泥、铬渣、汞渣以及含钡废渣外，化工废渣中主要以铁、铝及镁等的氧化物形式存在，同时还含有少量的铬、硼和砷等化合物。目前，我国对这些数量极其庞大的化工冶金废渣基本上未加无害化处置，已经引起严重的环境问题。需要建立有专业的运输、储存、利用或者处置管理系统。由于化工冶金废渣是宝贵的资源，资源化前景十分广阔，对暂时无法处理处置的化工冶金废渣可以采用暂时封存的方法，待我国固体废物处理处置水平提高时再加以资源化利用。

10.2.3　医疗废物

医疗废物主要指城市、乡镇中各类医院、卫生防疫、病员疗养、畜禽防治、医学研究及生物制品等单位产生的垃圾，包括医院临床废物，如手术和包扎残余物，生物培养、动物试验残余物，化验检查残余物，传染性废物，废水处理污泥，废药物、药品，感光材料废物(如医疗院所的 X 射线和 CT 检查中产生的废显影液及胶片)。医疗废物含有大量的病原微生物(如 SARS 病毒等)、寄生虫，还含有其他的有害物质，必须严格管理，及时处理处置，尽量缩短存留时间。另外还应该控制包装、储存和处理过程中可能发生的传染性物质、有害化学物质的流放等，以确保居民健康和环境安全。医疗废物带有大量有毒有害致病菌，危害极大，未经严格处理的废物是根本不能循环使用的。

10.2.4　餐厨垃圾

餐厨垃圾即残羹剩饭，是居民在生活消费过程中形成的一种有机废物。主要包括：米和面粉类食品残余、蔬菜、植物油、动物油、肉骨和鱼刺等。其化学组成有淀粉、纤维素、蛋白质、脂类和无机盐。其中以有机组分为主，含有大量的淀粉和纤维素等，无机盐中 NaCl 的含量较高，同时含有一定量的钙、镁、钾和铁等微量元素。全球每年大约产生 1.3 亿 t 餐厨垃圾，在 2012 年，德国共产生 800 万 t 餐厨垃圾，其中，大约有 440 万 t 餐厨垃圾是来自家庭，还有 360 万 t 来自食品加工厂(Koch et al.，2016)。餐厨垃圾的快速产生不仅浪费了人们赖以生存的粮食等物品，更增加了处理处置的工作量和困难，北京、上海、天津等大城市厨余垃圾在生活垃圾中的比例已经达到 41.0%～63.8%(朱鹤等，2012)。因此提倡节约是餐厨垃圾源头管理的根本措施之一。除了经济发展的原因外，人为因素也是餐厨垃圾大量产生的重要原因。餐厨垃圾与城市垃圾相比，其组成较简单，有毒有害物质(如重金属等)含量少，有利于餐厨垃圾的处理和再利用。厨余垃圾的厌氧发酵处置在我国具有相当的优势。这是因为我国具有较高的有机废物厌氧发酵技术基础，大、中、小型沼气工程都已达到世界领先水平；另外，厨余垃圾的厌氧发酵规模可大可小，便于就地处置或分区处置，具有经济可行性和环境友好性。但在工艺技术上，还必须根据厨余垃圾的特点，进行工艺系统的研究和处理技术的完善，以利于进行大规模的推广应用。因同源性污染，用餐厨垃圾喂养家畜的行为应该严格禁止，同时应严厉查处制造"地沟油"的违法行为。

10.2.5　废机电和废家电

废机电和废家电包括报废的汽车、自行车、电动车及其他交通工具、电视、计算机、手机、影碟、医疗器械、软磁盘以及废电池等含有金属并且需要能源驱动的任何物品和化学能源系统。废机电和废家电的处理与管理已经成为世界各国共同关注的问题。我国每年约 2 千万吨钢铁用于机电和家电的生产，加上与之配套的辅助材料，如塑料、橡胶制品，总质量可达 3 千万吨/年以上。废机电和废家电在很大程度上有别于一般城市生活垃圾。前者在干燥的环境中不会像后者那样发生腐烂，产生渗滤水和气体。电子废弃物也有别于量大面广、价值低的工业有害有毒固体废物，不加适当处理的废机电和废家电会对环境造成严重污染。当这些废弃物任意丢弃在野外时，由于风吹雨淋，电子废物中的有害有毒物质如重金属就会被淋溶出来，随地表水流入地下水或侵入土壤，使地下水和土壤受到污染。

随着我国人民群众生活水平的不断提高，家用汽车、电视、手机和计算机等机电和家电产品的拥有量的快速增长，若干年后，这些机电和家电就成为废物，处理处置这些废物的任务将十分艰巨，而我国在废机电和废家电处理方面还处于起步阶段，绝大部分废机电和废家电随意堆放或根本未做合理和有效处理，造成了严重的环境污染和资源浪费问题。因此，在考虑电子废物的技术与管理时，应该针对电子废物的特点，制定切实可行的措施。

10.2.6　废橡胶

废橡胶的处理应遵循"3R 原则"，即减少废物来源、再使用和循环回收。从资源利用和环境保护出发，应首先考虑减少废物来源和材料的循环，然后考虑化学循环和能量回收。本着上述原则及对轮胎进行的 LCA 分析，轮胎从生产到最终的处理处置要经历四大阶段：科学管理、合理使用、适时翻修和报废解体。回收利用中可首先考虑在橡胶生产的工厂中减少废胶料的产生，尽量减少废品的产生率。出厂后的轮胎则尽量延长其使用寿命，可采用的措施有：保养好轮胎，改进轮胎测压装置，改善路面状况，降低胎面磨耗等。废轮胎的处理处置方法大致可分为材料回收(包括整体再用、加工成其他原料再用)和能源回收、处置三大类。具体来看，主要包括整体翻新再用、生产胶粉、制造再生胶、焚烧转化成能源热解和填埋处置等方法。目前我国废橡胶回收处理已受到各方面的普遍重视，各级管理部门、科研单位、轮胎回收部门、轮胎翻修厂以及再生橡胶厂等都已做了大量的研究工作，也取得了很多成果。但在管理和技术等方面还有很多不尽如人意的地方，如有的地方将废橡胶和煤直接掺烧，将废轮胎高温加热裂解制作拖鞋和面盆等，这些土工艺会释放出大量有毒有害的烟尘和烟气，造成严重的二次污染。而且现在废旧橡胶的回收率很低（最多不超过 50%），利用方式主要是生产再生胶（占总利用率的 95%），废橡胶的回收利用形势很严峻，任务很艰巨。

10.2.7　建筑垃圾

绝大多数建筑垃圾是可以作为再生资源重新利用的。例如，废金属可重新回炉加工制成各种规格的钢材；废竹木、木屑等可用于制造各种人造板材；碎砖、混凝土块等废料经破碎后可做骨料在施工现场利用，也用以制作砌块等建材产品等。在建筑垃圾综合利用方面，近年来国内外有很多突破性的成果，如孔内深层强夯桩技术就是一种综合利用碎砖瓦和混凝土块的途径。由于配套管理政策不完善，绝大部分建筑垃圾未经任何处理便被施工单位运往郊外或乡村，采用露天堆放或填埋的方式进行处理，占用大量的土地，同时，清运和堆放过程中的遗撒和粉尘、灰砂飞扬等问题又造成了严重的环境污染。

根据中国工程院的研究报告显示，1990 年至 2000 年建筑垃圾每年递增 15.4%，2000 年至 2013 年每年递增 16.2%，建筑垃圾产量、存量、增量惊人。但目前我国在建筑垃圾资源化利用方面的技术有限，成规模的建筑垃圾资源化企业较少，行业缺乏统一的技术标准，还未形成有效的产业化模式，致使我国建筑垃圾资源化利用率不足 5%，与发达国家平均 80% 以上的利用率存在较大差距。加强城市垃圾的收集、运输管理，研究开发城市垃圾处理处置的新途径和新方法，减少或杜绝简单填埋城市垃圾的做法，减少产生量，防止二次污染已刻不容缓。随着我国对于保护耕地和环境保护的各项法律法规的颁布和实施，如何处理和排放建筑垃圾已经成为我国建筑施工企业和环境保护部门面临的一个重要课题。在此方面，美国、德国及日本等工业发达国家的先进经验值得借鉴，这些国家大多实行的是"建筑垃圾源头削减策略"，即在建筑垃圾形成之前就通过科学管理和有效的控制措施将其减量化，对于产生的建筑垃圾则采用科学方法使其资源化。

10.2.8　危险废物

危险废物是固体废物的一种，亦称有毒有害废物，包括医疗垃圾、废树脂、药渣、含重金属污泥、酸和碱废物等。清洁生产是降低危险废物数量的最佳途径之一。发达国家基本上对含镉和砷的废物均列为危险废物，并且凡是被列为危险废物的废物，其处理费用与一般废物相比将高几倍至几百上千倍。在生产过程中不采用或少用有毒有害原料或可能产生有毒有害废物的原料，可以大幅度降低危险废物的产量。把有毒有害废物与一般废物分开收集与运输，也是降低危险废物产量的有效途径。已经产生的、必须单独处理的危险废物，其处理优先程序是通过物理、化学和生物方法，把危险废物中的有毒有害成分分离出来并加以利用，使之转化为无毒无害废物；其次是减容化，尽可能降低危险废物体积，如采用焚烧方法；第三是把危险废物中的有毒有害成分通过固化/稳定化技术处理，降低这些有毒有害成分的迁移能力，同时采取永久性措施加以储存，如在安全填埋场中填埋。将危险废物纳入法制管理轨道，以固体废物申报登记为基础，以废物交换为突破口，与总量控制相结合，综合运用各项环境管理制度和措施，广泛开展危险废物的综合利用，实现危险废物最大程度的资源化，妥善处理危险废物。走可持续发展的道路是危险废物管理的基本思路，坚持"预防为主、交换互补、以大带小、集中控制"的技术指导原则。

10.2.9　借鉴综合治理城市污染的经验

大气污染在很大程度上与固体废物的处理处置不当有关。甘肃省兰州市是近些年来治理城市大气污染取得显著成效的城市之一，其综合规划管理的经验值得其他大气污染严重的城市借鉴。

兰州市受两山夹一河、冬季无风和产业结构以重化工为主"先天不足"的城市环境所限，十几年来，大气污染成为兰州久治不愈的顽疾。面对这一危害民生的"心肺之患"，2012 年 5 月，环保部与甘肃省签订部省合作协议，将兰州列为全国大气污染治理试点城市和区域联防联控重点防治城市。通过多项举措治理，兰州大气环境质量不断改善，成为全国环境空气质量改善最快的城市。

2015 年 11 月 30 日至 12 月 12 日，备受全球瞩目的世界气候大会在法国巴黎召开。在这次大会上，兰州作为全国唯一的非低碳试点城市应邀参会，与国内外嘉宾分享大气污染治理做法和低碳城市建设愿景，向世界发出绿色发展的"兰州声音"，得到与会代表的充分肯定和积极评价，并荣获联合国气候变化框架公约组织秘书处、中国低碳联盟、美国环保协会和中国低碳减排专委会联合颁发的"今日变革进步奖"。

根据污染结构，兰州确定了环境立法、工业减排、燃煤减量、机动车尾气达标、扬尘管控、林业生态、清新空气和环境监管能力提升等八大治污工程，实施了 916 个项目。其中，工业污染治理重点实施"出城入园"、"落后产能淘汰"等444 个项目；燃煤污染治理重点实施燃煤锅炉改造等 455 个项目；扬尘污染治理重点实施机械化清扫、挥发性有机物治理等 10 个项目；机动车尾气治理重点实施黄标车淘汰、空气监测子站建设等 7 个项目。通过治理，大气环境质量不断改善，监测结果显示，兰州成为全国环境空气质量改善最快的城市，摘掉多年来"世界上大气污染最严重城市之一"的"黑帽子"。

为确保大气污染治理措施一一落地，兰州全民参与，实施网格管理，全市被划分为1482个网格，实行市、区、街道三级领导包抓，网格长、网格员、巡查员、监督员"一长三员"的制度，把区域内所有企业、主次干道、背街小巷、公共场所和居民小区等全部纳入大气污染治理网格管理，实行逐级负责、分级办理，使顶层设计的"最先一公里"和具体落实的"最后一公里"结合起来。

兰州市大气污染的防治措施总结为：全面规划，合理布局、改变城区的燃料结构，推广使用清洁能源、调整产业结构，扶持高新技术产业、取消分散小锅炉，实行区域集中供热，绿化造林，加强生态环境建设，提高公民环境保护意识，加大公众参与力度。

参 考 文 献

白轩，潘大伟，王翠艳，等. 2013. 共沉淀法处理垃圾渗滤液研究. 环境工程，S1：285-287.

柴晓利，赵爱华，赵由才，等. 2006. 固体废物焚烧技术. 北京：化学工业出版社.

程洁红，马鲁铭. 2004. 厌氧/SBR/混凝沉淀耦合工艺处理垃圾渗滤液的研究. 水处理技术，30(3)：176-178.

崔文静，周恭明，陈德珍，等. 2006. 矿化垃圾制备 RDF 的工艺研究及应用前景分析. 能源研究与信息，22(3)：131-136.

丁健. 2004. 医疗固体废弃物无害化焚烧处理研究. 中国环保产业，2(S1)：70-72.

官贞珍，周恭明，陈德珍. 2008. 垃圾衍生燃料作为生活垃圾焚烧炉辅助燃料的费用—效益分析. 环境污染与防治，30(12)：92-95.

何品晶. 2011. 固体废物处理与资源化. 北京：高等教育出版社.

何品晶. 2015. 城市垃圾处理. 北京：中国建筑工业出版社.

侯贵光，陈家军，吴舜泽，等. 2009. 填埋场产气规律的模型预测. 环境科学研究，22(10)：1181-1186.

胡敏云，陈云敏. 2001. 城市生活垃圾填埋场沉降分析与计算. 土木工程学报，34(6)：88-92.

蒋建国. 2013. 固体废物处置与资源化. 北京：化学工业出版社.

康建雄，阚海华，李静，等. 2004. 城市生活垃圾卫生填埋场选址研究. 环境科学与技术，27(3)：70-72.

李秀金. 2011. 固体废物处理与资源化. 北京：科学出版社.

李颖. 2013. 固体废物资源化利用技术. 北京：机械工业出版社.

李颖，郭爱军. 2005. 城市生活垃圾卫生填埋设计指南. 北京：中国环境科学出版社.

廖利，冯华，王松林. 2010. 固体废物处理与处置. 武汉：华中科技大学出版社.

刘疆鹰，徐迪民，赵由才. 2002. 城市垃圾填埋场的沉降研究. 土壤与环境，11(2)：111-115.

龙燕. 2003. 美国危险废物处理的领先尖端技术——等离子强化熔炉介绍. 有色金属设计与研究，24(3)：74-77.

陆凯安. 2005. 我国建筑垃圾的现状与综合利用. 建材工业信息，6：15-16.

宁平. 2007. 固体废物处理与处置. 北京：高等教育出版社.

牛晓庆，郑莹，王汉林. 2014. 固体废物处理与处置. 北京：中国建筑工业出版社.

彭长琪. 2009. 固体废物处理与处置技术. 武汉：武汉理工大学出版社.

沈耀良，张建平，王惠民. 2000. 苏州七子山垃圾填埋场渗滤液水质变化及处理工艺方案研究. 给水排水，26(5)：22-38.

史尚钊，门书春. 1997. 利用微波技术处理工业垃圾. 北方环境，3：39-41.

汤红妍，周鸣，周国英. 2013. 改性硅藻土处理垃圾渗滤液的研究. 水处理理论，39(3)：13-15.

汪晓军，陈思莉，顾晓扬，等. 2007. 混凝-Fenton-BAF 深度处理垃圾渗滤液中试研究. 环境工程报，1(10)：42-45.

王冰. 2008. 垃圾衍生燃料的应用. 上海建材，1：9-12.

王剑虹，严莲荷，周申范，等. 2003. 微波技术在环境保护领域中的应用. 工业水处理，23(4)：18-22.

王俊，刘康怀，赵文玉，等. 2003. 南宁味精厂废水处理工程剩余污泥脱水实验及工程试运行. 桂林工学院学报，23(3)：234-238.

王鹏. 2003. 环境微波化学技术. 北京：化学工业出版社.

吴莹，张权，陈杭斐. 2014. 城市生活垃圾填埋场环境影响评价研究. 资源节约与环保，12：125, 147.

徐竺，李正山，杨玖贤. 2002. 上流式厌氧过滤器处理垃圾渗滤液的研究. 中国沼气，20(2)：12-15

杨丽君，蒋文举. 2004. 磷酸微波法制污水污泥活性炭的研究. 中国资源综合利用，12：15-18.

杨霞，杨朝晖，陈军，等. 2000. 城市生活垃圾填埋场渗滤液处理工艺的研究. 环境工程，18(5)：12-14.

杨宪平，牛瑞胜. 2011. 一种垃圾渗滤液的处理技术. 安全与环境程，18(2)：49-51.

赵由才，牛冬杰，柴晓利. 2012. 固体废物处理与资源化. 北京：化学工业出版社.

中华人民共和国环境保护部 2012～2014 环境统计年报. 2013～2015. http://www.mep.gov.cn/zwgk/hjtj. 2016-2-20.

朱鹤，邵蕾，李文亮，等. 2012. 调理剂比例对污泥蚯蚓堆肥的影响. 湖北农业科学，51(8)：1557-1559.

Jonas Bystum. 2005. 固体废弃物战略性综合规划管理——持续性发展的重要一步. 环境经济，10：52-53.

Amokrane A, Comel C, Veron J. 1997. Landfill leachates pretreatment by coagulation-flocculation. Water Research, 31(11): 2775-2782.

Aziz H A, Adln M N, Zahari M S M, et al. 2004. Removal of ammoniacal-nitrogen (N-NH₃) from municipal solid waste leachate by activated carbon and limestone. Waste Management, 22 (5): 371-375.

Aziz S Q, Aziz H A, Yusoff M S, et al. 2010. Leachate characterization in semi-aerobic and anaerobic sanitary landfill: A comparative study. Environmental Management, 91(12): 2608-2614.

Babua G L S, Reddy K R, Chouksey S K. 2011. Parametric study of MSW landfill settlement model. Waste Management, 31(6): 1222-1231.

Balat M, Balat M, Kirtay E, et al. 2009. Main routes for the thermo-conversion of biomass into fuels and chemicals. Part 1: Pyrolysis systems. Energy Conversion Management, 50(12): 3147-3157.

Bovea M D, Ibanez-Fores V, Gallardo A, et al. 2010. Environmental assessment of alternative municipal solid waste management strategies. Waste Management, 30(11): 2383-2395.

Bowerman F R, Rohagti N K, Chen K Y, et al. 1997. A case study of the Los Angeles county Palos Verdes landfill gas development project. Washington DC: US EPA, Ecological Research Series, 32-47.

Boyle W C, Ham R K. 1974. Biological treatability of landfill leachate. Water Pollution Control Federation, 46(5): 860-872.

Byeong K L, Michael J E, Rafael M E. 2004. Alternatives for treatment and disposal cost reduction of regulated medical wastes. Waste Management, 24(2): 143-151.

Calace N, Liberatori A, Petronio B M, et al. 2001. Characteristics of different molecular weight fractions of organic matter in landfill leachate and their role in soil sorption of heavy metals. Environmental Pollution, 113(3): 331-339.

Conesa J A, Marcilla A, Moral R, et al. 1998. Evolution of gases in the primary pyrolysis of different sewage sludge. Thermochim Acta, 313(1): 63-73.

Debra R R, Ayman A F, Hua X Y. 2005. First-Order Kinetic Gas Generation Model Parameters for Wet Landfills. United States Environmental Protection Agency, EPA-600/R-05/072.

Diamadopoulos E, Koutsantonakis Y, Zaglara V. 1995. Optimal design municipal solid waste recycling systems. Journal of Resource, Conservation and Recycling, 14(1): 21-34.

Dominguez A, Menendez J A, Ingnanzo M, et al. 2003. Gas chromategraphic-mass spectrometric study of the oil fractions produced bymicrowave-assisted pyrolysis of different sewage sludges. Journal of Chromatography A, 1012(2): 193-206.

European Commission. 2016. Environment Directorate. http://ec.europa.eu//environment/waste/. 2016-2-26.

Evangelisti S, Tagliaferri C, Clift R, et al. 2015. Life cycle assessment of conventional and two-stage advanced energy-from-waste technologies for municipal solid waste treatment. Cleaner Production, 100: 212-223.

Fair G M, Moore E W. 1932. Heat and energy relation in the digestion of sewage solids. Sewage Work Journal, 4(2): 242-246.

Fiorentino G, Ripa M, Protano G, et al. 2015. Life cycle assessment of mixed municipal solid waste: Multi-inputversus multi-output perspective. Waste Management, 46: 599-611.

Ganga T, Janardhanan. 2008. Effects of leachate recirculation on geotechnical properties of municipal solid waste in landfills. Dissertation& Theses Gradworks, 1(sl-4): 171-174.

Gardner N, Manley B J W, Probert S D. 1993. Gas Emission from Landfill and teir Contribuion to Global Warming. Applied Energy, 44(2): 165-174.

Goran V, Savka K D, Natalija K. 2008. Application of multi-criteria decision-making on strategic municipal solid waste management in Dalmatia, Croatia. Waste Management, 28(11): 2192-2201.

Gurikala K R, Sa P, Robinson J A. 1997. Statistical modeling of methane productive from landfill samples. Applied and Environmental Microbiology, 63(10): 3797-3803.

Henderson J P, Besler D A, Atwater J A, et al. 1997. Treatment of methanogenic landfill leachate to remove ammonia using a rotating biological contactor(RBC) and a sequencing batch reactor(SBR). Environmental Technology, 18(7): 687-698.

IPCC. 1995. IPCC Guidelines for National Greenhouse Gas Inventories. France.

Karanjekar R V, Bhatt A, Altouqui S, et al. 2015. Estimating methane emissions from landfills based on rainfall, ambient temperature, and waste composition: The CLEEN model. Waste Management, 46: 389-398.

Kasakura T, Hiraoka M. 1982. Pilot plant study on sewage sludge pyrolysis-I. Water Research, 16(8): 1335-1348.

Kjeldsen P, Barlaz M A, Rooker A P, et al. 2002. Present and long-term compositionof MSW landfill leachate: a review. Critical Reviews in Environmental Science and Technology, 32(4): 297-336.

Koch K, Plabst M, Schmidt A, et al. 2016. Co-digestion of food waste in a municipal wastewater treatment plant: Comparison of batch tests and full-scale experiences. Waste Management, 47: 28-33.

Libertil, Amicareiliv. 1993. Measurement of landfill gas and quantitative prediction at Bari Landfill site. In Proceedings of the 3rd International Landfill Symposium, 1: 745-758.

Lopez A, Pagano M, Volpe A, et al. 2004. Fenton's pretreatment of mature landfill leachate. Chemo-sphere, 54(7): 1005-1010.

Marticorena B, Attal A, Camacho P, et al. 1993. Prediction rules for biogas valorisation in municipal solid-waste landfills. Waterence & technology, 27(2): 235-241.

Mingos D M P, Baghurst D R. 1991. Application of microwave dielectric heating effects to synthetic problems in chemistry. Chemical Society Reviews, 20(1): 47.

Mojiri A, Zi Y L, Tajuddin R M, et al. 2016. Co-treatment of landfill leachate and municipal wastewater using the ZELIAC/zeolite constructed wetland system. Environmental Management, 166(15): 124-130.

Montiano M G, Díaz-Faes E, Barriocanal C. 2016. Kinetics of co-pyrolysis of sawdust, coal and tar. Biore-source Technology, 205: 222-229.

Moro G D, Prieto-Rodríguez L, Sanctis M D, et al. 2015. Landfill leachate treatment: Comparison of standalone electrochemical degradation and combined with a novel biofilter. Chemical Engineering, 288(15): 87-98.

Neves D, Thunman H, Matos A, et al. 2011. Characterization and prediction of biomass pyrolysis products. Progress in Energy and Combustion Science, 37(5): 611-630.

Özeler D, Yets U, Dmirer G N. 2006. Life cycle assessment of municipal solid waste management methods: Ankara case study. Environment International, 32(3): 405-411.

Park H, Park B, Lee S R. 2012. Analysis of long-term settlement of municipal solid waste landfills as determined by various settlement estimation methods. Air and Management Association, 57(2): 243-251.

Pohland A E, Trucksess M W. 2000. Mycotoxin method evaluation. Methods in Molecular Biology, 157: 3-10.

Qureshi T I, Kim H, Kim Y. 2002. UV-catalytic treatment of municipal solid-waste landfill leachate with hydrogen peroxide and ozone oxidation. Chinese Journal of Chemical Engineering. 10(4): 444-449.

Rasool M A, Babak T, Naz C, et al. 2016. Use of a plant-based coagulant in coagulation-ozonation combined treatment of leachate from a waste dumping site. Ecological Engineering, 90: 431-437.

Reddy K R, Hettiarachchi H, Parakalla N S, et al. 2009. Geotechnical properties of fresh municipal solid waste at Orchard Hills Landfill, USA. Waste Management, 29(2): 952-959.

Rigaminti L, Grosso M, Giugliano M. 2010. Life cycle assessment of sub-units composing a MSW management system. Journal of Cleaner Production, 18(s16-17): 1652-1662.

Sabahi Al E, Rahim S A, Zuhairi W Y W, et al. 2009. The characteristics of leachate and groundwater pollution at municipal solid waste landfill of Ibb city Yemen. American Journal of Environmental Sciences, 5(3):256-266.

Salehi E, Abedi J, Harding T. 2009. Bio-oil from sawdust: pyrolysis of sawdust in afixed-bed system. Energy Fuels, 23(7): 3767-3772.

Sanchez M E, Menendez J A, Dominguez A, et al. 2009. Effect of pyrolysis temperature on the imposition of the oils obtained from sewage sludge. Biomass and Bioenergy, 33(s6-7): 933-940.

Scott D S, Majerski P, Piskorz J, et al. 1999. A second look at fast pyrolysis of biomass-the RTI process. Journal of Analytical and Applied Pyrolysis, 51(1-2): 23-37.

Shiskowski D, Mavinic M. 1998. Biological treatment of a high ammonia leachate: influence of external carbon during initial startup. Water Research, 32(8): 2533-2541.

Tata A, Beone F. 1995. Hospital waste sterilization-a technical and economic comparison between radiation and microwive treatments. Radiation Physics and Chemistry, 46(4-6): 1153-1157.

Tatsi A A, Zouboulis A I, Matis K A, et al. 2003. Coagulation-flocculation pretreatment of sanitary landfill leachates. Chemosphere, 53(7): 737-744.

Tian Y, Zuo W, Ren Z, et al. 2011. Estimation of a novel method to produce biooil from sewage sludge by microwave pyrolysis with the consideration of efficiency and safety. Bioresource Technology, 102(20): 2053-2061.

Tin A M, Wise D L, Su W H, et al. 1995. Cost-benefit analysis of the municipal solid waste collection system in Yangon, Myanmar. Resources Conservation and Recycling, 14(2): 103-131.

Trebouet D, Schlumpf J P, Jaouen P, et al. 2001. Stabilized landfill leachate treatment by combined physico-chemical nanofiltration processes. Water Research, 35(12): 2935-2942.

Ushikoshi K, Kobayashi T, Uematsu K, et al. 2002. Leachate treatment by the reverse osmosis system. Desalination, 150(2): 121-129.

Williams, Paul T. 2005. Waste treatment and disposal. 2nd Edition. Great Britain: John Wiley & Sons Ltd.

Yang D, James D E. 2006. Treatment of landfill leachate by the Fenton process. Water Research, 40(20):

3683-3694.

Yuan B, Bartkiewicz B. 2009a. Removal of Cadmium from wastewater using ion exchange resin Amberjet 1200H column. Polish Journal of Environmental Protection Studies, 18(6): 1191-1195.

Yuan B, Bartkiewicz B. 2009b. The removal of Cr(VI) from the aqueous solutions by GFH (granular ferric hydroxide). Archives of Environmental Protection, 35(2): 115-123.

Zhang B, Xiong S, Xiao B, et al. 2011. Mechanism of a wet sewage sludge pyrolysis in a tubular furnace. The International Journal of Hydrogen Energy, 36(1): 355-363.

Zhao X G, Jiang G W, Li A, et al. 2015. Economic analysis of waste-to-energy industry in China. Waste Management, 48: 604-618.

Zheng L, Song J, Li C, et al. 2014. Preferential policiespromote municipal solid waste (MSW) to energy in China: current status andprospects. Renewable and Sustainable Energy Reviews, 36(C): 135-148.

Zlotorzynski A. 1995. The application of microwave radiation to analytical and environmental chemistry. Critical Reviews in Analytical Chemistry, 25(1): 43-76.